山西省高等学校特色专业
——动物科学专业建设专项基金资助

动物营养学研究方法和技术

Methods and Technology in Animal Nutrition Research

刘强　王聪　主编

U0219354

中国农业大学出版社
·北京·

内 容 简 介

本书共分 11 章,分别为:消化道不同部位食糜流量测定技术,消化道微生态研究技术,瘤胃营养物质代谢研究技术,反刍动物甲烷排放量测定技术,反刍动物消化道灌注技术,单胃动物营养消化吸收评价技术,组织和细胞生物学研究技术,动物免疫营养学研究技术,动物营养学研究中应用的组学技术,生乳理化指标评价方法,肉品质和蛋品质鉴定技术。

图书在版编目(CIP)数据

动物营养学研究方法和技术 / 刘强,王聪主编.—北京:中国农业大学出版社,2018.10

ISBN 978-7-5655-2106-5

Ⅰ.①动… Ⅱ.①刘…②王… Ⅲ.①动物营养-营养学 Ⅳ.①S816

中国版本图书馆 CIP 数据核字(2018)第 227533 号

书　　名	动物营养学研究方法和技术		
作　　者	刘强　王聪　主编		
策划编辑	赵　中　李卫锋	责任编辑	田树君
封面设计	郑　川		
出版发行	中国农业大学出版社		
社　　址	北京市海淀区圆明园西路 2 号	邮政编码	100193
电　　话	发行部 010-62818525,8625	读者服务部	010-62732336
	编辑部 010-62732617,2618	出 版 部	010-62733440
网　　址	http://www.caupress.cn	E-mail	cbsszs@cau.edu.cn
经　　销	新华书店		
印　　刷	涿州市星河印刷有限公司		
版　　次	2018 年 10 月第 1 版　　2018 年 10 月第 1 次印刷		
规　　格	787×1 092　16 开本　印张 16　275 千字		
定　　价	56.00 元		

图书如有质量问题本社发行部负责调换

编写人员

主　　编　刘　强　王　聪

副 主 编　车向荣　裴彩霞　张延利

编写人员　（按姓氏拼音排序）

车向荣　陈红梅　郭　刚　贺俊平

霍文婕　李红玉　李建慧　刘　强

裴彩霞　王　聪　王永新　杨　玉

杨致玲　张春香　张建新　张　静

张拴林　张延利　赵　燕

前　言

　　动物营养学的任务之一就是寻求和改进动物营养研究的新方法和手段,开拓动物营养研究的新领域。因此,动物营养学的发展和进步离不开研究方法与技术的革新。另外,动物科学专业的教学实践和动物营养与饲料科学学科研究生培养及教师的科研课题的完成均需要有系统的研究方法和技术作为参考。众多学生和教师及科研工作者在学习、教学和从事科研工作的时候为了寻找方法而苦恼。因此,本书编写组成员在查阅大量资料的基础上,总结实验室多年来的教学科研实践经验,编写了本书。

　　通过借鉴他人的众多研究方法和技术,并结合自身的研究实践,从消化道不同部位食糜流量测定技术、消化道微生态研究技术、瘤胃营养物质代谢研究技术、反刍动物消化道灌注技术、单胃动物营养消化吸收评价技术、组织和细胞生物学研究技术、动物免疫营养学研究技术、动物营养学研究中的组学技术、动态营养需要模型研究技术、生乳理化指标评价方法,以及肉品质和蛋品质鉴定技术等方面,较为系统地编写了本研究方法与技术。目的就是满足在动物科学专业本科生的教学、动物营养与饲料科学专业研究生的培养和科研工作者从事科学研究的过程中对研究方法和技术的需求。

　　本书撰写历时较长,也经过反复修改和校对,但难免有疏漏和不当之处,恳切希望广大读者提出宝贵意见,共同商榷,以便再版时修订。本书在审校过程中,各位编者及实验室博士和硕士做了大量的工作,在此一并致谢。

　　本书的编写和出版得到山西省高等学校特色专业——动物科学专业建设专项基金资助,在此表示衷心的感谢!

编者

2018 年 9 月 18 日

目　录

第1章　消化道不同部位食糜流量测定技术

消化道不同部位食糜流量的测定对研究动物胃肠道养分的消化吸收具有重要意义。经常测定的是瘤胃外流速率和小肠食糜流量。瘤胃外流速率可以预测饲粮和营养供给关系以及饲料组分的动态降解参数，进而明确供给微生物生长的营养和供给小肠的未降解的营养。小肠食糜流量测定能够了解饲料营养在小肠的消化吸收情况。有时由于十二指肠瘘管动物不容易护理，研究者也采用真胃食糜流量测定代替小肠食糜流量测定。

1.1　瘤胃食糜外流速率的测定技术

1.1.1　概述

瘤胃食糜外流速率是指单位时间内从瘤胃中流出的固体或液体体积占瘤胃内容物体积的百分比，常用 k 值表示，单位是％/h 或 h^{-1}。瘤胃外流速率是预测反刍动物饲粮和营养供给关系模型的重要依据，在瘤胃降解模型中参与预测饲料组分的动态降解参数，进而明确供给微生物生长的营养和供给小肠的未降解的营养。瘤胃尼龙袋法是评定反刍动物饲料营养价值的经典方法，可评价饲料在瘤胃内有效降解率，但必须结合饲料瘤胃外流速率进行计算方能得出。

1.1.2　原理

将待测饲料样品用重铬酸钾溶液标记，饲料的纤维及蛋白质成分均能与铬形成稳定的结合物，在瘤胃中几乎不被微生物降解。不同时间点从直肠取粪样或者从瘤胃中直接取样，分析铬含量，通过采集样本铬含量的变化来确定饲料 k 值。

1.1.3　材料与设备

1.1.3.1　试验动物
安装有瘤胃瘘管的牛或羊。

1.1.3.2　仪器设备
搪瓷盘(带盖)、恒温干燥箱、分光光度计、桶、广口瓶、凯氏瓶、容量瓶、毒气柜、电炉。

1.1.3.3　试剂与溶液
重铬酸钠(分析纯)、抗坏血酸、高氯酸、钼酸钠、浓硫酸。

1.1.4　操作步骤

1.1.4.1　铬标记饲料的制备
饲料用粉碎机粉碎(2.5～3.0 mm 筛孔)。称取一定的饲料于一容器内。铬用量占饲料干物质的 4%～14%,不同饲料有所变化,一般玉米 8%,豆饼 14%。称取相当于此用量的重铬酸钠,溶于温水中,水的用量以全部浸透饲料为宜。

将重铬酸钠溶液徐徐倒入饲料中,并不断搅拌,直至呈稠粥状,此时饲料变橙黄色。将饲料转移到带盖的搪瓷盘中,铺开的厚度为 2～3 cm,盖上盖,置 100℃烘箱内,加温 24 h。将饲料转移到底部装有细筛网(孔径 230～250 μm)的桶中,用自来水冲洗,直到水清澈。再将底部装有细筛网的桶中饲料悬浮于清水中,此时的 pH 通常为 8.5～9.5,加入抗坏血酸,使溶液 pH 降到 4.0,搅拌后静置 12 h。测量溶液的 pH,如 pH 超过 4.5,则重复冲洗和抗坏血酸溶液浸泡操作,直到使溶液 pH 降到 4.0,此步操作目的是将六价铬还原为三价铬,形成铬与饲料的稳定结合。用清水冲洗,使与饲料结合不紧的氧化铬完全被冲洗掉。最后放在 105℃烘箱内烘干(24 h),即得到铬标记饲料,其外观呈深绿色。铬标记饲料的稳定性用其在瘤胃中 24 h 的干物质消失率来检验。

1.1.4.2　测定步骤
(1)将铬标记饲料在晨饲时与精料混合一起喂给试验动物。喂量为牛 300 g/头,羊 65 g/只。在饲喂后 4、8、12、16、20、24、28、32、36、40、44、48、54、60、72、84、96、108 和 120 h 于直肠采取粪样,在 65℃烘干、粉碎通过 1.0 mm 筛,于样品瓶保存。

(2)Cr_2O_3 标准曲线的制作

①准确称取绿色粉状的 Cr_2O_3(分析纯)0.0500 g 于 100 mL 干燥的凯氏瓶内,

加入 5 mL 消化剂(将 10 g 钼酸钠溶于 100 mL 蒸馏水中,再加入 150 mL 浓硫酸和 200 mL 70％的高氯酸即可),置毒气柜中有石棉铁丝网的电炉上用小火加热消化,直到消化液呈橙色透明为止。然后将此液无损地移入 100 mL 容量瓶、定容,此为 Cr_2O_3 母液。每毫升含 Cr_2O_3 5 μg。

②取 100 mL 容量瓶 7 个,编号,分别准确移取母液 0、2、5、10、15、20 和 25 mL 于各容量瓶中,用蒸馏水定容。

③以 0 mL 为对照,440 nm 波长下比色测定各溶液吸光度。根据溶液浓度及吸光度读数绘制 Cr_2O_3 的标准曲线。

(3)粪样中 Cr_2O_3 含量的测定

①准确称取 1.0000 g 不同时间收取的风干粪样,分别置于 100 mL 凯氏瓶内,加入 5 mL 消化剂(同上),电炉加热消化直到消化液呈橙色为止。

②冷却后定容至 100 mL,440 nm 下比色测定吸光度,由标准曲线确定 Cr_2O_3 的含量。

1.1.5 结果计算

Cr_2O_3 浓度最大的粪样设置为 $t=0$ 时的粪样,其 Cr_2O_3 浓度为 C_0,将以后采集粪样的时刻和 Cr_2O_3 浓度按公式进行最小二乘数据拟和,求出 k 值。

$$C_t = C_0 e^{-kt}$$

式中:C_0 为粪中铬的最高浓度,μg/g;C_t 为粪中铬达到 C_0 之后不同时间点的浓度,μg/g;k 为待测饲料的瘤胃外流速率,％/h;t 为消化时间,h。

1.2　非同位素双标记小肠食糜流量测定技术

1.2.1　概述

小肠食糜流量的测定对研究反刍动物小肠养分的消化吸收具有重要意义。常用的测定方法有 2 种,一种是全收集法,即通过小肠体外吻合瘘管("桥型"瘘管)收集食糜。此法能够准确测定食糜总量,但收集技术较烦琐,且试验动物不易护理。另一种为标记法,即通过真胃或小肠 T 形瘘管定点收集食糜,该法可以使动物维持正常采食水平,动物存活时间长。此法通常采用液相食糜和固相食糜双标记法来测定食糜流量,通过重组校正获得代表性食糜样本。使用标记法测定食糜流量的关键是选用适当的标记物。理想的标记物应具备以下条件:在消化道内不被吸收;对消化道正常生理功能和消化道内的微生物区系没有干扰;物理性质与所要标记的物质接近,或者是紧密结合在一起;分析测定方法简单灵敏。常用的放射性同位素固相标记物为邻二氮杂菲络合物($^{103}RuCl_3$)或镱的放射性同位素(^{169}Yb),液相标记物常用^{51}Cr-EDTA。但放射性同位素标记法需要放射性防护条件,试验成本较高。而非同位素固相标记物常用三氧化二铬(Cr_2O_3),液相标记物为聚乙二醇-4000(PEG-4000)。PEG-4000在消化道中不被降解或吸收,易溶于水,能与液相食糜充分混合,但其分析方法不够灵敏和准确。

1.2.2 原理

测定小肠食糜流量时,当非同位素标记物达到平衡,非同位素标记物流入该点的速度等于流出该点的速度,而流入速度等于非同位素标记物的注入速度。

1.2.3 材料与设备

1.2.3.1 试验动物

动物安装有瘤胃、十二指肠和回肠瘘管,自动喂料器饲喂,每隔 1 h 饲喂 1 次,自由饮水。

1.2.3.2 标记物颗粒料

以 Cr_2O_3 为固相标记物,PEG-4000 为液相标记物。每 1.25 kg 全价料中添加 4 g Cr_2O_3 与 8 g PEG-4000,混合后,制成标记物颗粒料。

1.2.3.3 试剂与溶液

①Cr_2O_3(分析纯)。

②PEG-4000(分析纯)。

③消化试剂:溶解 10 g 钼酸铵于 150 mL 蒸馏水中,慢慢加入 150 mL 浓硫酸,冷却后加入 200 mL 72% 高氯酸,混合备用。

④3 mg/L 阿拉伯树胶:用母液(2% 阿拉伯树胶加苯甲酸 0.15%)使用前稀释制备。

⑤10% $BaCl_2$:称取 11.73 g $BaCl_2 \cdot 2H_2O$,用水溶解并定容至 100 mL。

⑥TCA:在 10% $BaCl_2$ 中加入 60% 三氯乙酸($V:V=1:1$),用定量滤纸过滤。

⑦5% $ZnSO_4$:称取 8.90 g $ZnSO_4 \cdot 7H_2O$,用水溶解并定容至 100 mL。

⑧0.022 mol/L $Ba(OH)_2$:称取约 7 g $Ba(OH)_2 \cdot 8H_2O$ 投入 100 mL 水中(预先煮沸除去 CO_2),使之饱和,放置一昼夜后用虹吸管吸入试剂瓶,注意保存时勿接触空气。

⑨ PEG-4000 标准溶液：准确称取 5 g PEG-4000，溶解于蒸馏水中，定容至 200 mL，然后分别吸取 1、2、4、6、8、12、16 和 20 mL，定容至 100 mL。

1.2.4　操作步骤

1.2.4.1　标记物回收率的测定

①预饲期 10 d，喂不含标记物的颗粒料。

②正式试验期 8 d，在第 1 天一次性从瘤胃瘘管投入 4 g Cr_2O_3 和 8 g PEG-4000。

③正式试验期开始，收集动物每天的全部粪样，混匀，取 10% 准确称重后于 65℃制成风干样，供测定标记物含量。

1.2.4.2　食糜中标记物达到稳定状态的时间及食糜流量测定

预饲期 10 d，喂不含标记物的颗粒饲料。正式试验期 12 d，喂含标记物的颗粒料。

(1)食糜中标记物达到稳定状态的时间测定

①正式试验期开始每天采集瘤胃、十二指肠及回肠食糜。

②正试期前 5 d，每隔 4 h 采集瘤胃内容物 50 mL，每 12 h 采集十二指肠食糜 30 mL，回肠食糜 15 mL。

③准确记录采样的时间间隔。2 000 g 离心食糜 10 min，分离食糜液相，分别测定全食糜中和食糜液相中 2 种标记物浓度。

(2)食糜流量测定

正试期第 6～9 天，每隔 12 h 采集小肠食糜 30 mL，准确记录采样时间间隔，将食糜放入冰箱冷冻保存，以备测定食糜流量。

(3)食糜样品的预处理

将同一天的食糜样品倒入 500 mL 烧杯中，置于磁力搅拌器上搅拌约 3 min，待食糜充分混合后，用自制的取样器(将一次性塑料注射器的前端挖一孔，要求孔的直径在吸入食糜后样品不会流出)取样。

(4)标记物 Cr_2O_3 的测定

①试液的制备。称取样品 2 g(液相食糜 2 mL、瘤胃液 2 mL 或粪样 0.5 g)于凯氏烧瓶中，加入 10 mL 消化试剂，将凯氏烧瓶置于电炉上加热消煮，直至溶液呈橙黄色。

取下冷却，转移至 100 mL 容量瓶中，用蒸馏水定容，摇匀后过滤，以备测定食糜中 Cr_2O_3 的浓度。同时制备试剂空白溶液。

②Cr$_2$O$_3$标准工作曲线的绘制。准确称取 Cr$_2$O$_3$ 粉末 0.100g 于凯氏烧瓶内,加入消化试剂 10 mL,消化后定容至 100 mL。

分别取消化液 1、2、3、4、5、6 和 7 mL 于 50 mL 容量瓶中,定容至刻度。于 440 nm 波长下用分光光度计测定吸光度。以 Cr$_2$O$_3$ 浓度为纵坐标,以吸光度为横坐标,绘制标准工作曲线。

③同样测定试液的吸光度,根据标准曲线,计算 Cr$_2$O$_3$ 浓度。

(5)标记物 PEG-4000 的测定

①试液的制备。取 2 g 食糜样品(液相食糜 2 mL、瘤胃液 2 mL 或粪样 0.5g)于 50 mL 三角瓶中,加入 10 mL 水,1 mL 10%氯化钡溶液,2 mL 0.3mol/L 氢氧化钡溶液和 2 mL 5% ZnSO$_4$,盖上盖子,用力振荡,静置 10 min,过滤,滤液保存备用。同时制备试剂空白溶液。

②PEG-4000 标准工作曲线的绘制。吸取 PEG-4000 标准溶液各 2 mL 于 50 mL 三角瓶中,加入 10 mL 水,1 mL 10%氯化钡溶液,2 mL 0.3mol/L 氢氧化钡溶液和 2 mL 5% ZnSO$_4$,盖上盖子,用力振荡,静置 10 min,过滤,滤液保存备用。

将上述滤液分别移取 3 mL 于试管中,加入 3 mL 3mg/L 阿拉伯树胶,轻轻混合。加入 3 mL TCA,将试管盖上,反复颠倒几次,静置 30 min。在 650 nm 波长下测定吸光度。绘制 PEG-4000 标准曲线,通过标准曲线计算样品中 PEG-4000 含量。

1.2.5 结果计算

1.2.5.1 食糜中标记物达到稳定状态的时间

①标记物在食糜中的浓度随时间的递增曲线符合如下函数关系。

$$C_{(t)} = C_0(1 - e^{-kt})$$

$C_{(t)}$ 指标记物注入 t 时间后,标记物在瘤胃内容物中的浓度;k 指标记物从瘤胃消失的速度常数;C_0 为标记物的注入速度与瘤胃内容物的总容量和标记物从瘤胃消失的速度常数的乘积之比。

②当时间 t 的变化引起的 $C_{(t)}$ 的变化不超过误差范围时,即 $C_0 e^{-kt}$ 的变化不超过误差范围时,视为标记物在食糜中已经达到稳定状态。

③试验中食糜标记物浓度测定的有效数字为小数点后两位,故将时间 t 引起的 $C_{(t)}$ 变化小于 0.01 视为标记物浓度达到稳定状态,即当 $C_0 e^{-kt} < 0.01$ 视为标记物浓度达到稳定状态。

1.2.5.2 食糜流量的计算

食糜流量＝Cr_2O_3 的投放速度/总食糜中 Cr_2O_3 的浓度＝PEG-4000 的投放速度/总食糜中 PEG-4000 的浓度。

1.3 同位素双标记小肠食糜流量测定技术

1.3.1 概述

常用的放射性同位素固相标记物为邻二氮杂菲络合物（$^{103}RuCl_3$）或镱的放射性同位素（^{169}Yb），液相标记物常用 ^{51}Cr-EDTA。但放射性同位素标记法需要放射性防护条件,试验成本较高。

1.3.2 原理

测定小肠食糜流量时,当同位素标记物达到平衡,同位素标记物流入该点的速度等于流出该点的速度,而流入速度等于同位素标记物的注入速度。

1.3.3 试剂和溶液

1.3.3.1 ^{103}Ru－phe 贮备溶液

称取 0.18 g KCl,0.25 g $RuCl_3$ 置于 250 mL 圆底烧瓶中,加入 5 mL 蒸馏水溶解。加入 2 mL 的 $^{103}RuCl_3$ 盐酸溶液,冲洗盛 $^{103}RuCl_3$ 的试管,洗液转移到圆底烧瓶中。将烧瓶与冷凝器连接,沸水回流 20 min。取下烧瓶,将烧瓶与蒸馏装置连接,蒸发烧瓶内的乙醇和部分水分,共计约 80 mL。取下烧瓶,冷却后加盖瓶塞,置于有铅板防护的通风橱内静置 2 d。称取 0.175 g 次磷酸钠,溶于 2 mL 水中,并转入圆底烧瓶中,再加入 0.75 g 1,10-邻二氮杂菲。用 5 mol/L NaOH 溶液调 pH 至 3～4,回流 4 h。回流后的溶液为橙红色,并有金属 Ru 的斑点析出。冷却烧瓶,过滤溶液,用水定容至 100 mL,置于有铅板防护的通风橱内保存。

1.3.3.2 ^{51}Cr-EDTA 贮备溶液

非标记 Cr-EDTA 溶液:称取 14.2 g $CrCl_3 \cdot 6H_2O$(含 Cr 2.77 g),置于烧瓶中,用 200 mL 蒸馏水溶解。称取 20 g EDTA,溶于 300 mL 蒸馏水中。将两种溶液在烧瓶中混合,沸水回流 1 h,溶液逐渐变成深紫色。冷却后,以 1.0 mol/L NaOH 溶液调节 pH 至 6～7,用水定容至 1 L。

以 60 mL 非标记 Cr-EDTA 溶液稀释 3 mCi ^{51}Cr-EDTA。

1.3.3.3　灌注液

根据灌注速度计算[103]Ru-phe 贮备液和[51]Cr-EDTA 贮备液每天的用量,将一定量的贮备液稀释成灌注液。灌注液稀释 1 000 倍后测定放射强度。

1.3.4　操作步骤

1.3.4.1　标记物的灌注

用蠕动泵连续灌注标记贮备液。开始灌注前,先灌注相当于 1 d 灌注量的两种标记物的贮备溶液。

1.3.4.2　采样

第 4 天开始采集样品,每天等间隔采集 2 次,共计约 250 mL。边搅拌边取一部分样品于离心管中,离心分离样品的液相,取采集的样品及分离的液相各 3 个,每个 4 mL,测定放射强度。

1.3.5　注意事项

制备标记物贮备溶液应在有防护设施的实验室中进行,使用过的固体同位素污染物应在铅制容器中存放数月,放射强度衰变至安全水平后再进行处理。

★ **参考文献**

[1] 陈晓琳,孙娟,陈丹丹,等. 5 种常用粗饲料的肉羊瘤胃外流速率. 动物营养学报,2014,26(7):1981-1987.

[2] 冯仰廉. 反刍动物营养学. 北京:科学出版社,2006.

[3] 吕秉林,杨志刚,蒲光福,等. 标记法和全收集法测定牦牛十二指肠食糜流量的对比研究. 黄牛杂志,2002,(5):12-14.

[4] 马丽娟,杨沛霖,金顺丹,等. 饲料通过梅花鹿瘤胃外流速度的研究. 动物营养学报,1996,(1):64.

[5] 莫放,冯仰廉,杨雅芳. 单、双食糜标记物技术测定真胃食糜干物质流量对比试验. 中国畜牧杂志,1992,(4):16-18.

[6] 王加启. 反刍动物营养学研究方法. 北京:现代教育出版社,2011.

[7] 颜品勋,冯仰廉,王燕兵,等. 青粗饲料通过牛瘤胃外流速度的研究. 中国动物营养学报,1994,(2):20-22.

[8] 张博. 内蒙古白绒山羊十二指肠食糜氨基酸流通量及组成比例预测数学模型

的研究．内蒙古农业大学，2004．

[9] 张建智，赵峰，张宏福，等．基于 T 型套管瘘术的鸡小肠食糜流量变异规律的研究．动物营养学报，2011，23(5)：789-798．

[10] 张乃锋，王中华，李福昌，等．非同位素双标记法测定十二指肠、回肠食糜流量方法的研究．畜牧兽医学报，2005，(3)：225-229．

[11] Liu Q，Wang C，Huang YX，et al. Effects of Lanthanum on rumen fermentation，urinary excretion of purine derivatives and digestibility in steers. Animal Feed Science and Technology，2008，142(1-2)：121-132．

[12] Yang W Z，Laarman A，He M L. Effects of supplementation of feedlot ration with rare earth elements on rumen fermentation and digestion in a continuous culture. In：Proceedings of Canadian Nutrition Congress，Wennipeg，MB，Canada，June 18-21，2007．

（本章编写者：王聪、张延利；校对：刘强）

第2章 消化道微生态研究技术

动物的消化道内栖息着数量巨大并且复杂的微生物菌群。消化道正常菌群与宿主保持着"三流"(物质、能量、信息)转运,参与了动物体的生理、生化、病理和药理的各个代谢过程,对动物体的营养、生长发育、免疫过程等至关重要。消化道在正常健康状态下,微生物宿主与环境之间,形成一个相互依存、相互制约的动态平衡,倘若这种平衡遭到破坏,便可以导致微生态失衡。消化道微生态学失衡,从而导致机体的新陈代谢过程异常,严重影响生命过程中微量生化反应的正常进行,出现歧化反应,诱发机体器官组织的病理改变,使健康机体发生疾病。一般认为动物在出生前消化道都是无菌的,新生动物从母体和环境中获得微生物,一个庞大的微生物菌群迅速在消化道形成。消化道正常微生物菌群是在长期进化过程中形成的,对其宿主无害,是有益和必要的。消化道微生态学(gastrointestinal microecology)就是研究这些微生物菌群与其宿主之间的相互关系的边缘学科,其理论体系尚在发展中。消化道微生物菌群又是一组庞大的微生态系统,其数量大、繁殖速度快,是一个定性、定位和定量等三维生态空间的平衡体系,人们对其认识仍属初级阶段,研究需要不断深入,研究技术也在不断发展。

2.1 消化道微生态研究技术概述

消化道微生态学是研究消化道微生物菌群与其宿主之间的相互关系的科学。因此,消化道微生态研究技术应包括消化道微生物对宿主的影响、宿主对消化道微生物的影响以及消化道微生物之间的相互关系三个方面的研究技术。

2.1.1 消化道微生物对宿主的影响的研究技术

研究消化道微生物对宿主的影响有多种方法。首先,在动物体内接种相应微生物,研究在接种前后动物的生长、代谢、生理等方面的变化,获得此类微生物的作用。此方法较为简单,可以通过饲料、饮水等方法添加微生物,然后研究动物的变化。但由于一般动物消化道内已经栖息着数量庞大的微生物群,外来的微生物作用很难体现。因此,研究需要选用体内微生物均已知的动物,即悉生动物。其次,利用对动物无害的方法驱除动物消化道内的某些微生物,研究动物在驱除前后的变化,可以分析获得这些微生物的作用。此方法的利用受驱除方法的限制,现在成功应用的仅有驱除瘤胃原虫。另外,现在肠道组织可以成功体外培养。因此,能够通过体外培养的方式研究消化道微生物对宿主肠壁的影响,但相对较难。

2.1.2　宿主对消化道微生物的影响的研究技术

研究宿主对消化道微生物的影响,就是研究动物在各种状态下其消化道内不同部位食糜或黏膜上微生物的生长代谢、多样性、分布等方面的变化。微生物的生长代谢可以通过代谢酶的活性、底物的降解速度、代谢产物的积累速度、微生物的数量变化等的测定进行研究。由于酶活、底物、产物等种类繁多,本书就不再一一讲述。微生物的数量、多样性和分布可以通过直接测定、培养和分子生物学等方法进行测定。

直接测定就是利用显微镜直接对样品或处理的样品中微生物观察,可获得微生物形态的多样性、各类微生物数目、大小以及分布,其数目结果可以用单位体积或面积或质量的微生物数目来表示。所用的计数器有血细胞计数板,Peteroff-Hauser 计菌器和 Hawksley 计菌器等,这些计数器可以用于酵母菌、细菌、真菌孢子和原虫等的计数。为了便于观察和分类,可以对样品进行适当的稀释、染色或化学物质标记处理;研究微生物分布要进行固定和切片等处理或特殊标记体外成像技术。直接测定的优点是能够使人们直接观察到天然样品中微生物的形态和微生物在自然样品中所处的位置,并且这些方法比较直观、快速、操作简单,特殊标记的微生物还可通过成像技术研究在消化道内的定植情况。如瘤胃原虫可以用此方法获得菌群信息,直接分类和计数。但此方法的缺点是只能从形态和染色反应对微生物进行分类,微生物多样性信息有限。

培养是最传统的微生物研究方法,通过鉴定分离出来的微生物来研究其多样性,并通过相同菌落的数目进行计数。消化道微生物为严格或兼性厌氧菌,一般可采用滚管或平板厌氧培养的方法进行。培养方法的最大优点是可以计算自然样品中活的微生物数量,并能区分真菌、放线菌和细菌,使用特殊的培养基还可分类计数微生物。制备的培养基只含有一种碳源,如纤维素、木质素或淀粉,则可以计数纤维素、木质素或淀粉分解菌;使用鉴别培养基则可以计数某一种菌,如使用麦康凯培养基、伊红美兰培养基等可对大肠杆菌进行计数。同时,此方法也有很多缺点。第一,造成误差的因素很多,如自然界中许多微生物细胞成群黏结在一起,用普通的方法很难将它们分开,这样形成的单菌落可能是由许多个细胞繁殖而来的,造成计数不准确。第二,有些微生物在平板上只能形成微菌落,不利于肉眼观察。第三,一般情况下,实验室所用的培养条件很难满足所用微生物的生长,所用有限种类的培养基也无法满足所用微生物的生长。第四,在平板上形成的丝状菌落无法判断是从孢子还是从菌丝而来的。第五,也是最重要的,大量微生物现在还没有办法进行培养。

随着分子生物学的发展,基因探针技术、16S rRNA 基因序列分析等逐步被引入消化道微生物的研究中,这些技术可直接利用 DNA 及 RNA 对样品中微生物遗传特性进行研究,不但避免了传统上耗时的菌种分离,而且可直接再现微生物群落遗传多样性和动态性,更可与 16S rRNA 基因序列分析结合,鉴定出无法利用传统方法分离出来的菌种,并可根据数据库中的信息分析出微生物的功能,因而成为消化道微生物研究的新宠。分子生物学方法包括:基于 16S rRNA 基因序列分析技术、核酸分子探针杂交技术、限制性片段长度多态性分析技术、变性梯度凝胶电泳技术、高通量测序技术以及宏基因组文库技术等。

2.1.3 消化道微生物之间的相互关系的研究技术

微生物之间的相互作用现在主要通过体外培养的方式进行研究,可以固体培养或者液体培养,通过检测微生物混合前后的生长情况,是否有抑菌圈,底物的分解程度,代谢产物的浓度等的差异,来分析微生物间的相互关系。

2.2 无菌动物的人工培育技术

2.2.1 概述

动物消化道正常菌群的种类之多,数量之大,令人难以想象。以人为例,消化道细菌总数估计可达 10^{14} 个,细菌种数达 $400\sim500$ 种,绝大多数为厌氧菌。因此,要了解宿主所携带的正常微生物菌群对宿主的影响,首先必须消除环境中微生物和消化道中其他菌群成分的干扰,这就需要应用悉生动物模型。所谓悉生动物(gnotobiotic animal,GNA)也称已知菌动物或已知菌丛动物(animal with known bacterial flora),是指用与无菌动物相同的方法获得、饲养,但明确动物体内所给予的已知微生物的动物。悉生动物按照其体内、外不同的生物背景,可分为无菌动物(germ-free animal,GFA)、狭义悉生动物和无特定病原体动物。研究消化道微生物一般使用的动物模型是 GFA 和 GNA。GFA 是指从出生之时就生活在一个无菌的特殊环境中,其体内外不携带有任何微生物的动物。目前,由于对病毒、支原体、衣原体及某些寄生虫仍存在检测的技术问题,所以实际工作中的 GFA 一般只是指不携带任何细菌的动物。GFA 生活在无菌隔离器这个特殊的屏障环境中,可避免受到环境中微生物的污染,保持其无菌状态。用已知微生物接种 GFA,就可使其成为 GNA,然后用生理、生化、解剖、免疫等学科的技术来比较普通动物、GFA 和 GNA 的差异,就可了解到所接种的微生物菌株对动物宿主的作用和影响。如果再改变其他有关因素,如用其他微生物攻击,或改变饲料的成分,或用药物处理动物等,就可进一步了解消化道中微生物之间的相互作用和外界环境因素对肠道微生物的影响。由于在研究微生物正常菌群的作用时需利用大量的 GFA和 GNA,所以一般都把微生态学称作悉生生物学(gnotobiology)。应该指出的是,GFA 和 GNA 是一种特殊的动物模型,其生理与生活条件与普通动物有很大的差别。因为 GNA 是在 GFA 的基础上接种已知的微生物获得的,饲养方法相同,所以在此仅介绍 GFA 的获得和饲养方法。

2.2.2　原理

无菌动物在自然界并不存在,必须用人为的方法养育而成。无菌动物的理论基础和实践依据在于健康动物在胚胎时期是无菌的,将临产前胎生健康动物在无菌条件下,按无菌手术进行剖腹,切除带胎子宫(子宫内首先应无菌),将其浸入消毒液里并立即输送到另一只隔离器中,切开子宫取胎,获得的无菌动物在无菌的隔离器内无菌饲喂。卵生动物可用药物将卵周围灭菌后移入灭菌隔离器内使其孵化,无菌饲喂即可。

2.2.3　材料与设备

2.2.3.1　无菌动物的饲育装置

无菌动物必须在与自然界微生物完全隔绝的无菌隔离器内饲育,无菌隔离器要放在无菌室内。旧式的无菌隔离器是用不锈钢等金属材料制成的,内部用高压蒸汽消毒,由于成本高、操作不方便,现在已被塑料无菌隔离器所取代。塑料无菌隔离器(图 2-1)是用硬透明塑料制成的气囊,内部用含 2% 过氧乙酸和二氧化氯的消毒液喷雾灭菌,上面有可进行操作的手套和无菌通道,由于成本低、便于观察、操作方便,目前已被广泛采用。我国生产的塑料隔离器最近在中国医学科学院实验动物中心已通过鉴定,并已成批生产。

图 2-1　塑料无菌隔离器(引自 Al-Asmakh 和 Zadjali,2015)

无菌隔离器必须具备下面 5 个条件。第一,必须是一个密闭的容器,其内部空间和内容物能接受灭菌处理;第二,隔离器内空间和内容物可随时被观察;第三,隔离器通过手套对内部材料进行操作,但不破坏内部的无菌环境;第四,隔离器上有双面锁的无菌通道,动物、食物等可以输入或输出,而不破坏内部的无菌环境;第五,隔离器必须有一套通气系统,气体由气泵提供,泵入的空气要通过高效空气净化(HEPA)过滤器和隔离器带的空气滤器后进入隔离器,隔离器内部保持适度的高气压,使外部的菌不会从空气的出口进入。

2.2.3.2　无菌动物的饲料

无菌动物的饲料、水必须符合下列要求。第一,无菌,因此必须经过充分的灭菌,一般多用高压灭菌,Co^{60} 照射灭菌更好(效果好,而且营养成分破坏少,保存时间长)。第二,必须补充因灭菌而破坏的营养成分,如维生素 B_1、维生素 C、泛酸等。补充的营养成分用滤菌器过滤后加入饲料或饮水中饲喂。为了减少营养成分的破坏,最好用放射线灭菌或环氧乙烷灭菌法代替高压灭菌法。第三,无菌动物没有肠道正常菌丛,饲料中还须补充这些细菌合成的营养成分。第四,饲料的组成、形态和气味等应尽可能适合动物的习性和嗜好。

2.2.3.3 其他材料与设备

无菌室、超净工作台、高压灭菌器、手术器材、空气泵、烘箱、电动升降机、水桶(装二氧化碳气体,用来麻醉动物)、固定用钢丝圈、消毒液等。

2.2.4 操作步骤

2.2.4.1 哺乳类无菌动物技术

小动物做子宫切除术,大动物做子宫切开术获得幼仔。子宫切开易污染,不如子宫切除术取仔安全,但从经济角度考虑,大动物一般采用子宫切开取幼仔。下面我们以老鼠为例介绍具体操作步骤。

(1)腹部去毛

剃毛或脱毛。

(2)处死妊娠雌鼠

一般对小鼠用断颈髓处死,较大的动物如豚鼠用氟烷吸入麻醉后处死,不用乙醚麻醉。

(3)雌鼠灭菌

处死的雌鼠浸泡于37℃灭菌液中2 min。灭菌液配制:福尔马林20%,季铵5%,苄烷氨水75%。

(4)剖腹,取出子宫

将妊娠鼠固定住,并于腹部粘上灭菌胶布,然后剖开腹部,取出子宫放入灭菌液中,转到另一隔离器中。

(5)取胎鼠

用剪刀剪开子宫壁,取出胎鼠,轻按以帮助呼吸,待呼吸正常时再用电刀切断脐带。

(6)饲喂

分开胎盘,由代乳母鼠饲喂或人工饲喂。老鼠一般用代乳母鼠哺乳、兔子、猪等动物一般人工喂养。

2.2.4.2 鸟类无菌动物技术

首先选外壳干净的受精卵,然后按以下程序进行。

（1）受精卵灭菌

将受精卵放入 2% 升汞中浸 12 min，进行灭菌。

（2）受精卵孵化

将灭菌过的受精卵放入隔离器中孵化。

2.2.5　注意事项

①哺乳动物剖腹取胎要在一定时限内完成，小鼠和大鼠时限为 9～10 min，豚鼠时限为 5 min，因豚鼠耐缺氧能力低弱。

②代乳母鼠哺乳时，要使剖腹产取出的幼鼠先与代乳母鼠的幼仔接触，使之有同样的气味，便于代养。

③使用无白血病母鸡产的受精卵培育无菌鸡，否则仅外壳消毒是消灭不了鸡白血病病毒。

④饲育隔离器和其中的饲料槽等使用前必须灭菌，所喂饲料、乳汁、饮水和气体也必须灭菌。另外，还需要对饲育隔离器温度和湿度控制。

⑤培育的无菌动物必须经过直肠、粪便等微生物检测为无菌后方能使用。

2.2.6　案例分析

利用无菌动物或悉生动物研究消化道微生物对动物影响的文献很多，在此仅举一个例子。Cinova 等（2011）利用无菌大鼠接种肠杆菌或双歧杆菌研究腹腔疾病的诱导剂（醇溶蛋白和干扰素）对大鼠的影响，结果发现接种不同细菌的大鼠其肠道黏膜的通透性不同，大肠杆菌 CBL2 和志贺氏菌 CBD8 使肠黏膜中 PAS 染色阳性的杯状细胞数量减少，肠黏膜的通透性增加，而双歧杆菌肠黏膜中 PAS 染色阳性的杯状细胞数量增加，肠黏膜的通透性降低，证明消化道菌群影响腹腔疾病发生的作用机制。

2.3　消化道微生物的厌氧培养技术

2.3.1　概述

培养技术是研究微生物的传统和常规的技术，在现在的消化道微生态学研究中还在广泛使用，其可以用于消化道微生物的组成、多样性、微生物计数、鉴定以及微生物间相互作用等多方面的研究。不同种类的微生物需要的营养物质、生长条件均不相同，因此，使用的培养基和培养条件各异。但消化道微生物均为严格厌氧或兼性厌氧。因此,一般消化道微生物培养需要一个较低的氧化还原电位的生长环境。消化道微生物厌氧培养技术是在 Hungate(1969)的基础上,经 Bryant (1972)的改进而建立的。

2.3.2　原理

通过使用无氧气体(CO_2、N_2、H_2等气体)置换密闭空间中的氧气或利用焦性没食子酸等物质吸收密闭空间中的氧气造成厌氧环境,供厌氧微生物生长,其他技术与需氧微生物相同。对已知微生物可以选用适合的培养基和培养条件进行培养,研究消化道微生物多样性时尽量使用原消化道的环境进行培养。

2.3.3　材料与设备

2.3.3.1　厌氧工作站

厌氧工作站有硬质材料的也有软装塑料材料的,其要求与无菌隔离器的要求相同,只是不是泵入空气而是 CO_2、N_2、H_2等气体,因此最好有多个气体通道。工作站双面锁通道是对需要操作的物品输入或输出的通道,要求密封良好(图2-2)。

图2-2　厌氧工作站

2.3.3.2　厌氧罐

厌氧罐是可以在厌氧工作站内操作、密封、盛放培养皿的容器(图2-3)。

2.3.3.3　培养箱

培养箱最好带有摇床,或另外配摇床。

2.3.3.4　其他材料与设备

通风橱、水浴锅、小型振荡器、电炉、微波炉、分光光度计、显微镜、磁力搅拌器、培养皿、滚管、培养瓶、注射器、移液管、配制培养基的各种试剂等。

2.3.4　操作步骤

2.3.4.1　准备工作

厌氧工作站的灭菌、通气完成,内部氧化还原电位、温度等满足要求,所需的消毒剂、小型振荡器、注射器等均准备好放置在其内;采样和培养所需的离心管、滚管、培养瓶、注射器、移液管等准备好;培养箱温度调节好,等等。

2.3.4.2　配制培养基

①根据培养基配方称量所需的试剂。

②把稳定的试剂加水溶解在大的可以高压蒸汽灭菌的瓶内,放入微波炉加热煮沸。

③放在通风橱的磁力搅拌器上,内放磁力搅拌子搅拌,用铝箔纸盖上,通 CO_2 气体,直至培养基冷却,加入不稳定的试剂(还原剂盐酸半胱氨酸等),继续通气至氧化还原染料如刃天青成为无色,测定和调整培养基 pH,密封转入厌氧工作站,分装,密封。

图 2-3　厌氧罐

④灭菌。

2.3.4.3　接种

厌氧微生物的接种方法与需氧微生物的接种方法相同,只是需要在厌氧条件下完成,一般在厌氧工作站中进行。如果是微生物计数或测定其多样性,一般接种时需要进行适度的稀释,稀释液可以用磷酸盐缓冲液(pH 7.0)或培养基。

2.3.4.4　培养

接种好的培养物均处于厌氧的密封条件下(滚管和瓶子本身可以密封,培养皿密封在厌氧罐内),因此直接放入培养箱进行培养,瘤胃微生物培养温度为 39℃,而其他动物消化道微生物使用 37℃。另外,液体培养需要使用摇床。

2.3.5　结果观察和计算

2.3.5.1　微生物计数方法

一般通过菌落计数法或最大可能计数法(most probable number,MPN)进行微生物计数。菌落计数法可采用滚管或平板厌氧培养的菌落计数法,两种方法均是将含有单细胞微生物的悬浮液成分混合均匀后,进行适当稀释,取一定稀释度的细胞悬浮液接种到合适的培养基滚管或平板上,在合适的条件下进行培养,然后数每个滚管或平板上的菌落数,计算样品中相应微生物的数量,单位为菌落形成单位(colony-forming unit,CFU)。

2.3.5.2　微生物数量计算

$$Q = M \times N$$

式中,Q 为样品中微生物数量,CFU;M 为滚管或平板上菌落的数量,CFU;N 为稀释倍数。

2.3.6　注意事项

①无菌和无氧。

②固体培养基配制一般使用琼脂粉为固形剂,并且加在滚管中,如用培养皿培养则在通气结束后加入,灭菌后在厌氧工作站中倒平板,接种后放入厌氧罐中,拿出厌氧工作站,最后放入培养箱培养。其他的固体基质同样先分装在滚管或瓶中,放入厌氧工作站驱除氧气,然后分装液体部分。

③维生素等不能高压灭菌的试剂要通过过滤除菌。

④培养的方法研究微生物多样性,要在微生物计数后,分离每个单菌落进行纯培养,然后鉴定每个菌落,分析得出微生物的多样性、组成和每种微生物的密度等。

2.3.7　案例分析

Dehority 和 Tirabasso(2000)利用厌氧培养技术,通过添加抗生素(青霉素和链霉素)抑制细菌后,瘤胃细菌与真菌的数量和纤维降解程度的变化,发现瘤胃细菌与真菌之间可能存在相互抑制的关系。研究使用苜蓿作为基质,培养液成分如下:每 100 mL 含 15 mL 0.3% 的 K_2HPO_4,15 mL 矿物质溶液 Ⅱ,0.1 mL 的 0.1% 刃天青溶液,0.2 g 胰蛋白胨,0.05 g 酵母膏,0.45 mL 的混合挥发性脂肪酸溶液,33.33 mL 6% 的球磨 24 h 纤维素溶液,0.1 g 葡萄糖,20 mL 去细胞瘤胃液,3.33 mL 12% 的 Na_2CO_3 溶液,1.67 mL 的 3% 半胱氨酸盐酸盐,4 mL 蒸馏水。矿物质溶液 Ⅱ 的组成为:0.3% KH_2PO_4,0.6% $(NH_4)_2SO_4$,0.6% NaCl,0.06% $MgSO_4$ 和 0.06% $CaCl_2$。瘤胃细菌与真菌的数量用 MPN 法测定,添加抗生素(青霉素和链霉素)测定厌氧真菌数量,添加放线菌酮测定瘤胃细菌数量。具体方法是对样品不同梯度稀释,一般稀释到 10^{-10} 倍,$10^{-2} \sim 10^{-6}$ 倍的每个稀释度分别接种 3 个由纤维素为底物的含有抗生素(青霉素和链霉素)的发酵管中测定厌氧真菌数量,$10^{-5}\sim10^{-10}$倍的每个稀释度分别接种 3 个由纤维素为底物的含有放线菌酮的发酵管中测定瘤胃细菌数量,接种后于 39℃培养 7 天,检测纤维素的降解率和 pH,将降解率在 75% 以上,并且 pH 降低的发酵管标为阳性,最后根据每个稀释梯度的阳性管数,检索 MPN 表,获得其中厌氧真菌或细菌的数量。

2.4 核酸分子探针杂交技术

2.4.1 概述

微生态研究中,微生物的分布对了解动物对消化道微生物的影响、微生物影响动物的作用机理等方面都非常重要。微生物的分布可以通过比较不同部位微生物组成的差异获得,但无法知道具体的分布位置,一般的直接观察方法又无法准确确定微生物的种类,比较而言,核酸分子探针杂交技术可以帮助我们了解已知消化道微生物菌群的组成、准确的分布和各类微生物的数量,但由于探针设计通常是根据已知微生物的基因序列确定的,对于未知的微生物难以用此方法分析,使此方法在检测微生物多样性和菌群结构中受到很大限制。杂交有原位杂交、Southern 印迹杂交、斑点印迹等不同的方法,其中荧光原位杂交(fluorescence *in situ* hybridization,FISH)在研究微生物分布时最常用,与传统的放射性标记原位杂交相比,荧光原位杂交具有快速、检测信号强、杂交特异性高和可以多重染色等特点。下面介绍的 FISH 参考 Makkar 和 McSweeney(2005)与 Valm 等(2012)的方法。

2.4.2 原理

FISH 的基本原理是用已知的标记单链核酸为探针,按照碱基互补的原则,与待检材料中未知的单链核酸进行异性结合,形成可被检测的杂交双链核酸。设计和选择探针要考虑探针的特异性、敏感性以及组织穿透力。一个典型的探针长度应为 15～30 bp。短探针较容易接近目标序列,但相应携带荧光染料的能力降低。探针的荧光素标记可以采用直接和间接标记的方法。间接标记是采用生物素标记 DNA 探针,杂交之后用偶联有荧光素亲和素或者链霉亲和素进行检测,同时还可以利用亲和素-生物素-荧光素复合物,将荧光信号进行放大,从而可以检测 500 bp 的片段。而直接标记法是将荧光素直接与探针核苷酸或磷酸戊糖骨架共价结合,或在缺口平移法标记探针时将荧光素核苷三磷酸掺入。直接标记法在检测时步骤简单,但由于不能进行信号放大,因此灵敏度不如间接标记的方法。常用探针序列见表 2-1(Amann 等,1995;Jansen 等,2000;Cerqueira 等,2008;Yi 等,2012;Gorham 等,2016)。

表 2-1　常用 FISH 探针序列

探针级别	探针序列	目标位点	特异性	参考文献
原核生物级	ACGGGCGGTGTGTRC	16S,1 392~1 406	原核生物	Amann 等,1995
界级	GWATTACCGCGGCKGCTG	16S,522~536	原核生物	Amann 等,1995
	GTGCT CCCCGCCAATTCCT	16S,915~934	古菌 (Archaea)	Amann 等,1995
	TCCGGCRGGATCAACCGGAA	16S,2~21	古菌 (Archaea)	Amann 等,1995
	GCTGCCTCCCGTAGGAGT	16S,338~355	90%的细菌 (Bacteria)	Gorham 等,2016
	ACCGCT TGT GCGGGC CC	16S,927~942	细菌 (Bacteria)	Amann 等,1995
	ACCAGACTTGCCCTCC	18S	真核 (Eucarya)	Amann 等,1995
	CGTTCGYTC TGAGCCAG	16S,19~35	α-变形菌门 (Proteobacteria),δ-变形菌门的一些菌和大部分螺旋体 (Proteobacteria)	Amann 等,1995
类群级	GCCTTCCCACTTCGTTT	23S,1 027~1 043	β-变形菌门 (Proteobacteria)	Makkar 和 McSweeney,2005
	GCCTTCCCACATCGTTT	23S,1 027~1 043	γ-变形菌门 (Proteobacteria)	Makkar 和 McSweeney,2005
	GCAGCCACCCGTAGGTGT	16S,338~355	69%的浮霉菌门 (Planctomycetales)	Gorham 等,2016
	TATAGTTACCACCGCCGT	23S,1 901~1 918	放线菌门 (Actinobacteria)	Makkar 和 McSweeney,2005
	TGGTAAGGTTCTGCGCGT	16S,969~986	变形菌纲 (Alphaproteobacteria)	Makkar 和 McSweeney,2005
	GCTGCCACCCGTAGGTGT	16S,338~355	93%的疣微菌目 (Verrucomicrobiales)	Gorham 等,2016
	CCAATGTGGGGGACCTT	16S,303~319	64%的拟杆菌目 (Bacteroidales)	Gorham 等,2016
	CATGAATCACAAAGTGGTA-AGCGCC	16S,1 458~1 482	肠杆菌科 (Enterobacteriaceae)	Jansen 等,2000
属级	GCGGAAGATTCCCTACTGC	16S,353~371	芽孢杆菌属 (Bacillus)	Yi 等,2012
	TAACCAGGGGCGGACGAG	23S,1 325~1 342	乳酸乳球菌 (Lactococcus lactis)和近亲	Amann 等,1995
	CCAATGTGGGGGACCTT	16S,303~319	拟杆菌属 (Bacteroides)	Amann 等,1995
	TGGTCGTGTCTCAGTAC	16S,319~336	噬细胞菌属 (Cytophaga)-黄杆菌属 (Flavobacterium)	Makkar 和 McSweeney,2005
	CATCCGGCATTACCACCC	16S,164~181	双歧杆菌属 (Bifidobacterium)	Gorham 等,2016
	TCCTCTCAGAACCCCTAC	16S,286~303	Tannerella 属和普雷沃氏菌属 (Prevotella)的大多数	Gorham 等,2016
	GCTTCTTAGTCARGTACG	16S,482~500	梭状芽孢杆菌属 (Clostridium)的 XIVa 和 XIVb 两个类群	Gorham 等,2016
	TTATGCGGTATTAATCTYCCTTT	16S,150~173	梭状芽孢杆菌属 (Clostridium)的 I 和 III 两个类群中大部分	Gorham 等,2016
	GGTATTAGCAYCTGTTTCCA	16S,158~177	乳酸杆菌属 (Lactobacillus),肠球菌属 (Enterococcus),片球菌属 (Pediococcus),明串珠菌属 (Vagococcus),Weissella 属和 Oemococcus 属中的大部分	Gorham 等,2016
种级	TCCCATGCAGGAAAAGGAT-GTATCGGGTAT	16S,172~193	多黏芽孢杆菌 (Bacillus polymyxa)	Amann 等,1995
	TGCCCCTGAACTATCCAAGA	16S,650~669	产琥珀酸丝状杆菌 (Fibrobacter succinogenes)	Amann 等,1995
	CTATAATGCTTAAGTCCACG	23S,271~289	乳酸乳球菌 (Lactococcus lactis)	Amann 等,1995
	GCAAAGCAGCAAGCTC	16S,71~86	大肠杆菌 E. coli	Jansen 等,2000

注:R=A 或 G;W=A 或 T;K=G 或 T,Y=C 或 T.

2.4.3　材料与设备

2.4.3.1　设备

荧光显微镜、暗盒、恒温水浴锅、培养箱、染色缸、载玻片、盖玻片、封口膜、移液器等。

2.4.3.2　试剂

(1)磷酸盐缓冲液(phosphate buffered saline,PBS,pH 7.2)

30×PBS:添加 38.7 g $Na_2HPO_4 \cdot 12H_2O$,6.6 g $NaH_2PO_4 \cdot 2H_2O$,113.1 g NaCl 到 500 mL 的超纯水中,高压灭菌,保存。

(2)4% 多聚甲醛(必须在通风橱中佩戴丁腈手套配制)

称量 4 g 多聚甲醛,加入装有 65 mL 60℃超纯水的烧杯中,加入 2 滴 2 mol/L 的 NaOH,多聚甲醛应该在 1~2 min 内溶解,冷却至室温后,加入 33 mL 3×PBS (30×PBS 10 倍稀释,并灭菌),可以从通风橱中拿出,用 1 mol/L 盐酸调整 pH 为 7.2,用 0.2 μm 过滤器过滤去除没溶解的部分,分装成适当体积,冷冻保存。

(3)5 mol/L NaCl

加 58 g 氯化钠于 200 mL 超纯水中,高压灭菌。

(4)1 mol/L Tris-HCl

加 31.5 g Tris-HCl 于 150 mL 超纯水中溶解,用 2 mol/L NaOH 调节 pH 为 7.2,用超纯水补充体积到 200 mL,高压灭菌,分装成每管 2 mL,冷冻保存(通风橱中操作)。

(5)10% SDS

溶解 10 g SDS 于 100 mL 纯净水中,需要约 20 min(SDS 有刺激性,通风柜中操作)。

(6)0.5 mol/L EDTA

加 18.6 g EDTA 钠于 75 mL 超纯水中,用 NaOH 调 pH 至 7.2,用超纯水补充体积到 100 mL,高压灭菌。

(7)杂交缓冲液

一般每个样品使用 2 mL 的杂交缓冲液,不同探针需要不同浓度的甲酰胺,2 mL 不同浓度杂交缓冲液组成如下:360 μL 5 mol/L 的 NaCl(高压灭菌),40 μL 1 mol/L 的 Tris-HCl(高压灭菌),2 μL 10% 的 SDS,X μL 甲酰胺和 Y μL 无菌的超纯水, X 和 Y 值见表 2-2。

表 2-2　不同甲酰胺浓度添加甲酰胺和超纯水的体积

甲酰胺浓度/%	甲酰胺添加量/μL	超纯水添加量/μL
0	0	1 598
5	100	1 498
10	200	1 398
15	300	1 298
20	400	1 198
25	500	1 098
30	600	998
35	700	898
40	800	798
45	900	698
50	1000	598

(8)洗涤缓冲液

最终浓度为 0.9 mol/L 的 NaCl、0.01% 的 SDS, 20 mmol/L 的 Tris-HCl, pH 7.2。

2.4.4　操作步骤

2.4.4.1　特异性探针标记

标记探针有直接标记和间接标记两种。直接荧光标记法有两种方式,一种方式是用化学合成的方法将一个或多个荧光染料分子以氨基连接于寡核苷酸的 5′ 端。另一种是用末端转移酶将荧光标记的核苷酸连接于寡核苷酸的 3′ 端。通过中间物将异硫氰酸荧光素(fluorescein-isothiocyanate,FITC)偶联于寡核苷酸可增加信号强度。同时在寡核酸两端进行标记也可增加信号强度。一般是在 3′ 端加一个荧光分子,在 5′ 端加 4 个荧光分子,在此 4 个荧光分子间以适当的间隔物如寡核苷酸等分开,防止荧光的淬灭。

间接标记法是将地高辛或生物素等和探针结合,然后用荧光抗地高辛抗体或荧光抗生物素抗体检测。FISH 的敏感性可通过酶促信号放大而得到提高。例如将地高辛抗体和碱性磷酸酶偶联来检测地高辛标记的寡核苷酸链,其信号强度是单荧光分子标记法的 8 倍;用辣根过氧化物酶(HRP)标记寡核苷酸,以荧光标记的酪胺为底物的酪胺信号放大技术(tyramide signal amplification,TSA)可以提高信号强度 10～20 倍。目前最敏感的方法是用多种荧光分子进行标记,同时结合 TSA 信号放大系统。

用具有不同波长的荧光染料可同时检测两种或多种微生物。应用染料的原则是:最明亮的染料要用来检测丰度最低的对象。

2.4.4.2 样品的固定

(1)液样样品或肠道内容物样品的固定方法

加入等体积的 4% 多聚甲醛(PFA)固定液于样品中,保持在室温下 1.5 h 固定细胞,然后 5 000g 离心去除固定液,用 3×PBS 洗沉淀的细胞 1 次,再用 2×PBS 洗沉淀的细胞 2 次。加入等体积的 98% 乙醇于样品中,保持在 4℃ 4～16 h 固定细胞,然后 5000g 离心去除固定液,用 1×PBS 洗沉淀的细胞。然后用 1×PBS 悬浮沉淀细胞使浓度为 10^8～10^9 细胞/mL,再加入相同体积的冰乙醇混合均匀,固定后的细胞最多可 −20℃ 保存 6 个月再进行杂交。

(2)消化道内壁组织

消化道内壁组织用 4% 多聚甲醛和 0.1 mol/L PBS(pH 7.2～7.6)(含1/1 000 DEPC)固定,为防止组织过度交联,影响 mRNA 的暴露,固定 1 h 后,即将组织做常规石蜡包埋。

2.4.4.3 载玻片处理

通常使用聚四氟乙烯涂布的载玻片。干净、干燥的载玻片,蘸 70℃0.1% 明胶和 0.01% 硫酸铬钾溶液,然后空气干燥。

2.4.4.4 样品准备

(1)液体保存样品涂片和脱水

取 3～30 μL(含微生物数量 10^5～10^6)固定好的细胞悬浮液,涂片,然后空气干燥。依次用 50%、80% 和 98% 的乙醇分别脱水 3 min,然后干燥,干燥后载玻片上的微生物可以长期储存在干燥、黑暗的 −20℃ 条件下。

(2)组织样品切片和脱水

石蜡包埋样品切片 5 μm 厚,常规脱水。

2.4.4.5 探针杂交

取 8 μL 杂交缓冲液和 1 μL 终浓度为 25 ng/μL 的探针溶液混合均匀后加在固定好的载玻片上,另取纸巾用杂交缓冲液湿润,然后一起放入 50 mL 的离心管中,密封后放入 46℃ 条件下杂交 1～3 h。

2.4.4.6　洗涤

杂交结束后,载玻片小心地从管中取出,立即用 100 μL 杂交缓冲液(保存在48℃水浴锅中)冲洗,清洗方法是用滴管让杂交缓冲液缓慢流过载玻片,然后将载玻片放置到杂交缓冲液中,48℃水浴 15 min。然后,用洗涤缓冲液清洗和温育15 min(48℃)。在此过程中,传递载玻片速度要快,载玻片不能冷却,否则可导致非特异性探针结合。

洗涤后,载玻片拿出用超纯水轻轻冲洗两面,去除盐类,洗涤缓冲液可以收集起来再次使用。然后,去除水滴,垂直状态进行干燥。

2.4.4.7　封闭载玻片

当载玻片空气干燥后,必须立刻用抗荧光衰退封片剂,如 Citifluor(Citifluor)、Vectashield (Vector Laboratories)或 Prolong Gold(Invitrogen)进行封片,然后盖上盖玻片。

2.4.4.8　观察

根据荧光标记的种类选择激发光源,利用荧光显微镜的发射进行观察和拍照。

2.4.5　结果计算

使用荧光显微镜仪器的软件测定和计算出感兴趣区域的荧光强度,分析出目的微生物的相对含量。

2.4.6　注意事项

①在 FISH 过程中,操作应该戴手套,但手套不要选有很多粉的,因为那些粉能发出荧光,影响结果。

②载玻片的清洗方法为先在有洗涤剂的温水中浸泡 1 h,然后彻底清洗,空气中干燥。

③甲酰胺、Tris-HCl 和 Citifluor 等试剂有毒,应该咨询了解它们的材料安全数据表,并且使用过程应在通风橱中进行。

④多聚甲醛、1 mol/L Tris-HCl、杂交缓冲液和甲酰胺等试剂应该根据每次使用的量适当分装,冷冻保存。多聚甲醛必须现配现用,甲酰胺解冻后必须在一周内用完。

⑤观察和拍摄样品尽量在杂交当天完成,如果当天不能完成必须在冰箱中冷藏或冷冻保存。

⑥在观察样品时,载玻片上抗荧光衰退封片剂(Citifluor 等)不能与香柏油接触。

2.4.7 案例分析

Gorham 等(2016)使用 FISH 技术研究小麦源阿拉伯糖基木聚糖含量不同的日粮对回肠末端、盲肠和结肠细菌菌群的影响。研究使用的杂交缓冲液中甲酰胺浓度为 25%,杂交为 46℃ 1 h,洗涤缓冲液清洗后放入去离子水中 2~3 s 去除盐离子。结果发现,日粮阿拉伯糖基木聚糖含量影响盲肠等肠道微生物的细菌菌群,并且梭菌属的 XIVa 和 XIVb 类群对猪肠道未消化的纤维素具有很强的吸附能力。

2.5 PCR-DGGE 技术

2.5.1 概述

关于消化道微生物的大部分知识来自传统培养方法,这些方法费时费工、多变,且在一般性实验室很难进行。另外,一些微生物不能用现有技术培养,能培养的微生物只是天然微生物中的一小部分,因此,消化道微生物的多样性被严重低估(Amann 等,1995)。随着分子生物学技术的发展,利用 DNA 或 RNA 研究微生物多样性的方法应运而生,其中变性梯度凝胶电泳(denaturing gradient gel electrophoresis,DGGE)是一种可以直接再现微生物群落的遗传多样性和动态变化的研究技术,另外还可以与分子克隆的方法相结合,对胶中感兴趣的条带进行研究。下面介绍的 PCR-DGGE 参考朱伟云等(2003)的方法。

2.5.2 原理

PCR-DGGE 技术是利用带有"GC 夹子"(GC clamp)微生物通用引物进行PCR,扩增产物在含有梯度变性剂(尿素和甲酰胺)的聚丙烯酰胺凝胶电泳,由于双链的解链需要不同的变性剂浓度,因此序列不同的 DNA 片段就会在各自相应的变性剂浓度下变性,发生空间构型的变化而停止移动,经过染色后可以在凝胶上呈现为分散的条带。产物中不同 G+C 含量的 rDNA 组分在电泳胶中的移动位置不一样,其中低 G+C 含量的序列在电泳胶中变性快些、在胶中的移动速度较慢,即使是大小相同,但序列有差异的 DNA 片段,在变性剂梯度凝胶中电泳时,由于DNA 双螺旋结构分离的情况不一样,在胶中的移动速度不同,也可得到分离,其条带的多少体现微生物多样性,条带的浓度体现相应微生物的相对数量关系。

2.5.3 材料与设备

PCR 仪、紫外成像系统、普通电泳仪、DGGE 系统、磁力搅拌器、扫描仪等。

2.5.4 操作步骤

2.5.4.1 样品总 DNA 的提取

总 DNA 可用液氮研磨法、珠磨法提取等破壁方法,其中珠磨法-CTAB 提取 DNA 质量较好并且一致,样品之间可比性强。珠磨法-CTAB 提取样品总 DNA 具体方法如下:取样品 0.3 g,加入 200 mg 硅锆珠(直径为 0.1 mm 和 1.0 mm 的珠子等质量混合),再加入 800 μL CTAB 提取缓冲液(100 mmol/L 的 Tris-HCl,pH 8;1.4 mol/L NaCl,20 mmol/L 的 EDTA 钠;2% CTAB),在珠磨仪上 6.5 m/s 珠磨 2 min 破碎样品;然后在 70℃孵育 20 min,在 14 000g 离心 12 min,取上清液 800 μL 到一个新的 1.5 mL 离心管中,添加 10 μL 无 DNA 酶的 RNA 酶 37℃孵育 20 min;加入等量(800 μL)氯仿:异戊醇(24:1),用力搅拌 30 s 形成白色乳液,在 14 000 r/min 离心 12 min;转移 600 μL 上清新到新的 1.5 mL 离心管中,添加等体积的苯酚:氯仿:异戊醇(25:24:1)溶液,用力搅拌 30 s 形成白色乳液,在 14 000 r/min 离心 12 min;转移 500 μL 上清液到一个新的 1.5 mL 离心管中,加入 0.8 倍(400 μL)体积的异丙醇,轻轻翻转几次混合均匀,放置在−20℃过夜;在 14 000 r/min 离心 25 min,弃去上清液,用 750 μL 70% 的冷乙醇洗涤沉淀(沉淀要浮起);14 000 r/min 离心 25 min,弃去上清液(尽量清除干净,要看不到液体),放在通风柜内使乙醇挥发(10 min);加入适当体积的 EB 缓冲液或超纯水溶解 DNA(可放置在 70℃使其溶解)。

用 Nanodrop 分光光度计检测 DNA 浓度,分出用于 PCR 反应的部分,4℃暂时存放,其余−80℃保存。

2.5.4.2 PCR 反应

DGGE 用 PCR 反应引物应选择通用性好,并且扩增片段长度尽量为 200～500 bp,其中一端引物加 GC 夹子。

细菌常用通用引物 U968-GC 和 L1401 扩增细菌 16S rDNA 的 V6—V8 区、引物 338f-GC 和 533r 扩增细菌 16S rDNA 的 V3 区。

引物 U968-GC 序列为:CGC CCG GGG CGC GCC CCG GGC GGG GCG GGG GCA CGG GGG GAA CGC GAA GAA CCT TAC(画线部分为 GC 夹子);引物 L1401 序列为:CGG TGT GTA CAA GAC CC。其 PCR 反应体系为:10×

缓冲液,5 μL;dNTP(10 mmoL/L),1μL;MgCl$_2$(25 mmoL/L),3 μL;Taq DNA 聚合酶(5 U/μL),0.25 μL;1 μL 模板(1~10 ng/mL),上、下游引物(10 μmoL/L)1 μL;加无菌双蒸水至 50 μL。PCR 反应条件如下:94℃,5 min 预变性;94℃,20 s;54℃,20 s;68℃,40 s,循环 35 次;68℃,7 min。

引物 338f-GC 序列为:CGC CCG GGG CGC GCC CCG GGC GGG GCG GGG GCA CGG GGG GAC TCC TAC GGG AGG CAG CAG(画线部分为 GC 夹子);引物 533r 序列为:TTA CCG CGG CTG CTG GCA C。其 PCR 反应体系为:10×缓冲液,5 μL;dNTP(10 mmoL/L),1μL;MgCl$_2$(25 mmoL/L),3 μL;Taq DNA 聚合酶(5 U/μL),0.25 μL;1μL 模板(1~10 ng/mL),上、下游引物(10 μmoL/L)1μL;加无菌双蒸水至 50 μL。PCR 反应条件如下:94℃,5 min 预变性;94℃,30 s;60℃,20 s;72℃,30 s,循环 35 次;72℃,30s。

古菌可用引物 0357F-GC(5′-CGC CCG CCG CGC GCG GCG GGC GGG GCG GGG GCA CGG GGG GCC GTA CGG GGC GCA- CAG-3′)和引物 0691R(5′-GGA TTA CAR GAT TTC AC-3′),或引物 ARC344f-GC(5′-CGC CCG CCG CGC GCG GCG GGC GGG GCG GGG GCA CGG GGG GAC GGG GYG CAG CAG GCG CGA-3′)和引物 519r(GWA TTA CCG CGG CKG CTG)。

原虫可用引物 P-SSU-1320f(GGT GGT GCA TGG CCG)和引物 P-SSU-1617-r-GC(CGC CCG CCG CGC CCC GCG CCC GGC CCG CCC CCG CCC GGG GCC AAT TGC AAA GAT CTA TCCC),或引物 P-SSU-316f(GCT TTC GWT GGT AGT GTA TT)和引物 P-SSU-539r-GC(CGC CCG CCG CGC GCG GCG GGC GGG GCG GGG GCA CGG GGG GAC TTG CCC TCY AAT CGT WCT)。

真菌可用引物 MN100 (TCC TAC CCT TTG TGA ATT TG)和 MNGM2-GC (CGC CCG CCG CGC GCG GCG GGC GGG GCG GGG GCA CGG GGG GCT GCG TTC TTC ATC GTT GCG)。

2.5.4.3　DGGE 胶的制备

DGGE 胶采用 8% 的丙烯酰胺凝胶。用 100% 变性胶(40% 丙烯酰胺-亚甲双丙烯酰胺,100 mL;甲酰胺,200 mL;50×TAE 缓冲液,5 mL;尿素 210.8 g;甘油,10 mL,定容到 500 mL)及 0% 变性胶(40% 丙烯酰胺-亚甲双丙烯酰胺,100 mL;50×TAE 缓冲液,5 mL;甘油,10 mL,定容到 500 mL)分别配制上限和下限浓度的变性胶。分别加入适量 TEMED 和过硫酸铵,然后用梯度混合仪及恒流泵制成变性梯度胶。

2.5.4.4　变性梯度凝胶电泳及相似性分析

PCR 产物经 DGGE 系统进行 DGGE 电泳,电泳温度为 60℃,首先在 200 V 电压下电泳 10 min,随后在 85 V 的固定电压下电泳 12 h。硝酸银染色。DGGE 凝胶经 GS-800 型扫描仪(BioRad)扫描输入计算机。采用凝胶分析软件 Molecular Analyst 1.61(BioRad,USA) 进行相似性分析和 Shannon 多样性指数(H')分析。$H'=-P_i \log P_i$。P_i:某一种菌(DGGE 图谱中的一条条带)在整个样品中的优势概率,由公式 $P_i=n_i/H$ 计算,n_i:密度曲线上某一条带的峰高,H:所有峰高之和。

2.5.4.5　DGGE 条带序列分析

DGGE 条带序列分析有两种方法。方法一是将包含 DGGE 片段的基因片段进行克隆,如细菌或产甲烷菌常克隆 16S rDNA 全序列,然后将每个克隆用 DGGE 的引物进行 PCR 和 DGGE,并与原样品在 DGGE 胶上进行比较,寻找匹配的条带。与原样品有匹配条带的克隆的质粒进行测序和序列分析。方法二是将 DGGE 胶上条带切下,用纯水清洗后浸泡在 TE 缓冲液中 4℃过夜,然后用 DGGE 的引物进行 PCR-DGGE 验证,如与原条带匹配,则对 PCR 产物测序和序列分析。

2.5.5　注意事项

①DGGE 胶的变性梯度要根据样品和引物的不同调整变性范围。
②PCR 产物条带要亮,否则可能出现大量非特异性条带。
③扩增片段长度最好为 200～500 bp。

2.5.6　案例分析

姚文等(2004)研究了大豆黄酮对本地山羊瘤胃微生物区系结构的影响。结果表明,山羊饲喂大豆黄酮后,DGGE 图谱显示原有的优势条带变弱或消失,而出现了新的优势条带,说明大豆黄酮可选择性地促进瘤胃中某些细菌的生长。同时16S rDNA 序列分析表明其中有 5 个克隆与基因数据库中序列有 97% 以上的相似性。相似性在 97% 以上的克隆中,一个属于 *Prevotella* sp.,其他 4 个克隆都属于未知的瘤胃细菌。

2.6　高通量测序技术

2.6.1　概述

随着科学技术的发展,相继出现了第二代和第三代测序技术,可以同时对几十万到几百万条分子进行序列测定,即高通量测序技术。高通量测序技术自出现就广泛应用于复杂微生物菌群的研究,包括消化道微生物菌群,其为更完整地了解菌群结构和更准确地推理微生物菌群的功能提供了可能。目前,高通量测序技术已经成为研究消化道微生物多样性的主流研究方法。现在第三代测序技术还不普及,因此,本节以第二代测序技术为例介绍具体方法。下面介绍的高通量测序技术主要参考 Kozich 等(2013)和 Kwon 和 Ricke(2011)的方法。

2.6.2　原理

高通量测序技术是利用基于单分子簇的边合成边测序技术和专有的可逆终止化学反应进行的。该测序技术将基因组的随机片段附着到光学透明的玻璃表面、微珠等附着物上,测序采取边合成边测序的方法,和模板配对的 ddNTP(各种 dNTP 分别带有不同颜色的荧光信号)原料被添加上去,不配对的 ddNTP 原料被洗去,成像系统能够捕捉荧光标记的核苷酸。然后去除 DNA 3′端的阻断剂,下一轮的延伸就可以进行。高通量测序技术应用于消化道微生物的多样性研究的原理则是通过微生物的通用引物 PCR 扩增微生物基因的可变区,然后对扩增产物进行高通量测序,通过分析序列和数据库比对最终获得微生物多样性、功能预测等方面的数据。

2.6.3　材料与设备

2.6.3.1　材料

无核酸酶的水、冰、枪头(无核酸酶和热原)、无菌离心管(1.5 mL 和 2 mL)、提取 DNA 的试剂、高保真 PCR 试剂盒、PCR 产物纯化试剂盒、琼脂糖、融合有标记序列的引物等。

2.6.3.2　设备

−20℃冰箱、台式离心机、测定 DNA 浓度的紫外分光光度计(Nanodrop®)、移液枪(1 000、200、100、10 μL)、PCR 仪、凝胶电泳装置、数据分析用计算机等。

2.6.4　操作步骤

2.6.4.1　引物设计(参考 Kozich 等,2013)

每个引物由适当的与载体相连的一段称为适配器(adapter)的序列,一个 8 个碱基的索引(index)序列,一个 10 个碱基的垫(pad)序列,一个 2 个碱基的连接器(linker)序列和特异性引物连接而成。索引序列间至少有 2 个碱基的不同,并且结合在引物上时经过不同的测序通道,即绿色通道(G/T)和红色通道(A/C),检测的荧光强度相同。索引序列还必须与公司用的建库试剂盒中的引物序列也至少有

2 个碱基的差异。选择的连接器不与选择的目的基因序列有同源位置互补。最后,垫序列的选择要使垫、连接器和使用的特异性引物序列连接而成的引物熔解温度(the melting temperature)为 60～65℃。完整的引物为 63～68 个碱基。现在用于高通量测序的引物见表 2-3。

表 2-3　高通量检测微生物多样性的引物测序

引物	序列 (5′→3′)	文献
细菌		
16S rRNA V3—V4	F：CCTACGGGAGGCAGCAG	Kozich 等 (2013)
	R：GGACTACHVGGGTWTCTAAT	
16S rRNA V4	F：GTGCCAGCMGCCGCGGTAA	Kozich 等 (2013)
	R：GGACTACHVGGGTWTCTAAT	
16S rRNA V4—V5	F：GTGCCAGCMGCCGCGGTAA	Kozich 等 (2013)
	R：CCCGTCAATTCMTTTRAGT	
16S rRNA V1—V3	F：GCCTTGCCAGCCCGCTCAGTCAGAGTTT-GATCCTGGCTCAG	Lee 等 (2014)
	R：ATTACCGCGGCTGCTGGAGT	
真菌 ITS1	RP841 F：(AA)GACTAGGGATTGGAGTGG	Mao 等 (2016)
	Reg1302 R：(TC)AATTGCAAAGATCTATCCC	
原虫 18S rRNA	MN100 F：TCCTACCCTTTGTGAATTTG	Mao 等 (2016)
	MNGM2 R：CTGCGTTCTTCATCGTTGCG	
古菌 16S rRNA V3—V6	Arch344 F：ACGGGGYGCAGCAGGCGCGA	Mao 等 (2016)
	Arch915 R：5′-GTGCTCCCCCGCCAATTCCT-3′	

2.6.4.2　样品总 DNA 提取

样品总 DNA 提取与 PCR-DGGE 技术中的提取技术相同。

2.6.4.3　PCR 反应

使用设计好的引物进行 PCR 扩增样品总 DNA,一般进行 25～30 个循环。

2.6.4.4　PCR 产物电泳检测

取 5 μL 在 1% 琼脂糖胶上检测,根据条带的位置和亮度判定是否有获得了目的片段和大致产量,用 Nanodrop 分光光度计检测 DNA 浓度。

2.6.4.5　样品库的建立

根据产物的浓度将不同样品的 PCR 产物等量混合,获得的产物经过乙醇沉淀法浓缩:加入 1/10 体积的 3 mol/L 醋酸钠和 2.5 倍体积的 100％乙醇放置在冰上或−20℃ 30 min 使 DNA 沉淀,然后 14 000 r/min 下离心 10 min,弃去上清,用 70％乙醇洗涤沉淀,14 000 r/min 下离心 5 min,弃去上清(尽量去除干净),通风橱干燥 10 min(乙醇挥发),适量超纯水溶解后,在 1％ 琼脂糖胶上电泳,然后切割目的条带,最后由 PCR 产物纯化试剂盒纯化,最终建成含有所有试验样品的样品库。

2.6.4.6　测序

用 Nanodrop 分光光度计检测纯化后的 PCR 产物,根据测序公司要求同时送 PCR 产物(一般为 20 μL 浓度为 100 ng/μL 的产物)、两个测序引物(分别由垫、连接器和两个特异性引物连接而成,各 10 μL 浓度为 100 μmol/L)和一个索引读取引物(由垫、连接器和特异性引物连接后反向互补序列,10 μL 浓度为 100 μmol/L),进行样测序。

2.6.4.7　用软件 FastQC 检测测序质量

软件 FastQC 可以免费下载(http://www.bioinformatics.babraham.ac.uk/projects/fastqc/),网页上还有使用方法和测序质量好坏的评价方法。

2.6.5　数据分析

高通量测序的结果可以用软件 mothur(http://www.mothur.org/)或 QIIME (http://qiime.org/)进行分析,但在使用时还必须安装软件 R(The R Project for Statistical Computing,下载网址 https://www.r-project.org/),最好还有软件 RStudio(https://www.rstudio.com/)。这些软件均可免费下载,网页上也有使用方法和命令的讲解。如 mothur 分析可按照 http://www.mothur.org/wiki/MiSeq_SOP 网页上的步骤进行。

①根据引物上的标记(barcode)区分样品序列。

②去除非靶区域序列和嵌合体。

③根据样品序列之间的距离对其进行聚类分析,然后根据序列之间的相似性作为阈值分成操作分类单元(OTU)。

④在 OTU 聚类结果的基础上,计算每个 OUT 的长度、丰度和多样性,包括 alpha 多样性指数(Chao、Simpson、ACE、Shannon 和 Coverage)和 bata 多样性。

⑤序列与数据库(RDP、SILVA 或 Greengenes)比对,进行物种分类分析和功能分析。

2.6.6 注意事项

①PCR 一定使用具有校对(proofreading)功能的高保真试剂盒,否则测序数据可信度差。

②数据分析需要专门的用于信息统计的服务器,家用计算机内存等都不够用而无法运行。

③采集的样品最好－80℃保存。

2.6.7 案例分析

Schubert 等(2015)对小鼠粪便细菌的 V4 区进行高通量测序,结果发现不同抗生素对小鼠肠道微生物菌群的影响不同,抗 *Clostridium difficile* 感染对肠道黏膜起保护作用的是属于 Porphyromonadaceae,Lachnospiraceae,*Lactobacillus* 和 Alistipes 等的细菌的共同作用的结果。其 PCR 使用的引物如下。

正向引物:AATGATACGGCGACCACCGAGATCTACAC ＜i5＞＜pad＞＜link＞＜16Sf＞。

反向引物:CAAGCAGAAGACGGCATACGAGAT ＜i7＞＜pad＞＜link＞＜16Sr＞。

其中,

16Sf(V4)为:GTGCCAGCMGCCGCGGTAA。

16Sr(V4)为:GGACTACHVGGGTWTCTAAT。

正向引物 Link 序列为:GT。

反向引物 Link 序列为:CC。

正向引物 Pad 序列为:TATGGTAATT。

反向引物 Pad 序列为:AGTCAGTCAG。

＜i5＞序列是以下序列之一。

序号	名称	序列	序号	名称	序列
1	SA501	ATCGTACG	9	SB501	CTACTATA
2	SA502	ACTATCTG	10	SB502	CGTTACTA
3	SA503	TAGCGAGT	11	SB503	AGAGTCAC
4	SA504	CTGCGTGT	12	SB504	TACGAGAC
5	SA505	TCATCGAG	13	SB505	ACGTCTCG
6	SA506	CGTGAGTG	14	SB506	TCGACGAG
7	SA507	GGATATCT	15	SB507	GATCGTGT
8	SA508	GACACCGT	16	SB508	GTCAGATA

<i7>序列是以下序列之一。

序号	名称	序列	序号	名称	序列
1	SA701	AACTCTCG	13	SB701	AAGTCGAG
2	SA702	ACTATGTC	14	SB702	ATACTTCG
3	SA703	AGTAGCGT	15	SB703	AGCTGCTA
4	SA704	CAGTGAGT	16	SB704	CATAGAGA
5	SA705	CGTACTCA	17	SB705	CGTAGATC
6	SA706	CTACGCAG	18	SB706	CTCGTTAC
7	SA707	GGAGACTA	19	SB707	GCGCACGT
8	SA708	GTCGCTCG	20	SB708	GGTACTAT
9	SA709	GTCGTAGT	21	SB709	GTATACGC
10	SA710	TAGCAGAC	22	SB710	TACGAGCA
11	SA711	TCATAGAC	23	SB711	TCAGCGTT
12	SA712	TCGCTATA	24	SB712	TCGCTACG

在 PCR 过程中不同的样品选用不同引物,其中前引物有 32 种,后引物有 48 种,它们的组合最多可同时测定 384 个样品(4 个 96 孔板)。

测序引物 1(<pad><link><16Sf>)为:

TATGGTAATTGTGTGCCAGCMGCCGCGGTAA。

测序引物 2(<pad><link><16Sr>)为:

AGTCAGTCAGCCGGACTACHVGGGTWTCTAAT。

索引读取引物测序(<pad><link><16Sr>的反向互补序列)为:

ATTAGAWACCCBDGTAGTCCGGCTGACTGACT。

⭐ 参考文献

[1] Al-Asmakh M, Zadjali F. Use of Germ-Free Animal Models in Microbiota-Related Research. J Microbiol Biotechnol, 2015, 25(10): 1583-1588.

[2] Amann R I, Ludwig W, Schleifer K H. Phylogenetic identification and in situ detection of individual microbial cells without cultivation. Microbiology and Molecular Biology Reviews, 1995, 59(1): 143.

[3] Bryant M P. Commentary on the Hungate technique for culture of anaerobic bacteria. Am J Clin Nutr, 1972, 25: 1324-1328.

[4] Cerqueira L, Azevedo N F, Almeida C, et al. DNA mimics for the rapid

identification of microorganisms by fluorescence in situ hybridization (FISH). Int J Mol Sci 2008, 9: 1944-1960.

[5] Cinova J, De Palma G, Stepankova R, et al. Role of intestinal bacteria in gliadin-induced changes in intestinal mucosa: study in germ-free rats. PLoS One, 2011, 6(1): e16169.

[6] Dehority B A, Tirabasso P A. Antibiosis between ruminal bacteria and ruminal fungi. Applied and environmental microbiology, 2000, 66(7): 2921-2927.

[7] Gorham J B, Williams B A, Gidley M J, et al. Visualization of microbe-dietary remnant interactions in digesta from pigs, by fluorescence in situ hybridization and staining methods: effects of a dietary arabinoxylan-rich wheat fraction. Food hydrocolloids, 2016, 52: 52952-52962.

[8] Hungate, R. E. A roll tube method for cultivation of strict anaerobes, pp. 117-132. In Norris I R and Ribbons E W(eds.), Methods in Microbiology, Vol. 3. Academic Press, New York, 1969.

[9] Jansen G J, Mooibroek M, Idema J, et al. Rapid identification of bacteria in blood cultures by using fluorescently labeled oligonucleotide probes. Journal of clinical microbiology, 2000, 38(2): 814-817.

[10] Kozich J J, Westcott S L, Baxter N T, et al. Development of a Dual-Index Sequencing strategy and curation pipeline for analyzing amplicon sequence data on the MiSeq Illumina sequencing platform. Appl Environ Microbiol, 2013, 79(17): 5112-5220.

[11] Kwon Y M, Ricke S C. High-throughput next generation sequencing: methods and applications. In Series: Methods in Molecular Biology, Volume 733. Humana Press, Totowa, NJ, 2011.

[12] Lee S, Cantarel B, Henrissat B, et al. Gene-targeted metagenomic analysis of glucan-branching enzyme gene profiles among human and animal fecal microbiota. The ISME Journal, 2014, 8: 493-503.

[13] Makkar, H P S, McSweeney C S. Methods in gut microbial ecology for ruminants. Published by Springer, Printed in the Netherlands, 2005.

[14] Mao S Y, Huo W J, Zhu W Y. Microbiome-metabolome analysis reveals unhealthy alterations in the composition and metabolism of ruminal microbiota with increasing dietary grain in a goat model. Environmental

Microbiology，2016，18(2)：525-541.

[15] Schubert A M，Sinani H，Schloss P D．Antibiotic-induced alterations of the murine gut microbiota and subsequent effects on colonization resistance against *Clostridium difficile*．mBio，2015，6(4)：00974-15.

[16] Valm A M，Mark Welch J L，Borisy G G．CLASI-FISH：Principles of combinatorial labeling and spectral imaging．Systematic and Applied Microbiology，2012，35：496- 502.

[17] Yi J，Zheng R，Li F，et al．Temporal and spatial distribution of Bacillus and Clostridium histolyticum in swine manure composting by fluorescent in situ hybridization (FISH)．Appl Microbiol Biotechnol，2012，93：2625-2632.

[18] 姚文，朱伟云，韩正康，等．应用变性梯度凝胶电泳和 16S rDNA 序列分析对山羊瘤胃细菌多样性的研究．中国农业科学，2004，37(3)：1374-1378.

[19] 朱伟云，姚文，毛胜勇．变性梯度凝胶电泳法研究断奶仔猪粪样细菌区系变化．微生物学报，2003，43：503-508.

（本章编写者：裴彩霞、张静；校对：霍文婕）

第3章 瘤胃营养物质
代谢研究技术

反刍动物瘤胃微生物通过分泌各种消化酶将复杂的饲料有机物分解为挥发性脂肪酸和各类含氮物质,为自己和宿主提供营养。瘤胃营养物质代谢状况可以反映动物对日粮养分的消化利用情况。本章主要介绍瘤胃微生物、瘤胃酶活性、瘤胃发酵参数及微生物蛋白合成量测定技术。

3.1 瘤胃微生物样品的采集与前处理

3.1.1 概述

瘤胃微生物按照栖居不同"生态位"的特性,可分为三大种群。瘤胃壁上的微生物,占瘤胃微生物总数的1%左右,能分解死亡的瘤胃上皮细胞,将这些细胞的蛋白质转化为微生物蛋白质。瘤胃液中的微生物,也称为液相微生物,指瘤胃内容物经纱布过滤后,滤液中的微生物,是最容易获得、被研究最多的瘤胃微生物菌群。附着于饲料颗粒上的微生物,也称为固相微生物,是瘤胃中降解粗饲料和淀粉的主要菌群,这些微生物可长时间地附着和作用于饲料食团,直到其附着的饲料颗粒被降解成小颗粒时,才随着这些小颗粒通过网瓣胃进入后消化道。

3.1.2 材料

①0.9%生理盐水,121℃高压蒸汽灭菌15 min。

②医用纱布,121℃高压蒸汽灭菌15 min。

③1 000 mL玻璃烧杯,121℃高压蒸汽灭菌15 min。

④50 mL和5 mL离心管,121℃高压蒸汽灭菌15 min。

3.1.3　操作步骤

3.1.3.1　瘤胃液相微生物采集与前处理

①带有瘤胃瘘管动物的液相样品可用真空泵经瘘管从瘤胃中多点抽取;不带瘘管动物的液相样品可用真空泵和长管从动物口腔经食管插入瘤胃,从不同深度抽取瘤胃液至灭菌的容器中;人工瘤胃装置则用一次性注射器从采样口吸取瘤胃液。

②用 4 层灭菌纱布过滤,取 150 mL 滤液置入灭菌离心管中。

③10 000g 离心 10 min,弃上清液,取沉淀。

④用 50 mL 灭菌生理盐水悬浮沉淀,作为瘤胃液相微生物,−80℃保存。

3.1.3.2　瘤胃固相微生物采集与前处理

①利用无菌长臂胶手套,通过瘘管从瘤胃中多点采集瘤胃内容物置灭菌容器中。

②4 层纱布过滤,取 50 g 纱布上残渣,用 150 mL 灭菌生理盐水振荡30 s。

③350g 离心 15 min,取上清液。

④10 000g 离心 20 min,取沉淀,弃上清液。

⑤将沉淀重悬于 50 mL 灭菌生理盐水中,作为瘤胃固相松散黏附微生物,然后于−80℃保存。

⑥将④中离心后沉淀中加入 25 mL 灭菌生理盐水(含 15％吐温-80),振荡30 s 后,冰上孵育2.5 h。

⑦350g 离心 15 min,取上清液。

⑧10 000g 离心 20 min,取沉淀,弃上清液。

⑨将沉淀重悬于 50 mL 灭菌生理盐水中,作为瘤胃固相紧密黏附微生物,−80℃保存。

3.1.4　注意事项

采样时间与位点对于瘤胃微生物的取样至关重要。在饲喂前后,随着瘤胃中发酵参数,如 pH 和 NH_3-N 的变化,微生物群落结构也会发生相应的变化。采样时间取决于试验目的。采样位点的多点选择,可使样品具有全面性。一般来说,要选择瘤胃中的腹前、腹后、背前、背后以及中间随机取 2 点。

3.2　瘤胃微生物 DNA 的提取及电泳检测

3.2.1　原理

瘤胃微生物 DNA 提取过程,包括微生物细胞的破碎,脂类、蛋白质和盐类的去除,以及 DNA 纯化。珠磨法是一种剧烈的机械破碎方法,能最大程度上裂解细胞。十六烷基三甲基溴化铵(CTAB)可溶解细胞膜,与核酸形成复合物。这些复合物在低盐溶液中会因溶解度的降低而沉淀,而在高盐溶液中可解离,析出 DNA。

3.2.2　试剂和溶液

①TRIZOL® Reagent（Invitrogen）、PrimeScript® RT Master Mix Perfect Real Time(TaKaRa)、SYBR® Premix Ex Taq™ II（Tli RNaseH Plus）(TaKaRa)、氯化钠、琼脂糖、无水乙醇、异丙醇、苯酚、氯仿、异戊醇、0.9% 灭菌生理盐水。

②1 mol/L Tris-HCl(pH 8.0):称取 60.56 g Tris 于 1 L 烧杯中,加入约 400 mL 去离子水,加浓 HCl 调 pH 至 8.0,将溶液定容至 500 mL,121℃高压蒸汽灭菌 15 min。

③CTAB 抽提液(pH 8.0):100 mmol/L Tris-HCl(pH 8.0),100 mmol/L 乙二胺四乙酸(EDTA)(pH 8.0),100 mmol/L 磷酸盐缓冲溶液(PBS)(pH 8.0),1.5 mol/L NaCl,1% 十六烷基三甲基溴化铵(CTAB),121℃高压蒸汽灭菌 15 min。

④0.5 mol/L EDTA(pH 8.0):400 mL 去离子水,93.05 g EDTA $Na_2 \cdot 2H_2O$,剧烈搅拌,pH 调至 8.0,定容至 500 mL,121℃高压蒸汽灭菌 15 min。

⑤10% SDS:200 mL 去离子水,25 g 电泳级十二烷基磺酸钠(SDS),加热至 68℃助溶,pH 调至 7.2,定容至 250 mL,室温保存。

⑥20 mg/mL 蛋白酶 K:20 mg 蛋白酶 K 溶于去离子水中,−20℃保存。

⑦TE buffer(pH 8.0):在 150 mL 去离子水中,加入 2mL 1mol/L Tris-HCl(pH 8.0)和 0.4 mL 0.5 mol/L EDTA(pH 8.0),加水定容至 200 mL,121℃高压蒸汽灭菌 15 min。

⑧PBS 缓冲液:称量 8 g NaCl、0.2 g KCl、1.42 g Na_2HPO_4、0.27 g $KHPO_4$,置于 1 L 烧杯中,加入约 800 mL 的去离子水,充分搅拌溶解,滴加浓 HCl 调 pH 至 7.4,加去离子水定容至 1 L,高温高压灭菌后室温保存。

3.2.3　仪器和设备

超低温冰箱、组织匀浆仪、超净工作台、可调式微量移液器、高速冷冻离心机、核酸蛋白检测系统、高压蒸汽灭菌器、制冰机、漩涡仪、Mx3 000P 实时荧光定量 PCR 仪。

3.2.4　操作步骤

3.2.4.1　DNA 的提取

①取 1.5 mL 样品(解冻后的瘤胃液需经 4 层纱布过滤)于已灭菌的放有 0.3 g 玻璃珠的 1.5 mL 冻存管中,12 000g 离心 5 min,弃上清液。

②加 1.5 mL PBS 溶液,12 000g 离心 5 min,弃上清液。

③加 1 mL 65℃ 预热(提高洗脱效率)CTAB buffer,研磨 1.5 min,立即冰上冷却(防止降解),间隔 2 min 后再研磨 1.5 min;70℃温浴 20 min(充分溶解),然后 10 000g 离心 10 min。

④将上清转移到新离心管,加 5 μL RNA 酶(10 mg/mL),37℃培养 30 min。

⑤加等体积 Tris-酚:氯仿:异戊醇(25:24:1)溶液,振荡(15～30 s)呈白色乳浊液,12 000g 离心 10 min;取上清于新离心管,重复步骤⑤,直至界面清晰为止(至少 4 次)。

⑥取上清于新离心管,加等体积异丙醇(预冷)混匀,让 DNA 沉淀,－20℃ 过夜。

⑦12 000g 离心 15～20 min,小心倒出上清液,可看到灰白色 DNA 沉淀。

⑧加 500～750 μL 70％冷乙醇溶液,将白色沉淀轻轻弹起,12 000g 离心 10～15 min,弃上清液,风干。

⑨加 50 μL TE buffer,充分溶解。

⑩检测 DNA 质量,－20℃保存。

3.2.4.2　DNA 的电泳检测

①称取 0.5 g 琼脂糖于三角瓶中,取 1 mL 50×TAE,加 49 mL 蒸馏水,微波炉上加热溶解,冷却后滴加 2 滴溴化乙啶,混匀后倒入已插好梳子的制胶槽中,厚度 4 mm 左右,轻轻抖动梳子,以排除梳子间以及梳子下的气泡。

②室温下静置 30 min,待完全凝固后,小心拔出梳子,将胶槽放入装有 TAE 的电泳槽中。取样品和 DNA Marker 各 5 μL,均加入 1 μL 溴酚蓝指示剂,混匀后加入点样孔中,枪头不可碰孔壁。

③接通电泳槽和电泳仪,加样端接负极,溴酚蓝移动到板的 2/3 处停止电泳。

④经凝胶成像系统成像,与 DNA Marker 对比粗测 DNA 片段大小,保存图谱。

3.3 瘤胃纤维素酶活性测定

瘤胃液中各种纤维素酶的活性可以反映瘤胃微生物对日粮纤维的降解与利用能力,同时也能反映出瘤胃纤维降解菌的生长繁殖状况。本节主要介绍瘤胃中纤维分解酶的测定技术。

3.3.1 概述

瘤胃纤维素酶包括外切葡聚糖酶、内切葡聚糖酶、纤维糊精酶和葡萄糖苷酶等。外切葡聚糖酶又称纤维二糖水解酶,测定时以微晶纤维素作为底物。内切葡聚糖酶测定时以羧甲基纤维素钠为底物,又称为羧甲基纤维素酶。β-葡萄糖苷酶,又称纤维二糖酶,测定时以水杨苷为底物。而总纤维素酶活性代表上述 3 种酶的协同活性,可间接说明瘤胃微生物对特定日粮纤维素的分解能力,测定时以球磨滤纸作底物,故又称滤纸纤维素酶。

3.3.2 原理

纤维素酶在一定的温度和 pH 条件下,将纤维物质底物(球磨滤纸、羧甲基纤维素钠、水杨苷、木聚糖、果胶)水解,释放出还原糖。在碱性和煮沸条件下,释放的还原糖将 3,5-二硝基水杨酸中硝基还原成橙色的氨基化合物,其颜色深浅与还原糖含量成正比。通过在波长 540 nm 处测定其吸光度,可得到还原糖生成量,计算出酶的活性。

3.3.3 试剂和溶液

3.3.3.1 0.2 mol/L 磷酸缓冲溶液(pH 6.0)

甲液:称取 71.64 g 磷酸氢二钠($Na_2HPO_4 \cdot 12H_2O$),用蒸馏水溶解定容至 1 L。

乙液:称取 31.21 g 磷酸二氢钠($NaH_2PO_4 \cdot 2H_2O$),用蒸馏水溶解定容至 1 L。

取 123 mL 甲液,877 mL 乙液混合均匀,配制成 1 000 mL 0.2 mol/L 磷酸缓冲溶液,调节 pH 至 6.0,备用。

3.3.3.2 1%球磨滤纸底物溶液

将滤纸(Whatman 1 号滤纸)剪成细条状,称取 1.000 g 于 200 mL 的磨口锥形瓶中,加入 100 mL 0.2 mol/L 磷酸缓冲溶液和适量的玻璃珠,盖好瓶口,在 65℃水浴摇床上振荡 12 h 或在室温下振荡 72 h,直至呈均匀浆状物。

3.3.3.3 1%羧甲基纤维素钠、水杨苷、木聚糖或果胶底物溶液(现配现用)

分别称取 1 g 羧甲基纤维素钠、水杨苷、木聚糖或果胶(精确至 1 mg)于 100 mL 烧杯中,用 80 mL 0.2 mol/L 磷酸缓冲溶液水浴加热溶解,然后移入 100 mL 容量瓶,冷却后用磷酸缓冲溶液定容。

3.3.3.4 3,5-二硝基水杨酸(DNS)试剂

甲液:称取 6.9 g 结晶苯酚溶于 15.2 mL 10% NaOH 溶液中,用蒸馏水稀释至 69 mL,加 6.9 g 无水亚硫酸钠,45℃水浴加热溶解。

乙液:称取 255 g 酒石酸钾钠溶于 300 mL 10% NaOH 溶液中,再加入 880 mL 1% 3,5-二硝基水杨酸溶液,45℃水浴加热溶解。

将甲液倒入乙液,冷却后混匀呈黄棕色,过滤,贮于棕色试剂瓶中,避光保存,室温下贮存 7 d 后可使用,有效期 6 个月。

3.3.3.5 1%葡萄糖、木糖或 D-半乳糖醛酸标准储备溶液

称取预先于 103℃下干燥至恒重的葡萄糖、木糖或 D-半乳糖醛酸 1.000 g,用蒸馏水溶解并定容至 100 mL 容量瓶。

3.3.3.6 葡萄糖、木糖或 D-半乳糖醛酸标准溶液

分别吸取 1%葡萄糖、木糖或 D-半乳糖醛酸标准储备溶液 1.0、2.0、3.0、4.0、5.0 和 6.0 mL 置于 50 mL 容量瓶中,加蒸馏水至刻度,摇匀,制成 200、400、600、800、1 000 和 1 200 μg/mL 的葡萄糖、木糖或 D-半乳糖醛酸系列标准溶液。

3.3.4 仪器和设备

pH 计、水浴摇床、分光光度计、超声波破碎仪。

3.3.5 操作步骤

3.3.5.1 试样的制备

将瘤胃液经 4 层纱布过滤,于 3 000g 离心 10 min(温度 4~6℃),取 20 mL 上清液进行超声波破碎处理(超声探头 46 mm,功率 400 W,破碎 3 次,每次 30 s,间隔 30 s),所得破碎液作为待测样品。

3.3.5.2 标准曲线的绘制

①标准曲线的绘制按表 3-1 进行,分别吸取葡萄糖、木糖或 D-半乳糖醛酸标

准溶液,磷酸缓冲溶液和 DNS 试剂于各管中(每管做 3 个平行样),混匀。

表 3-1　瘤胃纤维素酶活性标准曲线配制

| 管号 | 葡萄糖(木糖、D-半乳糖醛酸)标准溶液 | | 磷酸缓冲溶液 | DNS 试剂 |
	浓度/(μg/mL)	吸取量/mL	吸取量/mL	吸取量/mL
0	0	0.50	1.5	3.0
1	200	0.50	1.5	3.0
2	400	0.50	1.5	3.0
3	600	0.50	1.5	3.0
4	800	0.50	1.5	3.0
5	1 000	0.50	1.5	3.0
6	1 200	0.50	1.5	3.0

② 将各管置于沸水浴中反应 7 min,取出,迅速冷却(可用流水)至室温,准确加入蒸馏水 10 mL,混匀。用 10 mm 比色杯,以空白管(对照液)调仪器零点,用分光光度计在波长 540 nm 处测定吸光度。

③以葡萄糖、木糖或 D-半乳糖醛酸的量为纵坐标,以吸光度为横坐标,绘制标准曲线。

3.3.5.3　试样的测定

①取 2 支 18 mm×180 mm 试管(1 支空白管、1 支样品管),分别向 2 只试管中加入试样 0.20 mL 和蒸馏水 0.8 mL。

②在 39℃水浴预热 5 min。同时将测定底物(1%羧甲基纤维素钠溶液、1%球磨滤纸溶液、1%水杨苷溶液、1%木聚糖溶液、1%果胶溶液)置同一温度水浴中预热 5 min。

③向样品管中加入 1.00 mL 相应底物溶液,向空白管中加入 3.0 mL DNS 试剂,振荡 3 s,再置 39℃水浴中开始计时,准确反应 60 min(其中木聚糖酶或果胶酶反应 30 min,每 10 min 摇匀 1 次),取出。

④迅速向样品管中加入 3.0 mL DNS 试剂,向空白管中加入 1.0 mL 相应底物溶液,振荡 3 s 摇匀。将 2 支试管同时放入沸水浴中,待水浴中的水重新沸腾时开始计时,反应 7 min 取出,迅速冷却(可用流水)至室温。

⑤向 2 支试管中各加入 10 mL 蒸馏水,振荡 3 s 摇匀。

⑥以空白管(对照液)调仪器零点,在分光光度计波长 540 nm 下,用 10 mm 比色杯,测样品管中样液的吸光度。

⑦通过查标准曲线或用线性回归方程求出还原糖的含量。

3.3.6 结果计算

3.3.6.1 酶活性定义

在 39℃、pH 6.0 条件下,在 1 min 内水解纤维素类底物,产生相当于 1 μmol 的还原糖的酶量,为 1 个酶活单位,用 U 或 mol/(min·mL)表示。

3.3.6.2 酶活性的计算

样品的各种纤维素酶的活性按下式计算。

$$X=(A \times N)/(V \times M \times 60 \text{ 或 } 30)$$

式中,X 为各纤维素酶活性,U 或 μmol/(min·mL);A 为根据样品吸光度在标准曲线上(或从回归方程计算出)的还原糖生成量,μg;N 为反应液总体积,mL;V 为试液量,mL;M 为葡萄糖(木糖、D-半乳糖醛酸)相对分子质量,g;60 或 30 为反应时间,min。

具体计算如下:

果胶酶活性[μmol D-半乳糖醛酸/(min·mL)]=A/636

木聚糖酶活性[μmol 木聚糖/(min·mL)]=A/450

滤纸纤维素酶、羧甲基纤维素酶或 β-葡萄糖苷酶活性[μmol 葡萄糖/(min·mL)]=A/1 080

3.3.7 注意事项

①纤维素酶是多种酶复合物的总称,具体测定某一种单一纤维素酶(如木聚糖酶)均需采用不同的酶底物。

②纤维素酶复合物中既可能来源于胞外酶,也可能来源于胞内酶,所以测定时样品需在 4℃下超声波破碎,以释放胞内酶,提高测定准确性。

③对每个新配制的 DNS 溶液做新的标准曲线。

④共做 3 条标准曲线,木聚糖酶用木糖标准曲线;果胶酶用 D-半乳糖醛酸标准曲线;其余用葡萄糖标准曲线。

⑤配制磷酸缓冲液时一定注意试剂所含结晶水,结晶水含量不同配制比例就不一样。

3.4 瘤胃淀粉酶活性测定

3.4.1 概述

瘤胃中主要的淀粉降解菌有产琥珀酸丝状杆菌、溶纤维丁酸弧菌、嗜淀粉瘤胃杆菌和普雷沃氏菌等。这些微生物能分泌淀粉酶,将饲料中的淀粉降解为挥发性脂肪酸为机体提供能量。

3.4.2 原理

可溶性淀粉经淀粉酶作用后释放出的还原物质可与3,5-二硝基水杨酸作用形成有颜色的络合物。在530 nm波长下,络合物颜色与还原物质的量呈线性关系。

3.4.3 试剂和溶液

3.4.3.1 磷酸缓冲溶液(0.05 mol/L,pH 6.9)

甲液:称取17.911 g $Na_2HPO_4 \cdot 12H_2O$,溶于蒸馏水中,1 000 mL容量瓶定容。

乙液:称取7.801 5 g $NaH_2PO_4 \cdot 2H_2O$,溶于蒸馏水中,1 000 mL容量瓶定容。

取550 mL甲液,450 mL乙液混合均匀,配制成1 000 mL 0.05 mol/L磷酸缓冲溶液,调节pH至6.9,备用。

3.4.3.2 淀粉溶液(现用现配)

1.0 g可溶性淀粉溶于80 mL磷酸盐缓冲液中,用磷酸盐缓冲液定容至100 mL容量瓶。

3.4.3.3 3,5-二硝基水杨酸(DNS)试剂

甲液:称取6.9 g结晶苯酚溶于15.2 mL 10% NaOH溶液中,用蒸馏水稀释至69 mL,加6.9 g无水亚硫酸钠,45℃水浴加热溶解。

乙液:称取255 g酒石酸钾钠溶于300 mL 10% NaOH溶液中,再加入880 mL 1% 3,5-二硝基水杨酸溶液,45℃水浴加热溶解。

将甲液倒入乙液,冷却后混匀呈黄棕色,过滤,贮于棕色试剂瓶中,避光保存,室温下贮存7 d后可使用,有效期6个月。

3.4.3.4　1%葡萄糖标准储备溶液

称取预先于103℃下干燥至恒重的葡萄糖1.000 g,用蒸馏水溶解并定容至100 mL容量瓶。

3.4.3.5　葡萄糖标准溶液

分别吸取1%葡萄糖标准储备溶液1.0、2.0、3.0、4.0、5.0和6.0 mL置于50 mL容量瓶中,加蒸馏水至刻度,摇匀,制成200、400、600、800、1 000和1 200 μg/mL的葡萄糖系列标准溶液。

3.4.4　仪器设备

pH计、烘箱、分光光度计、超声波破碎仪。

3.4.5　测定步骤

3.4.5.1　标准曲线的绘制

①标准曲线的绘制按表3-2进行,分别吸取葡萄糖标准溶液、淀粉溶液和3,5-二硝基水杨酸试剂于各管中(每管号做3个平行样),混匀。

表3-2　瘤胃淀粉酶活性标准曲线配制

| 管号 | 葡萄糖标准溶液 | | 磷酸缓冲溶液 | DNS试剂 |
	浓度/(μg/mL)	吸取量/mL	吸取量/mL	吸取量/mL
0	0	0.5	0.5	1.0
1	400	0.5	0.5	1.0
2	800	0.5	0.5	1.0
3	1 200	0.5	0.5	1.0
4	1 600	0.5	0.5	1.0
5	2 000	0.5	0.5	1.0
6	2 400	0.5	0.5	1.0

②将各管置于沸水浴中10 min,冷却至室温并加去离子水10 mL,以空白为参照测定吸光度。绘制标准曲线。

3.4.5.2　试样的测定

①取2支18 mm×180 mm试管(1支空白管,1支样品管),分别向2支试管中加入0.5 mL稀释5倍的瘤胃液。

②在 39℃ 水浴预热 5 min。

③向样品管中加入 0.50 mL 淀粉溶液,搅拌混合(加样搅拌再放入水浴最好在 10 s 内),再置 39℃ 水浴中开始计时,准确反应 30 min,每 10 min 摇匀 1 次。

④迅速向样品管中加入 1.0 mL DNS 试剂,向空白管中加入 1.0 mL DNS 试剂和 0.5 mL 淀粉溶液,振荡 3 s 摇匀。将 2 支试管同时放入沸水浴中,待水浴中的水重新沸腾时开始计时,反应 10 min 取出,迅速冷却(可用流水)至室温。

⑤向 2 支试管中各加入 10 mL 蒸馏水,振荡 3 s 摇匀。

⑥以空白管(对照液)调仪器零点,在分光光度计波长 530 nm 下,用 10 mm 比色杯,测样品管中样液的吸光度。

⑦通过查标准曲线或用线性回归方程求出还原糖的含量。

具体操作见表 3-3。

表 3-3　瘤胃淀粉酶活性测定步骤表

试剂	待测/mL	对照/mL
瘤胃液(稀释 5 倍)	0.50	0.50
39℃ 达到平衡,(5 min)然后加		
淀粉溶液	0.50	
混合均匀,39℃ 准确培养 30 min,然后加		
DNS	1.00	1.00
淀粉溶液		0.50
盖上盖子并在沸水中准确水浴 10 min,然后在冷水上冷却至室温并加		
去离子水	10.00	10.00
颠倒混合,以空白管(对照液)调仪器零点,在分光光度计波长 540 nm 下,用 10 mm 比色杯,测样品管中样液的吸光度		

3.4.6　结果计算

3.4.6.1　酶活性定义

一个淀粉酶活性单位定义为淀粉酶在 39℃、pH 6.9 条件下,每分钟水解可溶性淀粉释放 1 μmol 葡萄糖所需要的酶量。

3.4.6.2　淀粉酶活力计算

淀粉酶活力[μmol 葡萄糖/(min·mL)]＝$(A \times D)/(V \times M \times 30) = A/540$

式中,A 为根据样品吸光度在标准曲线上(或从回归方程计算出)的葡萄糖生成量,μg;D 为反应体系总体积,mL;V 为试液量,mL;M 为葡萄糖的相对分子质量,g。

3.5 瘤胃蛋白酶活性测定

3.5.1 概述

除了主要的纤维降解菌外,大多数瘤胃细菌都具有某些蛋白酶活性。研究较多的是嗜淀粉瘤胃杆菌、溶纤维丁酸弧菌和栖瘤胃普雷沃氏菌,其中嗜淀粉瘤胃杆菌是目前已知的蛋白降解活性最高的菌株之一。通过测定瘤胃液蛋白酶活性可以衡量瘤胃微生物对饲料蛋白质的降解程度,为合理配制日粮提供依据。

3.5.2 原理

蛋白酶在一定温度和 pH 范围内水解酪素底物产生含有酚基的氨基酸(如酪氨酸、色氨酸),该氨基酸在碱性条件下可将福林酚试剂(Folin)还原,生成钼蓝与钨蓝,其颜色的深浅与酚基氨基酸含量成正比。通常在波长 680 nm 处测定其吸光度,得到酶解产生的酚基氨基酸的量,计算出蛋白酶活力。

3.5.3 试剂和溶液

①Folin-酚试剂:采用市售福林溶液配制。1 份福林试剂与 2 份水混合。

②1 mol/L 盐酸溶液:量取浓盐酸 90 mL,用蒸馏水稀释并定容至 1 000 mL。

③0.1 mol/L 盐酸溶液:取 100 mL 1 mol/L 盐酸溶液,用蒸馏水定容至 1 000 mL。

④0.4 mol/L Na_2CO_3 溶液:称取无水碳酸钠 42.4 g,用水溶解并定容至 1 000 mL。

⑤磷酸盐缓冲液(pH 7.5):分别称取磷酸氢二钠($Na_2HPO_4 \cdot 12H_2O$)6.02 g 和磷酸二氢钠($NaH_2PO_4 \cdot 2H_2O$)0.5 g,加水溶解并定容至 1 000 mL,调节 pH 至 7.5。

⑥0.4 mol/L 三氯乙酸:称取三氯乙酸 65.4 g,用水溶解并定容至 1 000 mL。

⑦1%酪素溶液:称取 1.000 g 酪素,先用少量 0.5 mol/L 氢氧化钠溶液湿润

后,再加入 pH 为 7.5 的磷酸盐缓冲液约 80 mL,在沸水浴中边加热边搅拌至完全溶解。冷却至室温后转入 100 mL 容量瓶中,用磷酸盐缓冲液稀释至刻度。此溶液在 4℃冰箱内贮存,有效期为 3 d。

⑧0.5 mol/L 氢氧化钠溶液:称取氢氧化钠片剂 20.0 g,加水 900 mL 并搅拌溶解。待溶液冷却到室温后加水定容至 1000 mL,搅拌均匀。

⑨1 mg/mL L-酪氨酸标准贮备溶液:称取预先于 105℃干燥至恒重的 L-酪氨酸 0.100 0 g,用 1 mol/L 盐酸溶液 20 mL 溶解后定容至 100 mL,即为 1 mg/mL 酪氨酸溶液。

⑩100 µg/mL L-酪氨酸标准溶液:取 10.00 mL 1 mg/mL 酪氨酸标准贮备溶液,用 0.1 mol/L 盐酸溶液定容至 100 mL,即得到 100 µg/mL 的 L-酪氨酸标准溶液。

3.5.4　仪器与设备

pH 计、烘箱、分光光度计、超声波破碎仪。

3.5.5　操作步骤

3.5.5.1　试样的准备

将瘤胃液经 4 层纱布过滤,于 3 000 g 离心 10 min(温度 4～6℃),取 20 mL 上清液进行超声波破碎处理(超声探头 46 mm,功率 400 W,破碎 3 次,每次 30 s,间隔 30 s),所得破碎液作为待测样品。

3.5.5.2　标准曲线的绘制

①吸取 100 µg/mL L-酪氨酸标准溶液 0、1.0、2.0、3.0、4.0、5.0 和 6.0 mL,分别于 7 支 10 mL 容量瓶中,用蒸馏水定容至刻度,摇匀,即浓度分别为 0、10、20、30、40、50 和 60 µg/mL L-酪氨酸标准工作溶液。

②吸取 L-酪氨酸标准工作溶液 1.0 mL 分别置于 7 支试管中,加入 5.0 mL 0.4 mol/L Na_2CO_3 溶液和 1.0 mL 稀福林酚试剂,对试管进行编号(表 3-4),每管 3 个平行。

③将各管同时置于 39℃水浴,反应 20 min,取出,迅速冷却至室温。以空白管(0 号管)调仪器零点,用 10 mm 比色皿在波长 680 nm 处用分光光度计测定吸光度。

表 3-4　瘤胃蛋白酶活性测定标准曲线绘制参考值

管号	酪氨酸标准溶液		0.4 mol/L 碳酸钠溶液/mL	稀福林酚试剂/mL
	浓度/(μg/mL)	吸取量/mL		
0	0	1.0	5.0	1.0
1	10	1.0	5.0	1.0
2	20	1.0	5.0	1.0
3	30	1.0	5.0	1.0
4	40	1.0	5.0	1.0
5	50	1.0	5.0	1.0
6	60	1.0	5.0	1.0

④以酪氨酸量（μg）为纵坐标，以吸光度为横坐标，绘制标准曲线，获得线性回归方程。

注：对每个新配制的福林酚试剂做新的标准曲线。

3.5.5.3　试样的测定

①取 3 支 15 mm×150 mm 试管（1 支空白管、2 支样品管），分别向 2 支试管中加入 1.00 mL 瘤胃液。

②将 2 支试管放入 39℃水浴中预热 5 min，同时将 1‰酪素溶液预热 5 min。

③向样品试管中加入 1.0 mL 1‰酪素溶液，准确计时，39℃反应 120 min。取出，迅速、准确向 3 支试管中加入 2 mL 0.4 mol/L 三氯乙酸溶液（去除没有反应的酪蛋白），同时于空白管中加入 1.0 mL 1‰酪氨酸溶液，摇匀。

④将 3 支试管继续置 39℃水浴中放置 10 min，取出，迅速冷却至室温。4 000g 离心 15 min。

⑤分别吸取 1.0 mL 离心上清液，置于另外 3 支试管（1 支空白管，2 支样品管）中，各加入 5.0 mL 0.4 mol/L 碳酸钠溶液，1.0 mL 稀福林酚试剂，摇匀。置 40℃水浴中反应 20 min。取出，迅速冷却至室温。

⑥以空白管调仪器零点，用 10 mm 比色皿在分光光度计波长 680 nm 处测样品管中样液的吸光度。

⑦通过查标准曲线或用线性回归方程求出生成的酪氨酸的含量（μg）。

3.5.6　结果计算

3.5.6.1　酶活定义

在 39℃、pH 7.0 条件下，1 min 内水解酪蛋白底物，产生相当于 1 μg 酚类化合物(以酪氨酸计)的量,为 1 个蛋白酶酶活性单位 U,$\mu g/(min \cdot mL)$。

3.5.6.2 瘤胃液中蛋白酶活性计算

$$X[\mu g \text{水解蛋白}/(min \cdot mL)] = \frac{m \times N}{V \times 120}$$

式中,X 为蛋白酶活性,U;m 为酪氨酸的含量,μg;N 为稀释倍数;V 为参与反应的酶液,mL;120 为反应时间,min。

3.5.7 注意事项

样品待测前应通过超声波破碎,释放出完整细胞中的蛋白酶。

3.6 瘤胃细菌脲酶活性测定

3.6.1 概述

脲酶又称尿素酶,系统命名为酰胺水解酶,能催化尿素水解产生氨和氨基甲酸酯,氨基甲酸酯进一步水解产生二氧化碳和氨,其中的氨可被瘤胃微生物转化为微生物蛋白,成为反刍动物重要的蛋白质来源。

3.6.2 原理

脲酶可将尿素分解生成氨,瘤胃内产脲酶的细菌经分离、纯化、培养后,用分光光度法测定氨生成的量即可推算出脲酶活性。

3.6.3 试剂和溶液

①50 mmol/L 尿素缓冲溶液:称取 0.3 g 尿素,用蒸馏水溶解并定容至 100 mL。

②酚-硝普钠溶液:称取 10 g 苯酚和 50 mg 硝普钠(亚硝基铁氰化钠),用蒸馏水溶解并定容至 1 L,放入棕色瓶内,4℃条件下,可保存 1 个月。

③碱性次氯酸钠溶液:将 5 g 氢氧化钠和 8.4 mL 次氯酸钠溶液,用蒸馏水溶解并定容至 1 L,放入棕色瓶内,4℃条件下,可保存 1 个月。

④10 mmol/L 氯化铵标准溶液:称取 0.5349 g 氯化铵,用蒸馏水溶解并定容至 1 L。

⑤1 mmol/L 氯化铵标准工作溶液:将 10 mmol/L NH_4Cl 标准溶液用蒸馏水稀释 10 倍。

⑥50 mmol/L HEPES 缓冲溶液(pH 7.5):称取 1.19 g 4-羟乙基哌嗪磺酸钠(HEPES),用蒸馏水溶解并定容至 100 mL,用 NaOH 调节 pH 至 7.5。

⑦LB 培养基:称取 10 g 胰蛋白胨,5 g 酵母提取物,10 g 氯化钠,加水溶解,用 5 mol/L NaOH 调节 pH 至 7.0,用水定容至 1 L,121℃高压蒸汽灭菌 30 min,培养基温度冷却至 50℃左右时,加氨苄青霉素至终浓度 100 μg/mL,添加 15 g/L 琼脂即为 LB 固体培养基。

3.6.4 仪器与设备

分光光度计、超声波细胞破碎仪。

3.6.5 操作步骤

3.6.5.1 酶液的制备

①分离、纯化瘤胃产脲酶细菌,取脲酶阳性克隆,加入 1.5 mL LB 培养基,37℃过夜培养。

②4℃条件下,12 000g 离心 20 min,用 50 mmol/L HEPES 缓冲溶液清洗沉淀 2 次,收集菌体。

③用 1 mL 50 mmol/L HEPES 缓冲溶液重悬菌体,冰上超声波破碎,40%强度,3 次,每次 30 s。

④4℃条件下,12 000g 离心 20 min,收集上清液作为酶液,可冷冻保存。

⑤用 Bradford 试剂盒测定酶液蛋白质含量。

3.6.5.2 标准工作曲线的绘制

①按表 3-5 梯度稀释 1 mmol/L NH_4Cl 标准工作溶液。

表 3-5 梯度稀释 1 mmol/L NH_4Cl 标准工作溶液

管号	0	1	2	3	4	5	6	7
NH_4Cl/nmol	0	10	20	40	60	80	100	200
1 mmol/L NH_4Cl/μL	0	10	20	40	60	80	100	200
ddH_2O/μL	100	990	980	960	940	920	900	800

②每管中加入 1.5 mL 酚-硝普钠溶液和 1.5 mL 碱性次氯酸钠溶液,均匀混合。37℃温育 30 min,用分光光度计在 625 nm 处测定吸光度,绘制标准工作曲线。

3.6.5.3 脲酶活性的测定

①移取 0.1～0.5 mL 上清液至尿素缓冲溶液中,使终体积为 1 mL,37℃温育

20 min。

②加入 1.5 mL 酚-硝普钠溶液和 1.5 mL 碱性次氯酸钠溶液,均匀混合。

③37℃温育 30 min,用分光光度计在 625 nm 处测定吸光度。

④将煮沸后的上清液作为空白对照,从标准工作曲线查得氨含量。

3.6.6　结果计算

脲酶活性定义:每毫克酶蛋白每分钟产生的氨的纳摩尔数[nmol/(min·mg)]。

3.6.7　注意事项

①酚-硝普钠溶液和碱性次氯酸钠溶液要现配现用。

②瘤胃液中有游离的氨存在,该法不能直接测定瘤胃液脲酶活性,必须从瘤胃液中提取脲酶阳性克隆后进行测定。

3.7　瘤胃细菌脂肪酶活性测定

3.7.1　概述

瘤胃内的脂肪酶主要来源于细菌,这些脂肪酶能分解脂肪,生成游离的脂肪酸,被动物或瘤胃微生物吸收利用。瘤胃内的产脂肪酶细菌经分离、纯化后用分光光度法测定其活性。

3.7.2　原理

脂肪酶可将对硝基苯棕榈酸酯(p-NPP)转化为对硝基苯酚,用分光光度法测定对硝基苯酚生成量,计算脂肪酶活性。

3.7.3　试剂和溶液

①8 mmol/L 对硝基苯棕榈酸酯溶液:将 0.0297 g 对硝基苯棕榈酸酯溶于 1 mL 乙醇,加入 9 mL 水。

②1 mmol/L 对硝基苯酚标准溶液:将 0.0139 g 对硝基苯酚溶于 1 mL 乙醇,加入 9 mL 水。

③50 mmol/L Tris-盐酸:将 6.06 g Tris 碱,2.1 mL 浓盐酸,用水定容至 1 L,用浓盐酸调节 pH 至 8.5。

④3 mol/L HCl:取 255 mL 浓盐酸,加蒸馏水稀释并定容至 1 L。

⑤2 mol/L NaOH 溶液:准确称取 80 g NaOH,用少量蒸馏水溶解并定容至 1 000 mL。

3.7.4 仪器和设备

分光光度计、超声波细胞破碎仪。

3.7.5 测定步骤

3.7.5.1 标准工作曲线的绘制

将 1 mmol/L 对硝基苯酚标准溶液按表 3-6 梯度稀释成对硝基苯酚标准工作溶液,用分光光度计测定波长 405 nm 处吸光度,绘制标准曲线。

表 3-6 对硝基苯酚标准工作溶液梯度稀释表

试管号	0	1	2	3	4	5	6	7
对硝基苯酚/nmol	0	10	20	40	60	80	100	200
1 mmol/L 对硝基苯酚/μL	0	10	20	40	60	80	100	200
双蒸水/μL	1 000	990	980	960	940	920	900	800

3.7.5.2 脂肪酶液的制备

①瘤胃产脂肪酶细菌经分离、纯化后,挑取脂肪酶阳性克隆,加入 50 mL LB 培养基中,37℃过夜培养。

②10 000 g 4℃离心 5 min,弃去上清液。

③用 50 mmol/L Tris-HCl(pH 8.5)(含 10 mmol/L $CaCl_2$)清洗 2 次后,再用 4 mL 将菌体重悬。

④冰上超声破碎(30%强度,超声 4 s,间隔 4 s,总共 10 min)。

⑤将超声后菌液离心(12 000g,20 min,4℃),收集上清液作为酶液,并于 −80℃保存。

⑥用 Bradford 试剂盒测定酶的蛋白含量(根据试剂盒提供的方法进行操作)。

3.7.5.3 脂肪酶活性的测定

①取 20 μL 脂肪酶液加入 880 μL 50 mmol/L Tris-HCl(pH 8.5)中,25℃孵育 5 min。

②加入 100 μL 8 mmol/L 对硝基苯棕榈酸酯,25℃继续孵育 5 min。

③加入 0.5 mL 3 mol/L HCl 终止反应。

④低速离心后取出 800 μL 上清液,加入 1 mL 2 mol/L NaOH 溶液中。

⑤利用煮沸后的上清液作为空白对照,用分光光度计在波长 405 nm 处测定吸光度。

⑥从标准工作曲线查得对硝基苯酚含量。

3.7.6　结果计算

脂肪酶活性定义:1 U 相当于 1 mg 酶蛋白 1 min 释放 1 μmol/L 对硝基苯酚。

3.8　瘤胃亚油酸异构酶和共轭亚油酸还原酶活性测定

3.8.1　概述

日粮中多不饱和脂肪酸在瘤胃内经过一系列氢化、异构、还原反应可部分转变为共轭亚油酸(CLA)。亚油酸异构酶催化亚油酸的异构化反应,而共轭亚油酸还原酶将不同的亚油酸异构体还原为共轭亚油酸的前体 $trans$-11 $C_{18:1}$ 脂肪酸。因此,测定瘤胃亚油酸异构酶和共轭亚油酸还原酶的活性变化,可以间接反映瘤胃微生物对日粮中多不饱和脂肪酸的代谢方式,并为动物产品中共轭亚油酸的富集提供理论依据。

3.8.2　原理

根据酶动力学中底物消失和产物积累的原理,计算在一定时间内酶反应过程中底物消失量或生成的产物量来推算亚油酸异构酶(LA-I)和共轭亚油酸还原酶(CLA-R)的活性。

3.8.3　试剂和溶液

①50 mg/mL 酯化亚油酸溶液,用 10％二甲基亚砜溶液配制。

②50 mg/mL 酯化共轭亚油酸溶液,用 10％二甲基亚砜溶液配制。

③磷酸钾缓冲溶液(pH 7.0):将 61.5 mL 1 mol/L KH_2PO_4 和 38.5 mL 1 mol/L K_2HPO_4 混匀,调节 pH 至 7.0。

3.8.4　仪器与设备

超声波细胞破碎仪、离心机、水浴摇床、气相色谱仪、FID 检测器。

3.8.5　操作步骤

3.8.5.1　试样的制备

将瘤胃液经 4 层纱布过滤,在 4～6℃,180g 的条件下离心 10 min,去除饲料颗粒。取上清液,在 3 000g 的条件下离心 10 min,收集沉淀,加入 10 mL 磷酸钾缓冲溶液悬浮,作为待测试样。

3.8.5.2　酶含量的测定

①将待测试样用超声波破碎仪进行细胞破碎,取 3.00 mL 样品(含酶蛋白 100～600 μg),加入 100 μL 50 mg/mL 酯化亚油酸溶液(或酯化共轭亚油酸溶液)制成反应体系混合物。

②在 37℃水浴摇床上培养 3 h。将培养混合物过滤后用气相色谱仪进行脂肪酸分析,以不加亚油酸(或共轭亚油酸)溶液的待测试样作为空白对照。

3.8.5.3　气相色谱参考条件

①色谱柱:HP-88(100 m × 0.25 mm × 0.25 μm)。
②柱温:120℃维持 10 min;然后以 3.2℃/min 升温至 230℃,维持 35 min。
③进样温度:250℃。
④检测器温度:300℃。
⑤恒压:190 kPa。
⑥分流比:1∶50。
⑦进样量:2 μL。

3.8.6　结果计算

3.8.6.1　LA－I 或 CLA-R 酶活定义

在上述试验条件下,每小时内生成 1 μg 反式脂肪酸或 CLA 所需要的酶量。

3.8.6.2　LA-I 或 CLA-R 酶活性计算

$$Y = (A - B)/t$$

式中,Y 为 LA-I 或 CLA-R 酶活性,U;A 为待测样品中 CLA 或反式脂肪酸含量,μg;B 为空白样品中 CLA 或反式脂肪酸含量,μg;t 为反应时间,h。

3.8.7　注意事项

本方法所指 CLA 为 *cis*-9,*trans*-11 CLA 异构体。

3.9　瘤胃液中挥发性脂肪酸含量的测定

3.9.1　概述

反刍动物瘤胃微生物将日粮营养物质发酵产生挥发性脂肪酸,挥发性脂肪酸能占反刍动物摄入可消化能的 70%~80%。瘤胃中的挥发性脂肪酸主要有乙酸、丙酸、丁酸、异丁酸、戊酸和异戊酸等。其中乙酸、丙酸和丁酸约占总挥发性脂肪酸的 95%。

3.9.2　原理

挥发性脂肪酸在强酸条件下形成游离有机酸,沸点较低,分别为:乙酸 118℃、丙酸 141℃、异丁酸 154.5℃、丁酸 163.5℃、异戊酸 176.5℃和戊酸 187℃。可用气相色谱分离,FID 检测器检测,内标法定量。

3.9.3　试剂和溶液

3.9.3.1　含有内标物巴豆酸的去蛋白溶液

准确称量 25 g 偏磷酸和 0.6464 g 巴豆酸,定容到 100 mL 容量瓶中。

3.9.3.2　色谱纯试剂

乙酸、丙酸、丁酸、异丁酸、异戊酸和戊酸。

3.9.3.3　100 mL 混合标准贮备液

配制方法见表 3-7。

表 3-7　标准贮备液的组成及浓度

项目	乙酸	丙酸	异丁酸	丁酸	异戊酸	戊酸
添加用量/μL	330	400	30	160	40	50
最终浓度/(g/L)	3.46	3.97	0.29	1.53	0.38	0.47
摩尔浓度/(mol/L)	57.65	53.63	3.29	17.45	3.67	4.61

3.9.3.4　挥发性脂肪酸标准液

在 3 个 1.5 mL 离心管中添加 0.2 mL 含有巴豆酸的偏磷酸去蛋白溶液,并在其中添加 1 mL 混合标准贮备液。

3.9.4 测定步骤

3.9.4.1 样品液制备

①在 5 mL 离心管中加入经 4 层纱布过滤的瘤胃液 4 mL。

②10 000g 离心 10 min,取上清液。

③取 1 mL 上清液样品到 1.5 mL 离心管中,再加入 0.2 mL 偏磷酸巴豆酸混合溶液,−20℃保存,测定前解冻,之后 12 000g 离心 5 min,用 10.0 μL 微量进样器取上清液 2.0 μL 瞬时注入色谱仪。

3.9.4.2 色谱条件

①进样温度:220℃,分流 5,分流比 6。

②恒流:0.8 mL/min。

③柱温:70℃ 1 min,30℃/min 至 160℃,10℃/min 至 170℃。

④检测器温度:220℃,频率:25 Hz。

⑤尾吹:40 mL/min;氢气:35 mL/min;空气:350 mL/min。

⑥进样量:2 μL。

3.9.5 结果计算

①通过标准样品和内标巴豆酸各自的浓度和峰面积可以计算出乙酸、丙酸及丁酸等有机酸的相对校正因子,然后根据乙酸、丙酸及丁酸的浓度与其峰面积成正比,计算出各个样品中乙酸、丙酸及丁酸等有机酸的浓度。

②某酸浓度(mmol/L)=(样品某酸峰面积×巴豆酸标准峰面积×某酸标准浓度)/(样品中巴豆酸峰面积×标准某酸面积)

3.10 瘤胃液中共轭亚油酸含量的测定

3.10.1 概述

瘤胃中的共轭亚油酸(CLA)是瘤胃微生物对亚油酸生物氢化作用的中间产物,随食糜进入小肠被吸收,结合到体脂和乳脂中,有助于提高畜产品品质。然而,高浓度的共轭亚油酸能通过下调乳腺组织脂肪生成基因的表达而抑制乳脂肪合成。

3.10.2 原理

通过有机溶剂提取样品内的总脂肪,经酸、碱甲酯化反应,用气相色谱仪火焰离子化检测器测定瘤胃液中 CLA,外标法定量。

3.10.3 试剂和溶液

3.10.3.1 试剂

CLA 甲酯标准品(*cis*-9, *trans*-11 CLA 和 *cis*-12, *trans*-10 CLA)、正己烷(色谱纯)、无水甲醇、氢氧化钠。

3.10.3.2 正己烷-异丙醇混合液

将 3 体积正己烷和 2 体积异丙醇混合均匀。

3.10.3.3 5 mg/mL 非甲酯化 $C_{19:0}$ 标准溶液

用正己烷配制。

3.10.3.4 2% 氢氧化钠甲醇溶液(现用现配)

称 2.0 g 氢氧化钠溶于 100 mL 无水甲醇中,混合均匀。

3.10.3.5 10% 盐酸甲醇溶液(现用现配)

取 10 mL 氯化乙酰缓慢加入 100 mL 无水乙醇中(小心以防外溅,在通风橱中操作),混合均匀。

3.10.3.6 CLA 标准工作溶液

分别称取 CLA 甲酯标准品 10.0 mg 于 10 mL 棕色容量瓶中,用正己烷溶解并定容至刻度,混匀。溶液中 CLA 的浓度均为 100 μg/mL。-20℃保存,有效期 3 个月。

3.10.4 仪器和设备

气相色谱仪、水解试管(带耐高温聚四氟乙烯材料的盖子)、水浴锅、涡旋混合器。

3.10.5 测定步骤

3.10.5.1 样品制备

瘤胃液经 4 层纱布过滤。

3.10.5.2 样品的甲酯化

①移取 3 mL 瘤胃液样品于 10 mL 离心管中,加入 5 mL 正己烷-异丙醇混合液,涡旋振荡 2 min。

②取上层液用氮气吹干,加入 0.5 mL 正己烷和 1 mL 甲醇。

③加入 200 μL 非甲酯化 $C_{19:0}$(5 mg/mL)内标溶液。

④加入 3 mL 2% 氢氧化钠甲醇溶液,在 50℃ 恒温水浴锅上皂化 30 min。

⑤加入 3 mL 10% 盐酸甲醇溶液,拧紧水解管盖子,在 90℃ 恒温水浴锅上酯化 2 h。

⑥冷却到室温,加入 3 mL 水和 5.0 mL 正己烷,涡旋振荡 30 s,加入约 0.1 g 无水硫酸钠,干燥后上机测定。

3.10.5.3 色谱条件

①色谱柱:HP-88(100 m×0.25 mm×0.25 μm)。

②柱温:120℃ 10 min;以 3.2℃/min 升至 230℃;维持 35 min。

③进样口温度:250℃。

④检测器温度:300℃;频率:25 Hz。

⑤恒压:190 kPa。

⑥分流比:1:50。

⑦进样量:2 μL。

3.10.6 结果计算

瘤胃液中 CLA 含量按下式计算。

某酸浓度(mg/L)=(样品某酸甲酯峰面积×试液体积×标准液中某酸甲酯标准浓度)/(标准液中某酸甲酯峰面积×所取瘤胃液体积)

3.10.7 注意事项

①样品分析过程中每一步均要求混合均匀,但又不能剧烈振荡;有机层的转移需尽量完全。

②水浴过程中不时地检查试管是否密封完全,以防漏气造成酯化不完全。

③分析中加入内标 $C_{19:0}$,通过计算回收率,可检验试验过程中的误差和分析中存在的问题。

3.11 瘤胃液中氨态氮浓度的测定

3.11.1 概述

瘤胃内氨态氮(NH_3-N)是瘤胃发酵的产物之一,其浓度与日粮蛋白质在瘤胃中的降解程度有关。瘤胃液中 NH_3-N 的浓度可以反映瘤胃微生物分解日粮蛋白质产生 NH_3-N 和利用 NH_3-N 合成微生物蛋白质之间的平衡状况。

3.11.2 原理

瘤胃液中的氨与次氯酸钠及苯酚在亚硝基铁氰化钠催化下反应生成蓝色靛酚 A。通过测定蓝色靛酚 A 的吸光度可以得到样品中氨的浓度。

3.11.3 试剂和溶液

3.11.3.1 A 液(苯酚显色剂)

将 0.05 g 亚硝基铁氰化钠溶解于 0.5 L 蒸馏水中,再加入 9.9 g 结晶苯酚,定容于 1 L 的棕色瓶中,2～10℃ 避光保存,保质期 6 个月。

3.11.3.2 B 液(次氯酸盐试剂)

将 5 g 氢氧化钠溶于 0.5 L 蒸馏水中,再加入 37.87 g $Na_2HPO_4 \cdot 7H_2O$,中火加热并不断搅拌至完全溶解,冷却后加入 50 mL 含氯 5.25% 的次氯酸钠溶液,混匀,定容至 1 L,用滤纸过滤,滤液储存于棕色瓶中,2～10℃ 避光保存,保质期 6 个月。

3.11.3.3 氨标准储备溶液

准确称取 1.0045 g NH_4Cl,溶于适量蒸馏水中,用稀 HCl 调节 pH 至 2.0,用蒸馏水定容至 1 L,此溶液氨的浓度为 32 mg/dL。

3.11.4 仪器与设备

分光光度计、恒温水浴锅。

3.11.5 操作步骤

3.11.5.1 样品的制备

取经 4 层纱布过滤的瘤胃液 10 mL,4℃ 保存,尽快测定。如果需要较长时间保存,加入 0.1 mL 6 mol/L 盐酸,再于 −20℃ 冻存。

3.11.5.2 标准曲线的绘制

①用蒸馏水稀释氨标准储备溶液,得到 NH_3-N 浓度分别为 32、16、8、4、2、1 和 0 mg/dL 的系列标准工作溶液。

②准确移取系列标准工作溶液各 40 μL 于贴好标签的试管中,依次加入 2.5 mL A 液和 2.0 mL B 液,加入每种试剂后均要混匀。

③将试管放于 37℃ 水浴中发色 30 min。

④用分光光度计比色,在波长 550 nm 处测定吸光度。

⑤用标准系列溶液浓度作为横坐标,吸光度作为纵坐标,绘制标准曲线,计算回归方程。

3.11.5.3 样品的测定

①取经 4 层纱布过滤的瘤胃液 6 mL 于 10 mL 离心管中。

②在 12 000g 离心 20 min,取上清液 40 μL 于贴好标签的试管中。

③依次加入 2.5 mL A 液和 2.0 mL B 液,加入每种试剂后均要混匀。

④将样品放于 37℃ 水浴中发色 30 min。

⑤用分光光度计比色,在波长 550 nm 处测定吸光度。如果吸光度太高,须将样品用蒸馏水按一定比例稀释后再测定。

3.11.6 结果计算

根据标准曲线所得回归方程式计算瘤胃液中 NH_3-N 浓度。

3.11.7 注意事项

①要采集瘤胃中不同部位的瘤胃液,尽量使样品具有代表性。

②采集的瘤胃液样品要尽快进行预处理,或加入少量 6 mol/L 盐酸或 25% 偏磷酸进行固氮后冷冻保存。

3.12 尿嘌呤衍生物含量估测瘤胃微生物蛋白产量

反刍动物瘤胃微生物利用日粮中的碳水化合物和含氮物质合成微生物蛋白质(MCP)。因此进入小肠的蛋白质由饲粮未降解蛋白质、MCP 及微量内源蛋白质组成。其中 MCP 可为动物提供蛋白质需要量的 40%～60%。传统测定 MCP 的方法为标记法,常用的内源标记物主要是瘤胃微生物特有的成分,如氨基酸、核酸等;外源标记物主要是在日粮中添加的能够被瘤胃微生物转化利用的物质,常用 ^{15}N、^{13}C、^{14}C、^{35}S 和 ^{32}P 等。理想的标记物要求必须具备容易定量,日粮中不存在并且具有一定生物稳定性的特点,但目前采用的各种标记物都是基于一定的假设条件,因此,MCP 测定的准确性是相对的。另外,标记法需要安装瘘管的试验动物,且测定步骤烦琐。因此,近年来广泛采用通过尿嘌呤衍生物的测定间接推算 MCP 合成量的方法。日粮中的饲料核酸含量较低,且在瘤胃中能被充分降解;瘤胃微生物能有效降解瘤胃上皮碎屑中存在的核酸及其衍生物,因此小肠吸收的核酸主要来源于 MCP。MCP 中的氮 75%～85%以蛋白质、肽或游离氨基酸形式存在,15%～25%存在于核酸中,核酸被降解形成的嘌呤进入小肠黏膜,最终以嘌呤衍生物的形式从尿中排出。因此通过建立尿中嘌呤衍生物排出量与小肠吸收嘌呤的相关关系,测定 MCP 中嘌呤与总氮的比例,即可估算出微生物蛋白质的产量。通常认为牛尿液中嘌呤衍生物(PD)主要有尿酸和尿囊素,而羊尿液中含有尿酸、尿囊素、次黄嘌呤及黄嘌呤。

3.12.1　尿囊素的测定

3.12.1.1　原理

尿囊素在 100℃弱碱条件下水解为尿囊酸,尿囊酸在弱酸溶液中水解为尿素和二羟醋酸。二羟醋酸与盐酸苯肼反应生成苯腙,苯腙与铁氰酸钾形成一种不稳定的发色团,在 522 nm 处有很强的吸光度。所以可根据已知尿囊素的浓度(标样)(X)和吸光度(Y)之间建立的回归关系求出未知样的浓度。

3.12.1.2　试剂和溶液

①0.5 mol/L NaOH。

②0.01 mol/L NaOH。

③0.5 mol/L HCl。

④0.023 mol/L 盐酸苯肼(现配现用)。

⑤0.05 mol/L 铁氰酸钾。

⑥浓盐酸(11.4 mol/L)用前在－20℃冷却至少 20 min。

⑦乙醇浴,40%(体积比)乙醇保存在－20℃(可用 40%的 NaCl 溶液代替乙醇溶液)。

⑧尿囊素(试剂级)。

3.12.1.3　仪器和设备

①分光光度计。

②沸水浴,如果有控温水浴,可用聚乙二醇(PEG MW 400)溶液代替水浴并把温度调在 100℃。用这种方法能很好地控制温度,因为 PEG 的沸点比 100℃高。

3.12.1.4　操作步骤

(1)尿样采集与制备

每阶段正试期收集并记录每天的尿量,按总尿量的 1%采集尿样,收集到装有

10% H_2SO_4 的 800 mL 磨口玻璃瓶中,使尿的 pH 小于 3,以动物为单位混匀正试期采集的全部尿样,移取 20 mL 并稀释至 100 mL 制成次级尿样,装入塑料瓶内 −40℃贮存。

(2)标准液的配制

①配制 100 mg/L 的尿囊素溶液。稀释到工作浓度 10,20,30,40,50 和 60 mg/L。最好在大容器中准备标准液并在 −20℃小等份贮存。

②分别移取 1 mL 试样(次级尿样)、标准液或蒸馏水(空白)于 15 mL 试管中,加 5 mL 蒸馏水和 1 mL 0.5 mol/L 的 NaOH,搅拌混匀。把试管置沸水浴中 7 min,取出后在冷水中冷却。

③每个试管加 1 mL 0.5 mol/L 的 HCl,使 pH 为 2～3。再加 1 mL 苯肼溶液,混匀后再把试管置沸水浴中 7 min,要求准确计时。取出后立即放到冰乙醇浴中几分钟。

④每个试管加入 3 mL 浓 HCl(在毒气橱内操作)和 1 mL 氰铁酸钾溶液,要在尽可能短的时间内完成此操作。完全混匀后在室温下准确放置 20 min。

⑤将试样转移到 4.5 mL 的比色杯中,在 522 nm 读吸光度,一旦开始,必须尽快读完以防颜色逐渐褪去而影响测定结果。

3.12.1.5　标准曲线的绘制和结果计算

用尿囊素的浓度(标准)(X)和吸光度(Y)建立直线回归关系,根据等式计算尿液中尿囊素浓度。

3.12.1.6　注意事项

操作过程要严格控制反应时间,由于吸光度随时间的延长而降低,所以每次处理的样品在 10 个左右,标准液和样品必须在尽可能短的时间内读取吸光度。

3.12.2　尿酸的测定方法

3.12.2.1　原理

尿酸在 293 nm 处有较强的紫外光吸收,尿液经尿酸酶处理后,尿酸转化为尿囊素和其他在 293 nm 处不吸收紫外光的物质。因此尿酸酶处理后样品的吸光度降低与尿酸浓度相关,处理后如果转化完全,则标样的吸光度应为 0。

3.12.2.2　试剂和溶液

①0.67 mol/L KH_2PO_4 缓冲液(pH 为 9.4,用 KOH 调节)。

②12 U/mL 猪肝尿酸酶(如 Sigma Cat No. U-9357,19 U/g)缓冲液。

③尿酸系列标准溶液:浓度为 5,10,20,30 和 40 mg/L。

3.12.2.3 仪器和设备

分光光度计、水浴锅。

3.12.2.4 操作步骤

(1)试样的测定

①移取 1 mL 试样(次级尿样)、尿酸系列标准液或空白(蒸馏水)到 10 mL 试管中,与 2.5 mL 磷酸缓冲液混合(要准备 2 套试管)。

②一套试管中加 150 μL KH₂PO₄ 缓冲液,另一套试管中加 150 μL 的尿酸酶溶液,混匀,于 37℃水浴中培养 90 min。

③从水浴中取出后,混匀,在 293 nm 下读吸光度。如果酶反应完全,加有尿酸酶的尿酸标准液吸光度读数应为 0。如果不是 0,再置水浴中 30 min,重新读数。

(2)标准曲线的绘制和结果计算

①用未加尿酸酶的标准液浓度测吸光度建立标准曲线,标准曲线是曲线,X 和 Y 需转化成自然对数($\ln$),$\ln(Y)$ 与 $\ln(X)$ 才能呈直线关系。

②计算尿酸酶处理样品吸光度(OD)的净降低值(ΔOD),$\Delta OD =$ 未加酶 OD － 加酶 OD,依据标准曲线,由 ΔOD 计算出样品中尿酸的浓度。

3.12.3 微生物蛋白质产量计算

①尿液中 PD 的含量＝尿囊素含量＋尿酸含量

②小肠吸收的 PD 量＝(尿中 PD 的含量－$0.385W^{0.75}$)/0.85

③瘤胃 MCP 合成量＝$\dfrac{\text{小肠吸收的 PD 量} \times 70}{0.116 \times 0.83 \times 1\,000} \times 6.25$

式中,$W^{0.75}$ 为动物的代谢体重,kg;0.83 为微生物嘌呤的消化率;70 为每毫摩尔嘌呤含氮量,mg/mmol;0.116 为瘤胃微生物总氮中嘌呤氮的比例。

3.13 瘤胃液菌体蛋白含量测定

3.13.1 概述

用尿嘌呤衍生物含量估测瘤胃微生物蛋白质产量需要收集动物的尿液,如果进行体外试验或无条件收集动物尿液时,可以通过直接测定瘤胃液中菌体蛋白含量来反映瘤胃微生物氮代谢状况。瘤胃液中菌体蛋白的含量常用考马斯亮蓝法测定,考马斯亮蓝 G-250 与蛋白质结合在 2 min 左右的时间就能达到平衡,并且其络合物在室温下 1 h 内保持稳定。

3.13.2 原理

瘤胃液中的蛋白质与考马斯亮蓝 G-250 结合后会形成青色的蛋白质-色素结合物,其在 595 nm 波长处有最大光吸收,吸光度与蛋白质含量成正比。因此,通过测定蛋白质-色素结合物的吸光度可以得到瘤胃液中菌体蛋白含量。

3.13.3 试剂和溶液

①0.833 mol/L HCl 溶液的配制:吸取 69.4 mL 浓盐酸用蒸馏水定容至 1 000 mL。

②2 mol/L NaOH 溶液的配制:准确称取 8.0 g NaOH,倒入烧杯中,加少量蒸馏水溶解,定容至 100 mL。

③1 mg/mL 牛血清白蛋白(BSA)溶液:准确称取 0.1 g BSA,倒入烧杯中,加少量蒸馏水溶解,倒入容量瓶中,用蒸馏水定容至 100 mL,并将该溶液在 4℃冰箱保存。

④0.01% 考马斯亮蓝染液的配制:准确称取 0.1 g 考马斯亮蓝 G-250 溶于 0.05 mL 95%乙醇,混匀后加入 0.1 L 85%的磷酸溶液,用超纯水定容至 1 L,室温下保存,有效期为 6 个月。

3.13.4 仪器和设备

分光光度计、恒温水浴锅、高速冷冻离心机。

3.13.5 操作步骤

3.13.5.1 试样的制备

①准确移取经 4 层纱布过滤后的瘤胃液 10 mL,高速冷冻离心机 12 000g 离心 20 min,弃上清液,保留沉淀。

②用 0.9%的生理盐水冲洗沉淀,高速冷冻离心机 12 000g 离心 20 min,此步骤重复 2 次。

③加入 10 mL 蒸馏水使其与试管中的沉淀混匀,取 0.5 mL 该沉淀物水溶液与 0.5 mL 浓度为 2 mol/mL 的 NaOH 溶液混合,将该溶液 90℃预热 10 min,10 000g 离心 5 min。

④取离心后的上清液 0.5 mL 与 0.75 mL 浓度为 0.833 mol/mL 的 HCl 混

合,静置片刻后成为待测试样。

3.13.5.2　试样的测定

准确移取待测试样 1 mL 于试管中,加入 5 mL 考马斯亮蓝染色液,混匀,静置 20 min,用分光光度计在 595 nm 处测定吸光度。

3.13.5.3　标准曲线的绘制

①将配制好的 BSA 溶液用蒸馏水梯度稀释成浓度分别为 0.05、0.1、0.15 和 0.2 mg/mL 的系列标准溶液。

②准确移取上述系列标准溶液各 1 mL 于试管中,在每管中分别加入 5 mL 考马斯亮蓝染色液,混匀,静置 20 min,将分光光度计调在 595 nm 处,测定吸光度。

③以 BSA 浓度为横坐标,以吸光度为纵坐标,绘出蛋白质浓度的标准曲线。

3.13.6　结果计算

根据标准曲线计算出瘤胃液中蛋白质含量。

3.13.7　注意事项

①在考马斯亮蓝染色液加入后的 5～20 min 内测定吸光度,因为在这段时间内颜色最稳定。

②比色时,蛋白-染料复合物会有少部分吸附于比色杯壁上,测定完成后可用乙醇将蓝色的比色杯洗干净。

3.14　瘤胃液寡肽和游离氨基酸的测定

3.14.1　概述

反刍动物瘤胃内栖生着大量微生物,主要有细菌、原虫和真菌三类。这些微生物主要依赖于饲料营养物质提供能源和氮源进行生长繁殖。瘤胃中的肽和游离氨基酸是重要的微生物氮源之一,其充足与否可能会改变瘤胃发酵环境,进而影响饲料养分的消化。

3.14.2　原理

瘤胃液经过预处理,用氨基酸自动分析仪测定总氨基酸和游离氨基酸含量,然后计算肽的含量。

3.14.3　试剂和溶液

①25％高氯酸（PCA）溶液：移取 10 mL 高氯酸，用蒸馏水定容至 100 mL。

②2 mol/L 碳酸钾（K_2CO_3）溶液：称取 276 g 碳酸钾，用少量蒸馏水溶解，定容至 1 000 mL。

③0.85％生理盐水：称取 8.5 g 氯化钠，用少量蒸馏水溶解，定容至 1 000 mL。

④0.02 mol/L 盐酸：准确移取 1.8 mL 盐酸，用蒸馏水定容至 1 000 mL。

⑤6 mol/L 盐酸：将 540 mL 盐酸用蒸馏水定容至 1 000 mL。

⑥5％磺基水杨酸：称取 5.0 g 磺基水杨酸，用少量蒸馏水溶解，定容至 100 mL。

3.14.4　仪器与设备

高速离心机、电动振荡器、氨基酸自动分析仪。

3.14.5　操作步骤

3.14.5.1　瘤胃液预处理

①用移液管量取 30 mL 经 4 层纱布过滤的瘤胃液，于 39℃下 150g 离心 5 min，冷却，除原虫和饲料大颗粒。

②准确量取 20 mL 上清液于 4℃下 20 000g 离心 20 min 以分离出细菌，细菌沉淀物添加 25 mL 0.85％生理盐水，重复离心 2 次（借助玻璃棒小心无损地收集细菌沉淀物可用于测定细菌蛋白）。

③准确量取 16 mL 上述上清液，加入 4 mL 25％高氯酸（PCA）溶液，经电动振荡均匀后静置 15 min，于 4℃下 20 000g 离心 20 min 以去处大分子蛋白质。

④再准确量取 16 mL 上述去菌去蛋白上清液，缓慢小心滴加 4 mL 2 mol/L 碳酸钾（K_2CO_3）溶液（注意避免气泡溢出），经电动振荡器振荡均匀后静置 15 min，于 4℃下 2 000g 离心 15 min，以彻底去除高氯酸沉淀。

⑤收集上述 3 次高速离心上清液 16 mL 用于测定游离氨基酸和总氨基酸。

3.14.5.2　游离氨基酸的测定

取经过预处理过的清亮瘤胃液 1 mL，加入等量 5％的磺基水杨酸，经低温高速离心机以 10 000g 离心 20 min，重复 2 次，然后用氨基酸自动分析仪测定游离氨基酸。

3.14.5.3　总氨基酸（TAA）的测定

①取经预处理的清亮瘤胃液 2 mL，加入 6 mol/L 盐酸，用真空泵抽成真空并

封口,在 (110±5)℃条件下水解 22～24 h,过滤,然后定容至 50 mL。

②量取 1 mL 滤液在低于 40℃条件下减压蒸干。用 0.02 mol/L盐酸重新溶解定容至 0.5～1 mL,用氨基酸自动分析仪测定总氨基酸。

3.14.6　结果计算

样品肽的含量＝样品酸解后总氨基酸含量－样品酸解前总游离氨基酸含量

★ 参考文献

[1] Agarwal N, Kamra DN, Chaudhary LC, et al. Microbial status and rumen enzyme profile of crossbred calves fed on different microbial feed additives. Lett Appl Microbiol, 2002, 34, 329-336.

[2] Broderick G A, Kang J H. Automated simultaneous determination of ammonia and total amino acids in ruminal fluid and in vitro media. J Dairy Sci, 1980, 63(1):64.

[3] Chen X B, Mayuszewski W, Kowalczyk J. Determination of allantoin in biological cosmetic and pharmaceutical samples. Journal of AOAC International, 1996, 79(3): 628-635.

[4] Fukuda S, Furuya H, Suzuki Y, et al. A new strain of butyrivibrio fibrisolvens that has high ability to isomerize linoleic acid to conjugated linoleic acid. J Gen Appl Microbiol, 2005, 51(2), 105-13.

[5] Liu Q, Wang C, Pei CX, et al. Effects of isovalerate supplementation on microbial status and rumen enzyme profile in steers fed on corn stover based diet. Livest Sci, 2014, 161(1-3): 60-68.

[6] Lowry OH, Rosebrough NJ, Farr AL, et al. Protein measurement with the Pholin-phenol reagent. J Biol Chem, 1951, 193, 262-275.

[7] Makkar HPS, McSweeney CS. Methods in gut microbial ecology for ruminants. Netherlands: Springer. 2005.

[8] Miller GL. Use of dinitrosalisylic acid reagent for determination of reducing sugar. Anal Chem, 1959, 31: 426-428.

[9] NY/T 1671—2008. 乳和乳制品中共轭亚油酸(CLA)含量测定 气相色谱法.

[10] Shewale JG, Sadana JC. Cellulase and b-glucosidase by a basidomycete species. Can J Microbiol, 1978, 24: 1204-1216.

[11] Wang C, Liu Q, Guo G, et al. Effects of rumen-protected folic acid on ruminal fermentation, microbial enzyme activities, cellulolytic bacteria and urinary excretion of purine derivatives in growing beef steers. Anim Feed Sci Technol, 2016, 221(1): 185-194.

[12] Wang C, Liu Q, Pei CX, et al. Effects of 2-methylbutyrate on rumen fermentation, ruminal enzyme activities, urinary excretion of purine derivatives and feed digestibility in steers. Livest Sci, 2012, 145(1): 160-166

[13] Wang C, Liu Q, Zhang YL, et al. Effects of isobutyrate supplementation on ruminal microflora, rumen enzyme activities and methane emissions in Simmental steers. J Anim Physiol Anim Nutr, 2015, 99(1): 123-131.

[14] Zhang YL, Liu Q, Wang C, et al. Effects of supplementation of Simmental steers ration with 2-methylbutyrate on rumen microflora, enzyme activities and methane production. Anim Feed Sci Technol, 2015, 199(1): 84-92.

[15] 李旦,王加启,刘亮,等. 体外法添加苹果酸与不饱和脂肪酸对瘤胃发酵及瘤胃功能菌群的影响. 农业生物技术学报,2009, 17(6): 1013-1019.

[16] 马乐. 不同能量日粮补充叶酸对牛瘤胃发酵及消化代谢的影响. 晋中:山西农业大学,2016.

[17] 马涛,刁其玉,邓凯东. 尿嘌呤衍生物法估测瘤胃微生物蛋白质产量. 动物营养学报,2011,23(1): 10-14.

[18] 孙宏选. 不同来源的蛋白质和非结构性碳水化合物对泌乳奶牛瘤胃微生物酶活性的影响. 北京:中国农业科学院,2006.

[19] 王加启,于建国. 饲料分析与检验. 北京:中国计量出版社,2004.

[20] 王加启. 反刍动物营养学研究方法. 北京:现代教育出版社,2011.

[21] 王建平. 饱和脂肪酸对热应激奶牛的生理调节作用与机理. 兰州:甘肃农业大学,2009.

[22] 于建国. 现代实用仪器分析方法. 北京:中国林业出版社,1994.

[23] 赵圣国,王加启,刘开朗,等. 奶牛瘤胃微生物元基因组文库中脂肪酶的筛选与酶学性质. 生物工程学报,2009,25(6): 869-874.

(本章编写者:王聪、王永新、张静、张拴林;校对:刘强、杨致玲、李红玉)

第4章 反刍动物甲烷 排放量测定技术

测定反刍动物甲烷排放量的方法中,呼吸测热室法被公认为测量结果最为精确的方法,常用于校正其他测量方法的测定结果,其基本原理是将试验动物放于密闭的呼吸代谢箱中,通过测定一定时间内呼吸箱中甲烷浓度的变化来计算该动物的甲烷排放量,但这种方法单次测量动物数量较少。呼吸面罩法的测定原理与呼吸测热室法基本相同,而且制作成本比呼吸代谢箱低,测定过程也简单,但实际测量时动物的饮食和运动受到限制,因此测量误差较大。示踪物测定法包括同位素示踪法和非同位素示踪法两种,同位素示踪法是通过 ^3H 和 ^{14}C 标记的甲烷稀释度来测定动物甲烷产生量;非同位素示踪法应用较广的是在 Johnson 等(1994)研究基础上建立的六氟化硫(SF_6)示踪法。此外,间接测定法、微气候学测定法和质量平衡法也用于反刍动物甲烷排放量的测定。

4.1 六氟化硫(SF_6)示踪法测定甲烷排放量

4.1.1 概述

与其他方法相比,SF_6示踪法既可以测定单个动物,也能测定群体动物的甲烷排放量。与呼吸测热室方法比较,测定结果差异并显著,不限制动物活动或采食,采样方便。但是,SF_6也是温室气体,且增温效应是 CO_2 的 23 900 倍,也存在残留而引起其他问题;不能测定整个消化道甲烷产生量;放牧条件下测定时风速不能太大,否则影响测定结果。

4.1.2 原理

SF_6的理化性质和甲烷相似,在动物呼吸过程中可随甲烷一起呼出。将 SF_6 以固体的形式装入渗透管内,然后将渗透管经口腔或瘤胃瘘管放入动物瘤胃内,使其以较低的速度稳定地释放 SF_6,牛、羊脖子上戴上抽成真空的颈枷,这种颈枷上装有控制阀门,能够收集动物从口腔中排出的气体,只要测得 SF_6 的排放速率和呼出的混合气样中 SF_6 与甲烷的浓度,即可计算出甲烷的排放速率和排放量。

4.1.3　试验材料

①液氮、SF_6 气体、氮气。

②甲烷收样装置:由收集管、笼头、气体过滤器和保护器等部件组成。

③100 mL 玻璃注射器。

④毛细管。

⑤恒温水浴锅。

⑥气相色谱仪:带 FID 检测器或 ECD 检测器。

4.1.4　操作步骤

4.1.4.1　渗透管的准备

①SF_6 渗透管管体由中空的钢柱构成,开口端的外面连接接头套管,套管内有聚四氟乙烯垫和烧结玻璃料垫。聚四氟乙烯垫的厚度和类型决定渗透率。安装前彻底清洗铜管。

②将渗透管称重后置于液氮内浸泡,用 2 个 100 mL 的玻璃注射器每次分别抽取 60 mL SF_6 经三通阀迅速注射到渗透管内,直至渗透管内充满 SF_6。迅速盖上聚四氟乙烯垫、玻璃料垫和接头套管螺母,并用螺丝刀拧紧螺帽,立即对渗透管称重。

4.1.4.2　样品收集

①第 1 天,将已知稳定释放率的渗透管通过口腔食道放入瘤胃,并安装笼头,测定动物每天的采食和饮水情况,使动物适应所安装的笼头。

②第 3 天,检测动物健康状况,确保 SF_6 可测(收集口鼻周围的气体),测量动物体重,记录采食量。

③第 4 天,提前抽空集气罐内空气,并于早上 7:00 开始采样。同时观察动物口鼻部笼头的固定情况,如果发生偏移应及时调整。每隔 1 h 测定集气罐内的压力,以检测集气罐的收气情况和收气装置的稳定性。准备好另一个集气罐,24 h

收气结束后及时替换。测定试验动物饲养环境中 SF_6 和甲烷的浓度,并记录开始收气时间。

④第 5 天,24 h 后将已经抽空的集气罐替换后连接在收气装置上,测定并记录集气罐使用后终压(压力约为 50 kPa),然后将集气罐充入高纯氮气稀释,使集气罐终压达到 120 kPa。对集气罐内的甲烷和 SF_6 气体进行浓度分析。集气罐内的气体可保存 10 d。

4.1.4.3　渗透率的测定

将渗透管放在玻璃容器内,置于 39℃ 恒温水浴锅内,同时玻璃容器内需持续充入清洁的氮气,每隔 5 d 定时称重各渗透管 1 次,测定 SF_6 释放率。一般 5～6 周可获得一个理想的释放率。

4.1.4.4　甲烷与 SF_6 浓度分析

(1)甲烷浓度分析:采用气相色谱仪(FID 检测器)测定

气相色谱测定参考条件如下。

①色谱柱:DB-FFAP(15 m×0.32 mm×0.25 μm)。

②柱温:60℃。

③进样口温度:120℃。

④检测器温度:250℃。

⑤载气:氮气。

⑥恒压:21.8 kPa。

⑦柱流量:2 mL/min。

⑧进样量:1 mL。

(2)SF_6 浓度分析:采用气相色谱仪(ECD 检测器)测定

气相色谱测定参考条件如下。

①色谱柱:DB-5(30 m×0.25 mm×0.25 μm)。

②柱温:60℃。

③进样口温度:100℃。

④检测器温度:300℃。

⑤载气:氮气。

⑥恒压:21.8 kPa。

⑦柱流量:1 mL/min。

⑧进样量:1 mL。

4.1.5 结果分析

4.1.5.1 甲烷排放速率计算

$$R_{CH_4} = R_{SF_6} C_{CH_4} \times 1\,000/6.518 C_{SF_6}$$

式中,R_{CH_4} 为反刍动物甲烷排放速率,L/d;R_{SF_6} 为 SF$_6$ 的排放速率,mg/d;6.518 为 SF$_6$ 的密度,kg/m^3;C_{CH_4} 为采样气体中甲烷的浓度,$10^{-6}(V/V)$;C_{SF_6} 为采样气体中 SF$_6$ 的浓度,$10^{-12}(V/V)$。

4.1.5.2 甲烷排放量计算

$$Q_{CH_4} = R_{CH_4} \times T$$

式中,Q_{CH_4} 为甲烷排放量,L;R_{CH_4} 为甲烷排放速率,L/d;T 为排放时间,d。

4.1.6 注意事项

①SF$_6$ 为温室效应气体,要小心管理,防止释放到大气中。

②渗透管和聚四氟乙烯垫可以反复使用。

③每次收样结束后要用真空泵反复抽提集气罐,确保下次使用不受集气罐内原有气体的影响。

4.1.7 案例分析

山东农业大学杨占山(2010)验证了 SF$_6$ 示踪法测定反刍动物甲烷排放量的可行性。选用 4 头体况良好,体重(350±40) kg,15～18 月龄的荷斯坦育成奶牛作为试验动物,采用 4×4 拉丁方设计,根据饲养水平的不同分为 4 个处理,分别满足试验牛体增重 700 g/d、500 g/d、300 g/d 和 0 g/d 的营养需要,同时利用呼吸测热室法和 SF$_6$ 示踪法测定荷斯坦奶牛的甲烷产量。结果表明,SF$_6$ 示踪法测定甲烷产量与呼吸测热室法测定的结果没有显著差异。因此,SF$_6$ 示踪技术可作为测定反刍动物甲烷产量的手段。

★ 参考文献

[1] 达珍,次仁卓玛. 体外法测定青藏高原冬季草场放牧牦牛甲烷排放量. 西藏科技,2013(11):65-67.

[2] 董红敏,李玉娥,林而达,等. 六氟化硫(SF$_6$)示踪法测定反刍动物甲烷排放的

技术．中国农业气象，1996(4)：44-46.

[3] 冯仰廉，Mollison GS，Smith GS，等．新闭路循环式面具呼吸测热法的研究．北京农业大学学报，1985(1)：71-79.

[4] 郭城．家畜能量代谢试验采气装置的研制．中国人民解放军兽医大学学报，1982，2(2)：192-198.

[5] 郭城．家畜气体能量代谢试验采气方法的研究．中国畜牧杂志，1984，20(3)：7-9.

[6] 李华伟．放牧条件下内蒙古白绒山羊甲烷排放量的测定．呼和浩特：内蒙古农业大学，2008.

[7] 尚占环，郭旭生，龙瑞军．光谱技术与反刍动物甲烷排放的精确监测．光谱学与光谱分析，2009，29(3)：740-744.

[8] 宋磊，徐文佳，刘译阳．甲烷排放检测技术应用现状综述．油气田环境保护，2017，27(3)：1-4+60.

[9] 王加启．反刍动物营养学研究方法．北京：现代教育出版社．2011.

[10] 王惟惟，仲崇亮，米见对，等．采用红外光谱技术检测反刍动物甲烷排放．动物营养学报，2016，28(5)：1345-1352.

[11] 杨占山．SF_6 示踪法测定荷斯坦奶牛能量代谢的研究．泰安：山东农业大学，2010.

[12] 苑忠央，杨维仁．反刍动物瘤胃甲烷排放、测定及减排技术的研究进展．饲料与畜牧，2016(10)：40-45.

[13] 赵广永．反刍动物营养．北京：中国农业大学出版，2012.

[14] Pinarespatino CS, Ulyatt MJ, Waghorn GC, et al. Methane emission by alpaca and sheep fed on lucerne hay or grazed on pastures of perennial ryegrass/white clover or birdsfoot trefoil. J Agric Sci. 2003, 140(3)：215-226.

[15] Johnson CE, Stevenson DS, Collins WJ, et al. Role of climate feedback on methane and ozone studied with a coupled ocean atmosphere chemistry model. Geophys Res Lett. 2001, 28(1)：1723-1726.

（本章编写者：刘强；校对：王聪、张延利）

第5章 反刍动物消化道灌注技术

消化道灌注营养技术(intragastric nutrition technique)是指将所研究的营养物质以液体的形式灌注入动物的消化道;或不饲喂动物任何饲料,根据动物的营养需要向瘤胃中灌注挥发性脂肪酸(VFA)和缓冲液,向真胃中灌注蛋白质及其他营养物质,以维持动物正常生理状态的技术。可用于研究反刍动物的营养需要及瘤胃上皮细胞对营养成分的吸收。目前,国内外常用的主要有瘤胃、真胃和十二指肠及全消化道灌注技术。

5.1 瘤胃营养灌注技术

5.1.1 概述

将所研究的营养物质以液体形式直接灌入正常采食动物的瘤胃,根据不同的试验目的选择采样时间和测定指标;或只向试验动物瘤胃灌注 VFA 和缓冲液而不饲喂任何饲料。由于不采食饲料的动物没有瘤胃发酵过程,使复杂的瘤胃系统变成简单的模型,能精确研究瘤胃上皮细胞对 VFA、水分和矿物离子等养分的吸收量。Zhao 等(1995)用瘤胃灌注技术研究了绵羊瘤胃液渗透压与瘤胃上皮水分吸收之间的关系。现以研究瘤胃上皮细胞对 VFA 的吸收量为例来介绍瘤胃营养灌注技术。

5.1.2 原理

精确测定灌入瘤胃的 VFA 数量,应用液体标记技术测定流入后部消化道的 VFA 数量,根据灌入量与流出量的差值即可计算出瘤胃上皮细胞对 VFA 的吸收量。

5.1.3　材料

5.1.3.1　试验动物

装有瘤胃瘘管的反刍动物。

5.1.3.2　试验设备

①蠕动泵:用于将灌注液输入瘤胃,要求用多通道可调节蠕动泵,能尽量保证各灌注通道流速一致。

②灌注管道:用于灌注液的输送,要具备耐酸碱的性能。管道的内径根据灌注液的流速来选定,试验过程中要保证灌注管道的畅通,并及时更换破损的管道。

③灌注瓶:用于装灌注液,容积为 2～4 L 的玻璃瓶。

④电子秤:用于观察灌注是否正常,要求秤的感量为 0.01 g,量程为 4～5 kg。试验时将装有灌注液的灌注瓶放在电子秤上,秤的读数应匀速减小,如果读数停止降低,说明灌注液出现故障,应及时解决。

5.1.3.3　灌注液(MacLeod 等,1982)

①储备缓冲液:称取 730 g $NaHCO_3$,380 g $KHCO_3$,70 g NaCl,溶于 8 820 g 水中,总重 10 000 g,现用现配。

②VFA 储备缓冲液:称取 4 853 g 乙酸,1 840 g 丙酸,877 g 丁酸,180 g $CaCO_3$,溶于 2 250 g 水中,总重 10 000 g,乙酸、丙酸和丁酸的摩尔比为 65∶25∶10,溶液的能量浓度约为 11.66 kJ/g,现用现配。

5.1.3.4　灌注液体积的计算

瘤胃灌注液质量不应超过 700 g/kg $BW^{0.75}$,否则超出动物的排泄能力会导致动物死亡。具体计算方法见全消化道灌注技术。

5.1.4　操作步骤

①调节蠕动泵流量,使灌注液在 1 h 内持续灌入瘤胃。

②灌注,适应期为 7 d。将试验动物移入代谢笼,连接灌注管道,开始灌注。

③灌注结束,将动物移出代谢笼,开始饲喂少量饲料,瘤胃微生物区系会逐渐建立。

5.1.5　结果计算

瘤胃上皮细胞吸收 VFA 的数量可通过下式计算。

$$VFA \text{ 吸收率} = 100 \times (V_0 - V_D)/V_0$$

式中，V_0 为灌入瘤胃的 VFA 量，mmol/L；V_D 为流出瘤胃的 VFA 量，mmol/L。

5.1.6 注意事项

①灌注开始后，停止给动物提供任何饲料，只提供饮水。

②灌注开始后，随时抽取瘤胃液测定 pH，保证 pH 为 6～7，如果低于 5.8，要适量增加缓冲液；如果动物出现酸中毒症状，要立即停止灌注 VFA 液。

③灌注期间保证灌注管道畅通，防止堵塞和破裂。

④灌注过程稳定，动物状态恢复正常后，才能进行有关指标的测定。

5.1.7 案例分析

程光民和林雪彦等(2009)研究了瘤胃灌注不同摩尔比的乙酸、丙酸和丁酸对奶山羊乳脂合成的影响。选用 4 只安装有永久性瘤胃瘘管和颈动脉插管的泌乳中后期文登奶山羊，采用 4×4 拉丁方试验设计，每期 9 d，其中预灌注期 6 d，采样期 3 d，两期连续试验间隔 7 d。试验处理为瘤胃连续灌注 4 种乙酸、丙酸和丁酸摩尔比依次为：75:15:10，65:25:10，55:35:10 和 45:45:10 的混合 VFA 溶液。日粮精粗比为 45:55，每 2 h 自动饲喂 1 次，灌注 VFA 的量为奶山羊维持需要量的 30%，VFA 混合液和缓冲液按 1:1(V/V)的比例经不同的管道和蠕动泵匀速注入瘤胃。开始灌注后定时检测瘤胃液 pH，并及时调整缓冲液的灌注速度，防止瘤胃液的 pH 低于 6.0。研究表明，灌注液对奶产量、乳糖的影响不显著，高丙酸灌注组乳脂率、乳脂量显著下降；血浆胰岛素水平呈上升趋势，血糖浓度处理间无显著变化。随灌注液丙酸摩尔比的升高，颈动脉血浆乙酸、非脂化脂肪酸(NEFA)、β-羟丁酸(BHBA)浓度下降，丙酸浓度上升，甘油三酯(TG)和丁酸浓度组间差异不显著；动脉血浆 BHBA、NEFA、TG 和丁酸的乳腺吸收率降低，丙酸的乳腺吸收率升高，乙酸的乳腺吸收率未出现显著变化。随灌注液丙酸摩尔比的升高，乳脂中链脂肪酸和中短链脂肪酸的含量呈上升趋势，长链脂肪酸的含量呈下降趋势。因此，提高瘤胃灌注 VFA 混合液的丙酸摩尔比可引起乳脂率的降低，抑制乳腺对 NEFA 的吸收，增加乳脂中中短链脂肪酸的比例，降低长链脂肪酸的比例。

5.2 小肠营养灌注技术

5.2.1 概述

将所研究的营养物质通过灌注技术直接注入动物小肠,由于避开了瘤胃微生物的作用,可以精确研究营养物质在小肠中的消化吸收情况。例如采用氨基酸梯度灌注法,通过直接将氨基酸灌入十二指肠来确定反刍动物限制性氨基酸的种类和顺序。氨基酸梯度灌注法可分为递增和递减两种方法。递增法是以递增梯度灌注某种氨基酸,通过测定动物生产性能指标,确定限制性氨基酸,当第一种限制性氨基酸确定后,再确定第二种,但第三种限制性氨基酸用这种方法很难确定其顺序。递减法是在理想氨基酸模式下,将某种氨基酸按一定比例扣除后,根据生产性能指标下降的程度、氮的沉积效率,来确定限制性氨基酸的顺序。隋恒凤等(2006)采用十二指肠灌注法研究了蛋氨酸和赖氨酸在泌乳奶牛限制性氨基酸中的顺序,现以此为例来介绍小肠营养灌注技术。

5.2.2 原理

动物饲喂试验日粮,通过十二指肠瘘管灌注氨基酸混合液;测定动物生产性能指标和氮沉积,确定限制性氨基酸的顺序。

5.2.3 材料

5.2.3.1 试验动物

4～6头安装有永久性十二指肠前端瘘管的反刍动物。

5.2.3.2 饲料

按照研究所需的营养需要水平配制试验日粮,通过控制动物的干物质采食量来调节总氨基酸摄入量。

5.2.3.3 氨基酸混合液的配制

将每天需要灌注的氨基酸混合溶解于适量的生理盐水中,用6 mol/L HCl溶液将pH调节到6.5。

5.2.3.4 灌注量的计算

采用康奈尔净碳水化合物和蛋白质体系软件(CNCPS5.04)计算灌注量。

5.2.4 操作步骤

5.2.4.1 试验设计、样品采集、指标测定与结果分析同全收粪法消化试验

5.2.4.2 灌注方法

将预灌注氨基酸装入灌注瓶内,于正式试验期的每天晚上开始灌注,第2天下午完成,连续灌注20 h,不灌注时动物散放休息。

5.2.5 注意事项

使待试氨基酸成为试验日粮的第一限制性氨基酸,保证日粮其他营养物质充足且相对平衡。

5.2.6 案例分析

王玲和刘辉等(2010)研究了十二指肠灌注大豆小肽和氨基酸对奶山羊小肠肽结合氨基酸和游离氨基酸吸收的影响。选用4只体况良好,体重(38.38±3.09)kg的泌乳奶山羊,安装有永久性十二指肠近端瘘管和门静脉、肠系膜静脉以及颈动脉慢性血管插管。采用交叉试验设计,将试验动物分为2组,分别向十二指肠灌注60 g/d大豆小肽、与60 g大豆小肽总氨基酸含量相同的氨基酸。灌注每期7 d,两期间隔5 d过渡期。试验羊每日灌注的肽和氨基酸分别溶解在700 mL生理盐水中,用4 mol/L盐酸将pH调至6.5,通过蠕动泵将灌注液经十二指肠瘘管灌注入十二指肠,每日连续灌注24 h,连续灌注7 d。在每期灌注的第7天,用恒流泵经肠系膜静脉持续灌注对氨基马尿酸(15 mg/mL)溶液7 h。结果表明,与灌注氨基酸相比,灌注大豆小肽显著增加肠系膜排流组织总肽结合氨基酸净流量,门静脉排流组织总肽结合氨基酸净流量高于灌注氨基酸组,但组间差异不显著。而灌注氨基酸显著增加奶山羊肠系膜排流组织和门静脉排流组织总游离氨基酸净流量。因此,小肠中肽含量的增加可以促使其在小肠的吸收。

5.3 全消化道营养灌注技术

5.3.1 概述

动物不采食饲料,所需全部营养物质,包括蛋白质、能量、矿物质、维生素和微量元素等均通过灌注方式提供。动物没有瘤胃发酵过程,灌入消化道的VFA(能量)和酪蛋白的数量能精确定量,而且可以根据需要调整 VFA 和酪蛋白的比例,进行能量和蛋白质代谢之间关系的研究。也可以通过直接停止灌注酪蛋白,而能量及其他营养物质灌注照常进行,待动物代谢稳定后,通过测定尿液中的氮来计算内源尿氮。MacLeod 等(1982)对牛进行了完全灌注营养试验,并提出了灌注液的标准配方与灌注方法。但是灌注营养的动物与正常饲养的动物在生理状态上存在差异,将其结果直接用于正常饲喂动物存在一定的误差,需要在这方面进行比较研究。

5.3.2 原理

动物不采食饲料,向瘤胃中灌注 VFA 液和缓冲液,矿物质和微量元素液通过插管用注射器注入瘤胃,酪蛋白和维生素液灌注入真胃,根据试验目的调整灌注液组成,测定所需指标。

5.3.3 材料

5.3.3.1 试验动物

装有瘤胃瘘管和真胃瘘管的健康反刍动物。

5.3.3.2 灌注液的配制(MacLeod 等,1982)

①10％的酪蛋白储备液:将 1 000 g 酪蛋白和 54 g Na_2CO_3 溶于 8 690 g 水中,再加入 256 g 多种维生素溶液,用电动搅拌机搅拌均匀,混合液重量为 10 000 g,能量浓度为 2.023 9 kJ/g,含氮量为 0.013 3 g。使用前最好实测酪蛋白的能量和含氮量。

②VFA 储备液和缓冲液储备液的配制参见瘤胃营养灌注技术。

③矿物质储备液:将 150 g $Ca(H_2PO_4)_2 \cdot H_2O$ 和 175 g $MgCl_2 \cdot 6H_2O$ 溶于 9 775 g 水中,总重 10 000 g。

④维生素储备液:称取 5.0 g 硫胺素,4.0 g 核黄素,4.0 g 尼克酸,825.0 g 氯化胆碱,2.0 g 吡哆醇,0.1 g 对氨基苯甲酸,6.3 g 泛酸钙,0.2 g 叶酸,0.03 g 维生素 B_{12},150.0 g 肌醇,0.6 g 生物素,0.5 g 维生素 K,10.0 g 维生素 E,溶于 6 000 g 水中,另加入 1 L 乙醇,2 L 亚油酸和 2 L 鱼肝油,搅拌均匀。

⑤微量元素储备液:称取 208.0 g $FeSO_4 \cdot 7H_2O$,12.2 g $ZnSO_4 \cdot 7H_2O$,11.1 g KI,5.8 g $MnSO_4$,2.5 g $CuSO_4 \cdot 5H_2O$,2.2 g $CoSO_4 \cdot 7H_2O$,7.9 g NaF,溶于 10 000 g 水中。

5.3.3.3 灌注液体积的计算

(1)计算注意事项

①灌注液要满足动物营养需要,包括能量、蛋白质、矿物质、维生素和微量元素,维生素中包括水溶性维生素。各种营养物质需要量要根据动物饲养标准计算。

②各种储备液浓度很高,必须进行适当稀释后才能用于灌注,否则会引起动物死亡。但稀释后的灌注液体积不能超过动物肾脏的排泄能力。要求全消化道灌注液重量不应超过 900 g/kg BW$^{0.75}$,瘤胃灌注液重量不应超过 700 g/kg BW$^{0.75}$。

(2)举例:计算体重为 650 kg 奶牛灌注液体积

设奶牛的能量维持需要为 460 kJ/kg BW$^{0.75}$,蛋白质维持需要为 640 mg N/kg BW$^{0.75}$。

灌注采用 1.3 倍能量维持水平和 1.3 倍蛋白质维持水平。

牛的代谢体重 $W^{0.75}=128.7$ kg。

酪蛋白液(10%)含氮量为 0.013 3 g/g,能量浓度为 2.023 9 kJ/g;VFA 液能量浓度为 11.66 kJ/g。

奶牛的能量需要为:128.7×460×1.3/11.66 = 6 600.6(g) VFA 溶液。

奶牛的蛋白质需要为:128.7×0.64×1.3/0.0133 = 8 051(g) 酪蛋白液。

酪蛋白液的能量为:8051×2.0239=16 294(kJ)。

将酪蛋白液的能量从 VFA 溶液中扣除,即应减少 16 294/11.66 = 1 397(g) VFA 溶液。

矿物质溶液需要为:128.7×1.4=180(g)。

微量元素溶液需要为:128.7×1=128.7(g)。

多维素已包括在酪蛋白溶液中。

全消化道灌注液体积的最大质量应为:128.7×0.9=115.8(kg)。

瘤胃灌注液体积的最大质量应为:128.7×0.7=90.1(kg)。

酪蛋白液的灌注量为:115.8－90.1=25.7≈26(kg)。

稀释后的 VFA 溶液和缓冲液质量之比应小于或等于 1:2。90/3=30(kg)。

将称出的 VFA 溶液、缓冲液储备液和酪蛋白液分别加自来水稀释至 30 kg、60(30×2) kg 和 26 kg。

5.3.4 操作步骤

①调节蠕动泵流速,使灌注液在 24 h 内能够完全灌入动物消化道内。

②将试验动物移入消化代谢笼,连接灌注管道。

灌注 VFA 溶液和缓冲液的管子通入瘤胃,灌注酪蛋白(包括维生素)溶液的管子通入真胃,用注射器将微量元素液通过插管注入瘤胃。

通入瘤胃的管子包括 4 条。为避免灌注缓冲液的管子发生问题,而 VFA 溶液的灌注照常进行而造成动物酸中毒,要求用 1 条管子灌注 VFA 溶液,2 条灌注缓冲液,另外 1 条用于采集瘤胃液样品,以便随时检测瘤胃液 pH。通入真胃的管子只有 1 条。为了方便区分,建议用不同的颜色做标记。

③灌注适应期至少为 7 d。随着灌注过程的进行,瘤胃内饲料颗粒逐渐减少,大约 7 d 后,瘤胃才能完全排空,发酵停止。

5.3.5　案例分析

赵广永等(2012)采用全消化道灌注技术研究了瘤胃灌注不同摩尔比乙酸、丙酸和丁酸以及三种酸的混合酸对羔羊氮沉积的影响。共进行了 2 个试验。试验 1 选用 12 只体重为(21.7±0.4) kg,安装有瘤胃和真胃瘘管的羔羊,随机分成 3 组,采用全消化道灌注技术为羔羊提供营养,3 个处理组分别通过瘤胃灌注等能值的乙酸、丙酸和丁酸;试验 2 选用 12 只体重为(24.9±0.4) kg,安装有瘤胃和真胃瘘管的羔羊,随机分成 4 组,采用全消化道灌注技术为羔羊提供营养,4 个处理组分别通过瘤胃灌注等能值的乙酸、丙酸和丁酸的摩尔比分别为 10∶78∶12,27∶65∶8,49∶47∶4和 60∶38∶2的混合酸。2 个试验中所提供的氮和能量均为羔羊维持需要量的 1.2 倍。结果表明,两个试验不同处理间,消化氮、沉积氮以及氮的沉积效率无显著差异。因此,瘤胃灌注不同摩尔比的乙酸、丙酸、丁酸以及混合酸对 4 月龄羔羊的氮沉积没有影响。

参考文献

[1] MacLeod NA, Corrigal W, Sirton RA, et al. Intragastric infusion of nutrients in cattle. British J Nutr, 1982,47:547-552.

[2] Zhao GY, Duric M, MacLeod NA, et al. The use of intragastric nutrition to study saliva secretion and the relationship between rumen osmotic pressure and water transport. British J Nutr, 1995,73:155-161.

[3] Zhao GY, Ma SC, Ding XH, et al. Effect of different molar proportions of isoenergetic volatile fatty acids on the nitrogen retention of lambs sustained by total intragastric infusions. Livest Sci, 2012,150:364-368.

[4] 程光民,林雪彦,李福昌,等. 瘤胃灌注乙丙酸不同摩尔比混合挥发性脂肪

酸对奶山羊乳脂合成的影响．畜牧兽医学报，2009，40(7)：1028-1036.

[5] 李树聪．不同精粗比日粮奶牛氮素代谢及限制性氨基酸的研究．北京：中国农业科学院，2005.

[6] 隋恒凤，李树聪，王加启，等．用十二指肠灌注法研究蛋氨酸和赖氨酸在泌乳奶牛限制性氨基酸的顺序．中国畜牧兽医，2006，33(8)：32-35.

[7] 王加启．反刍动物营养学研究方法．北京：现代教育出版社，2011.

[8] 王玲，刘辉，李胜利，等．十二指肠灌注大豆小肽和氨基酸对奶山羊小肠肽吸收的影响．动物营养学报，2010，22(2)：318-326.

[9] 赵广永．反刍动物营养．北京：中国农业大学出版社，2012.

（本章编写者：王聪、张延利；校对：王永新、刘强）

第6章 单胃动物营养消化吸收评价技术

6.1 肠道组织形态学观察

6.1.1 概述

肠道黏膜组织结构的完整性是营养物质消化吸收和动物健康生长的基本保证,同时也是肠道一切生理功能正常发挥的基础。肠道形态、绒毛高度(villusheight)、隐窝深度(cryptdepth)、绒毛高度与隐窝深度比(V/C)、肠道细胞等指标常用来评价肠道的生长发育状况。肠道黏膜组织学观察是评价家禽肠道黏膜最常用的方法,通过对肠道组织固定、切片和染色等制成组织切片,经光学显微镜、扫描电镜、透视电镜等观察肠道黏膜状态,能够较准确地了解肠道黏膜形态结构的变化情况。

6.1.2 原理

大多数的生物材料,在自然状态下是不适合显微观察的,也无法看到其内部结构。因为材料较厚,光线不易通过,以致不易看清其结构,另外细胞内的各个结构,由于其折射率相差很小,即使光线可透过,也无法辨明。但在经过固定、脱水、透明、包埋等过程后就可以把材料切成较薄的切片,再用不同的染色方法就可以显示不同细胞组织的形态及其中某些化学成分含量的变化,就可以在显微镜下清楚地看到其中不同的区域组分状态,切片也便于保存,所以是教学和科研中常用的方法。肠道结构中上皮内淋巴细胞用 HE 染色,杯状细胞用 PAS 染色。经 HE 染色后在光镜下观察,可见上皮内淋巴细胞散在分布于肠绒毛上皮细胞之间,多数位于上皮细胞基侧膜附近,少量见于上皮核层和顶层,该细胞以小型细胞为主,胞核大而圆,深染,胞浆较少。杯状细胞经 PAS 染色后呈红色、高脚杯状,散在分布于上皮细胞间。

6.1.3 试剂与仪器

6.1.3.1 试剂

4%多聚甲醛溶液、伊红染色液、苏木素、阿利新兰-高碘酸-希应染色液、二甲苯、盐酸、切片石蜡、钾明矾(硫酸铝钾)、乙醇(50%、70%、85%、95%、100%)。

①苏木素-伊红染色法(HE 染色)苏木素染液的配制:备 5 000 mL 玻璃瓶(要求质量要厚实不易炸裂的)或大容量的瓷缸一个至若干个(根据需要而定);取 1 个 5 000 mL 玻璃瓶,洗净,在 5 000 mL 水位处用标签贴上标记线。取 500 g 钾明矾(硫酸铝钾)投入此瓶内,并将瓶拎到开水间 100℃水龙头下,瓶底下垫木板或木制脚凳;接 100℃水入瓶并用竹棒或木棒不断搅拌,这样边加水边搅拌至钾明矾完全溶解。然后,向瓶内加入事先配好的 250 mL 苏木素酒精溶液(将 25 g 苏木精粉末投入量杯,并加入 250 mL 无水酒精,用玻棒调匀即可),迅速用棒搅匀,液体呈暗深蓝色,然后再继续加水至 5 000 mL 水位标记线,用竹棒搅匀瓶内液体;待液体冷却后将瓶放置阳台,瓶口不加盖,也可在瓶口上蒙上薄薄一层纱布(纱布下缘用带子或皮筋扎紧),以防过多灰尘入瓶,这样进行自然氧化半年至一年,经自然氧化充分的苏木素染液液面可见荧亮色结晶层;使用前,用滤纸或多层纱布过滤以滤除荧亮色结晶层、灰尘、细菌、虫卵等,过滤后还可加适量冰醋酸或每 100 mL 加冰醋酸 5 mL(媒染以促进染色,使所染片子更好看)即可用。

②伊红染液的配制:首先用蒸馏水清洗量杯等器皿,称水溶性伊红 12.5 g 投入量杯加入量好的 125 mL 蒸馏水搅拌均匀,并加适量的冰醋酸,用玻棒搅拌使液调成糊状,然后糊状液沿内附滤纸的漏斗过滤,待滤液滴净,将内附滤纸的漏斗放入烘箱内烘干滤纸上析出物(可过夜烘烤干,次晨取出),将烤干的滤纸上析出物投入 95%的 5 000 mL 酒精中搅拌均匀混合,因酒精易挥发,配好后加盖封存,且用塑料薄膜扎紧瓶口。

③醇溶性伊红(即乙醇伊红)染液的配制:先将醇溶性伊红 Y 25 g 溶于 95%酒精 5 000 mL 中,用玻棒研碎溶解后,每 100 mL 加冰醋酸(促染剂)1 滴。

④1%阿利新兰染液:称取 2 g 阿利新兰溶解于 200 mL 醋酸溶液。

⑤1%高碘酸溶液:称 2 g 高碘酸溶解于 200 mL 蒸馏水中。

⑥1 mol/L 盐酸配制（按 100 mL 用量）：盐酸（比重 1.8）89 mL，蒸馏水 911 mL，配制时注意将酸加入水内。

⑦希夫氏染液：将碱性品用研钵（使用前需完全干燥）研磨成粉状并称取 1 g 置于煮沸的 200 mL 双蒸水中，边放边搅，至完全溶解，待温度降至 60～70℃时过滤至锥形瓶中，然后再加 20 mL 1 mol/L 盐酸于瓶中，摇匀后加入 2 g 偏重亚硫酸钠于瓶中，塞紧瓶口，摇荡至完全溶解，用黑纸将瓶包严置阴暗处过夜。次日加 1 g 活性炭于瓶中，摇匀后迅速过滤于棕色瓶内，保存于 4℃冰箱中备用（出现粉红色时失效）。

6.1.3.2　仪器

解剖器具一套、切片刀、单面刀片、切片机、标本瓶、载玻片、盖玻片、量筒、烧杯、漏斗、树胶瓶、染色缸、酒精灯、展片台、滤纸、蜡带盒、烤片盒、切片托盘、干燥箱、普通冰箱、电热恒温箱、显微镜。

6.1.4　操作步骤

6.1.4.1　取样

取样应避免拉扯，各处理组应取相同部位的样本，最好选取各肠段的中间部位（大小接近 1 cm×1 cm），并放入生理盐水中轻轻涮掉食糜后放入多聚甲醛中。

6.1.4.2　脱水

样品在多聚甲醛中固定 24 h 后，用镊子轻轻取出多聚甲醛中固定的肠道组织样品，用自来水冲洗 8 h，然后依次经过不同浓度的酒精进行脱水，脱水顺序和时间如下：50%酒精（1 h）、70%酒精（1 h）、85%酒精（1 h）、95%酒精（1 h）、100%乙醇Ⅰ（30 min）、100%乙醇Ⅱ（30 min）。在酒精脱水后应剪下一小块脱水组织，放入二甲苯中，若二甲苯中出现白色沉淀，则脱水不完全，应延长脱水时间。

6.1.4.3　透明

组织脱水后再依次经过二甲苯酒精溶液（$V/V=1:1$，45 min）、二甲苯Ⅰ（40 min）、二甲苯Ⅱ（40 min）。

6.1.4.4　浸蜡和包埋

透明后组织样品继续经过 56～58℃（20 min）、58～60℃（20 min）、60～62℃（20 min）熔点的石蜡浸蜡，然后用 60℃石蜡包埋。

6.1.4.5 切片

用旋转切片机进行连续切片，切片厚度为 5 μm，每隔 10 张切片取一张，每个样本制作 3 张石蜡切片。

6.1.4.6 展片和黏片

对于有皱裙的薄片，用镊子将切片铺在恒温水面(45℃)上，并用镊子将皱褶逐个轻轻拨开，再将平整的切片黏附在载玻片上，放于恒温箱中 45℃烘干 24 h。

6.1.4.7 脱蜡及染色

①脱水：用乙醇性伊红液染细胞浆后可不经水洗，直接用 85％酒精脱水。

②脱蜡：二甲苯Ⅰ脱蜡 10 min 左右(自动染色机染 10 min)；二甲苯Ⅱ、Ⅲ脱蜡 5 min 左右(自动染色机染 10 min)；无水乙醇Ⅰ洗去二甲苯 1 min(机染 1 min)；无水乙醇Ⅱ洗去二甲苯 1 min(机染 1 min)；95％酒精 1 min(机染 1 min)；85％酒精 1 min(机染 1 min)；自来水洗片刻(机染 1 min)。

③染色：苏木素染色 1～5 min(机染 1～5 min)；自来水洗片刻(机染 1 min)；1％或 0.5％或 0.25％盐酸水分化 3～5 s(机分化 30 s)；自来水洗，温水蓝化片刻(机洗 5 min)；伊红酒精染液浸染 20 s 至 2 min(机染 30 s 至 5 min)。

④脱水、透明、封固：85％的酒精脱水 20 s(机染 20 s)；95％的酒精 1 min(机染 1 min)；无水乙醇Ⅰ染 1～2 min(机染 2 min)；无水乙醇Ⅱ染 2 min(机染 2 min)；二甲苯Ⅰ浸 2 min(机染 2 min)；二甲苯Ⅱ浸 2 min(机染 2 min)；中性树胶或加拿大树胶封片。

6.1.4.8 杯状细胞染色

采用阿利新兰-高碘酸-希应染色法(AB-PAS 染色)，具体步骤如下：

二甲苯Ⅰ(7 min)→ 二甲苯Ⅱ(7 min)→ 100％乙醇Ⅰ(1 min)→100％乙醇Ⅱ(1 min)→ 95％酒精(2 min)→ 85％酒精(2 min)→ 70％酒精(2 min)→ 50％酒精(2 min)→ 蒸馏水洗 2 min，吸水纸擦干→ 1％阿利新兰染液(10 min)→ 蒸馏水洗 5 min，吸水纸擦干→ 1％高碘酸溶液(10 min)蒸馏水洗 2 min，吸水纸擦干→ 希夫氏染液(15 min)→ 蒸馏水洗 5 min，吸水纸擦干→ 50％酒精(2 min)→ 70％酒精(2 min)→ 85％酒精(2 min)→ 95％酒精(2 min)→ 100％乙醇Ⅰ(1 min)→ 100％乙醇Ⅱ(1 min)→ 二甲苯Ⅰ(7 min)→ 二甲苯Ⅱ(7 min)→晾干，中性树脂封片。

6.1.5 结果计算

6.1.5.1 绒毛高度和隐窝深度测量方法

在 10×10 倍放大倍数下，在所做的切片中选取制作效果好，肠道结构完好的切片放于显微镜下观察十二指肠的绒毛高度、隐窝深度。绒毛高度是指从绒毛顶端至其根部的距离,隐窝深度是指从相邻 2 根绒毛根部至基底部的距离。在观察切片时每张片选取 3 个视野,一个视野中选取 5～10 根绒毛和 5～10 个隐窝进行测量,将测量结果拍照保存,数值记录,计算绒毛高度与隐窝深度的比值。

6.1.5.2　细胞计数方法

在 10 × 40 倍放大倍数下,详细观察上皮内淋巴细胞和杯状细胞的形态及其分布,在各段小肠每一横切面中选取 5 根柱状细胞排列整齐的肠绒毛,统计每 100 个柱状细胞中散在分布的上皮内淋巴细胞和杯状细胞数量。

6.1.6　注意事项

6.1.6.1　取材和固定

处死动物后立即切取组织块,并快速投入固定液中。不能影响组织正常的形态结构。

6.1.6.2　脱水透明

①脱水应彻底,否则材料不能透明,影响石蜡的浸入,致使难以切片。②在低浓度或纯酒精中,每级停留不宜太长,否则易使组织变软,导致材料的解体。③在高浓度或纯酒精中,每级停留的时间也不宜太长,否则会使组织变脆,影响切片。④如需过夜,应停留在 70% 酒精中。⑤使用透明剂时,要随时盖紧盖子,以免空气中的水分进入。

6.1.6.3　切片制作

①室温过高时,可将修好的蜡块放到冰箱中冷却一定时间。在夏季时可用冰块冷却刀和组织块,减少刀与组织块在切的过程中产生热,使石蜡保持合适的硬度以利于切片。②放入展片仪水盒内(一般水温为 45℃ 左右)。待蜡片带中的组织展平后,即可进行分片和捞片。③切片时要及时清洁刀口、除去蜡屑,否则易引起破碎。

6.1.7　案例分析

如图 6-1、图 6-2 和图 6-3 所示。

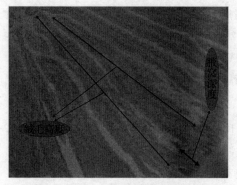

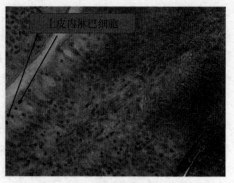

图 6-1　在 10×10 倍放大倍数下，
绒毛高度与隐窝深度

图 6-2　在 10×40 倍放大倍数下，
上皮内淋巴细胞

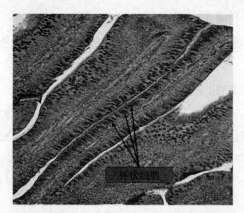

图 6-3　PAS 染色，在 10×10 倍放大倍数下，杯状细胞被染成红色

6.2　体外外翻肠囊技术

6.2.1　概述

研究小肠吸收的方法有很多种，大致分为在体实验和离体实验。在体实验包括肠灌注法，门静脉或腔静脉取血法以及测氮法等。离体实验包括外翻肠囊法、肠片孵育法、游离肠上皮细胞法以及刷状缘细胞膜微泡法等。而外翻肠囊技术是在体外培养小肠肠环技术和刷状缘膜囊技术的基础上发展而来的。该方法操作简便，实验条件易控制，重复性好，经济适用，不仅可以用来观察小肠的吸收方法，还可以用于生物膜的转运机制的研究，亦被广泛用来研究药物动力学。但是体外模

型是在非生理状态下的,其结果能否用于说明体内情况,必须用体内试验证实。

6.2.2 原理

外翻肠囊法是在动物麻醉无痛或屠宰状态下立即分离小肠,去掉肠系膜,用生理盐水或缓冲液冲洗干净,然后根据实验目的将所需肠段分割为若干小段,外翻使肠黏膜向外,浆膜向内,结扎一端形成肠囊状,灌注不含待测物质的人工培养液后结扎另一端,使肠囊充胀。将其置于添加有被测物质的培养液中,通入95%氧气和5%二氧化碳的混合气体,培养一定时间后,根据囊内外被测物质的变化来反映肠道对物质吸收的状况。

6.2.3 材料与设备

95% O_2 和5% CO_2 混合气体、Krebs-Ringer's 溶液、动物手术器械一套、密闭容器、玻璃管或硬塑料管、固定线、滤纸、恒温浴槽、所要测定的溶液。

6.2.4 操作步骤

6.2.4.1 试验材料的选取

所选动物应提前禁食24 h,然后将动物麻醉或直接宰杀,剖开腹腔,找到并分离10 cm左右的空肠或回肠,用等温(动物体温)等渗的溶液冲洗肠段内的内容物及血块等。或者直接放入预先通有95% O_2 + 5% CO_2 混合气体的4℃ Krebs-Ringer's 溶液中进行清洗。清洗完后要用干净的滤纸吸去肠表面多余的液体。

6.2.4.2 外翻肠囊的制作

用直径合适(视所取肠段的直径而定)的金属棒或玻璃棒或硬塑料管等将肠囊小心外翻,然后用通气的4℃ Krebs-Ringer's 溶液冲洗肠黏膜上的附着物(必要时要多更换数次 Krebs-Ringer's 溶液),先结扎肠囊的一端,另一端固定在空心玻璃管或棒上,向肠内注入1 mL Krebs-Ringer's 溶液,然后结扎肠囊的另一端,即成一段外翻肠囊。

6.2.4.3 装置的搭建

基本的装置应有密闭的容器、进气管、出气管,含有所测溶液的 Krebs-Ringer's 溶液。也可以对该基本装置进行改进,比如可以在肠囊中也通入进气管和出气管。搭建好装置后向密闭容器内通入95% O_2 + 5% CO_2 的混合气体,并将装置放入恒温水浴槽内恒温培养(动物体温),并进行适当的震荡。

6.2.4.4 样品采集与检测

根据实验设计,自行在固定时间吸取一定量的肠囊内溶液样品,进行测定。若要进行肠囊吸收的动态研究,可在每次吸取肠囊内溶液后再加入相应量的 Krebs-Ringer's 溶液。

6.2.5 结果计算

根据要测定的试剂或溶液的计算方法进行。

例如,要测定小肠对锰的吸收。吸取外翻肠囊的浆膜液,用原子吸收光谱仪分析浆膜液的含锰量,然后用以下公式进行计算。

$$锰吸收率 = \frac{浆膜液含锰量(\mu g/mL) \times 浆膜液终体积(mL)}{120(\mu g/mL) \times 20(mL) \times 肠囊湿重(g)} \times 100\%$$

式中,120 为培养液的含锰量,$\mu g/mL$;20 为培养液的体积,mL。

6.2.6 注意事项

①试验动物应提前禁食。

②用溶液冲洗肠段后要用干净滤纸吸去多余的液体,以保证肠浆膜侧所附液体很少,从而准确了解吸收后浆膜侧液体的容积和成分。

③用来制作外翻肠囊的物品依个人习惯而定,但制作时要小心,不要损伤小肠黏膜。

④从取出小肠到开始培养之间的时间最好不要超过 15 min。

⑤试验期间要保证无微生物污染及其他有毒有害因素的影响。

⑥试验中混合气体的供气应充足,1 min 供气 2～4 mL 即可。

⑦培养的时间要合适,培养时间因动物品种和试验条件有所差异。

⑧肠囊培养过程中要注意培养液 pH 的变化,可能会影响试验结果。

⑨小肠囊内静水压不能过高,否则会影响物质的转运,一般认为,小肠囊内液面与黏膜侧液面相平或略高即可。

6.3 尤斯灌流技术研究肠道屏障功能

6.3.1 概述

尤斯灌流室(Ussing chamber)(图 6-4)被认为是研究胃肠道屏障功能的标

准。用Ussing chamber对胃肠屏障
功能进行的离体研究主要集中在胃肠
道上皮通透性、内毒素及细菌移位的
途径和机制以及谷氨酰胺和益生菌对
肠道屏障功能的改善等方面；通过检
测同位素标记或荧光素标记的大分子
物质通过胃肠道上皮的比例已成为研
究胃肠道通透性的主要途径。

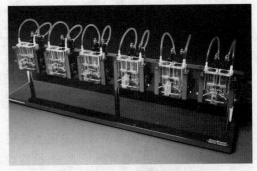

图6-4　Ussing Chamber(灌流室)

6.3.2　结构及其原理

Ussing chamber系统主要由灌流室和电路系统两个部分组成，另外还有配套
的组件，其通过电子计算机来处理分析数据结果。根据不同的实验目的，灌流室一
般分为2、4、6、8室4种类型。同时又有2种灌流方式可供选择：循环式和持续式。
循环式灌流室包括1个U形管道系统和2个半室，管道系统主要用于加热和充入
气体(CO_2、O_2或N_2)，2个半室中间是一个可嵌合组织样本且可移动的插件。持
续式灌流室包括2个溶液贮器，通过聚乙烯管道将溶液引入2个半室，溶液温度由
配套加热装置加以调节。电路系统可以测定电流、电压、电阻、阻抗和电容等。配
套系统包括恒温水浴箱、5% CO_2和95% O_2混合气体循环系统和注射器等。工作
原理见图6-5。

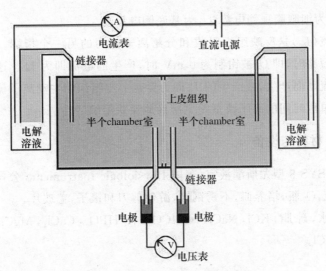

图6-5　Ussing chamber 基本原理

上皮组织由密集排列的上皮细胞和少量细胞间质组成,具有极性和紧密连接,这也是区别于其他组织的两大特征。紧密连接又称闭锁小带,属于不通透连接,多见于胃肠道上皮细胞之间的连接部位。在相邻的两个细胞有紧密连接的区域,质膜形成索条,索条呈圆筒状,借助特定的蛋白质和二价阳离子,使两个索条紧密并列在一起,从而封闭了细胞之间的间隙,使大分子物质难以通透,而只允许水分子和离子从索条衔接处的小孔透过。

紧密连接的形状和渗透性决定上皮组织的完整性以及对物质的阻抗力(R_t),因此在实际试验中,通常测量 R_t 来检测或者评价组织完整性以反映组织的活性。上皮组织 R_t 可用以下公式描述。

$$R_t = r \times L/A \tag{1}$$

式中,r 为组织电阻系数,L 为组织长度或厚度,而 A 为组织面积。

而对于组织阻抗 R_t,在实际操作中,通过电路系统向上皮组织施加一个电压 U,相应地会引起电流的变化 ΔI,通过欧姆定律就可以得出组织的电阻,这就是所谓的电压钳,如果向上皮组织施加电流则为电流钳。

跨上皮电压(U_t)是测量组织活性的另一个指标,通常认为 $U_t < 4$ mV 的肠黏膜是活性弱的组织。上皮细胞膜顶侧和基底侧离子的非均匀分布是产生 U_t 的先决条件。就某一具体上皮组织而言,U_t 的计算公式为

$$U_t = U_b - U_a \tag{2}$$

其中 U_a 为细胞膜顶侧电势,U_b 为基底侧电势。

短路电流(I_{sc})是反映组织吸收和分泌离子能力的另一个指标。当试验装置中被测组织短路时,即 U_t 被钳制为 0 mV 时,产生的电流即为 I_{sc}。这种电流因生物膜上离子流动而产生,故产生的 I_{sc} 即为穿越上皮组织的主动离子流总和。因此有学者认为单位时间的离子流量能更准确地反映组织活性。

6.3.3 材料与设备

①EM-CSYS-8 型尤斯灌液室(美国 Physiologic Instruments 公司)。

②CO_2 瓶,O_2 瓶,培养皿,不锈钢针,游丝剪刀和镊子,盖玻片。

③超纯水,琼脂,KCl,NaCl,$NaHCO_3$,K_2HPO_4,$CaCl_2$,$MgCl_2$,KH_2PO_4,D-glucose,HCl。

6.3.4 操作步骤

6.3.4.1 试验前准备（试验配制溶液用水均为超纯水）

（1）提前制作电极

①配制 4% 的琼脂（1.2 g 琼脂溶于 30 mL 3 mol/L KCl 中），可先加入 KCl 浸泡一会琼脂，利于溶解。然后加热煮沸，开始用大火，然后小火，使产生的气泡搅匀溶液，当溶液要冒出时迅速拿下来。将未溶解的琼脂和上层的泡沫拨向一边，把枪头迅速投掷于琼脂溶液中，枪头中的琼脂上升到合适液面后置于纯水中冷却（也可用移液枪吸的方法制作电极，在琼脂加热好以后将枪的量程调至 50 μL，然后吸取琼脂，注意液面，不能过高或过低，同时速度要快，否则琼脂凝固）。

②将电极擦拭干净，置于 3 mol/L KCl 溶液中浸泡（50 mL 小烧杯），用锡箔纸包住烧杯口，4℃保存，3 d 以后使用。

③电极在不漏液的情况下可以反复使用，但是不能超过 1 周。

（2）配制 KBR 溶液（可根据试验需要调整）

115 mmol/L NaCl，25 mmol/L NaHCO$_3$，2.4 mmol/L K$_2$HPO$_4$，1.2 mmol/L CaCl$_2$，1.2 mmol/L MgCl$_2$，0.4 mmol/L KH$_2$PO$_4$，10 mmol/L D-glucose。用盐酸调节 pH 至 7.4。

6.3.4.2 试验操作步骤

（1）线路连接和调试

①打开水浴锅，打开循环及加热开关，温度调至 40℃。

②把电极的另一侧灌满 3 mol/L KCl 溶液（不能有气泡），然后将电极接入线路（白配黑，黑配白），接入电压电极和电流电极（白色电极在上部，黑色电极在下部，线路上带黑色标记的那对黑白电极连入右侧，切勿接错），上样片（在未插入样品前，2 个半室之间相通），用 10 mL 注射器灌注 10 mL KBR 溶液。

③打开计算机、扩大器、信号接收器及软件，并打开混合气（95% O$_2$ + 5% CO$_2$），使各通道均匀通气（可调节输气管上开关微调气流大小）。

④电流和电压的平衡调节：首先，长按"push to ADJ"键，电流值为 65 左右表明电流电极可正常使用。其次，放开该键，切换到电压，看值是否为 0。若为 0，则已平衡；不为 0，要用下方的旋钮调节至 0（调节时注意正负号的使用），但是调节的值超过 4 的时候，说明电极不可用，需更换电极，并重新调节。

⑤在电流和电压平衡的同时制作肠道黏膜样品。

（2）去除基层的肠道黏膜样品制备

①KBR 液放入 4℃预冷后，通入平衡气（95% O_2＋5% CO_2）以备对肠段进行进一步操作。

②分离肠段，3～4 cm，迅速置于 KBR 溶液中，转移至去除基层的操作台。

③在直径为 12 cm 的培养皿里制作约 1 cm 厚的硅胶，用作操作器皿。将肠段置于冰的（4℃保存）KBR 溶液中，同时充入混合气，用 6 号不锈钢针头（或大头针）固定肠段，用剪刀去掉脂肪及肠系膜，并顺着肠系膜方向剪开肠段，迅速将肠段漂洗。

④将剪开的肠段肌层朝上固定，在无影灯下用游丝剪刀和镊子分离肌层，要保证黏膜的完整。

（3）装入黏膜

①将电压和电流检测器上的 clamp 按钮关闭，抽干灌流室中的 KBR 溶液，拿出固定样本的夹板，将 1 cm^2 左右的黏膜固定在板上，黏膜侧朝上，透明的玻片盖在黏膜侧，透明侧朝左固定，在 KBR 液中略漂洗以后，放入两室之间。

②加入 KBR 液，保证各管道中无气泡，打开 clamp 开关及软件相应通道开始观测样品的实时状况。

③每隔 15～20 min 将 KBR 液抽出，换上新的，在抽出之前将扩大器 clamp 开关关闭。

④待稳定后，给予电压或电流刺激，即可得出电阻，也可以在 2 个半室中加入阻断剂或者激动剂。

6.3.4.3　关机顺序

关机顺序与开机顺序相反，即依次关闭：软件、信号接收器、扩大器、计算机、水浴锅。

6.3.4.4　试验结束后的清洗

①拔下电极，用超纯水冲洗电极上 3 mol/L KCl 溶液。

②拔下的电极按照顺序放好，用注射器抽出枪头前端的 KCl。

③用棉花清洗 U 形室，自来水和超纯水各冲洗至少 3 遍。

④在固定灌流室的夹子上滴缝纫机油一滴，以润滑。

⑤灌流仪器和操作台要认真擦拭，否则 KCl 结晶很严重。

6.3.5　注意事项

电极为银质，极易被氧化。因此，使用后需将其清洗干净、擦干后保存。且电极应配对使用。

6.4 仿生消化评定技术

6.4.1 概述

在探明了猪、鸡、鸭胃肠道消化液及食糜组成变异规律的基础上,中国农业科学院北京畜牧兽医研究所,开发设计了仿生酶谱、仿生消化器和电脑程控系统"三体合一"的全自动单胃动物仿生消化系统大型仪器。该系统模拟单胃动物胃、小肠、大肠的消化环境,采用组态软件技术、自动化电脑程控,稳定性测定能量饲料、蛋白饲料及饲料的干物质消化率,测定结果重演性绝对值偏差不超过1%,可以为生产实践提供科学指导。

6.4.2 原理

单胃动物仿生消化系统(型号 SDS-Ⅱ)由模拟消化器和控制系统组成。模拟消化器中透析袋内视为胃、小肠、大肠的内环境(消化环境),透析袋外视为毛细血管体液环境(吸收环境)。采用组态软件技术通过电脑程控进入模拟消化器内的缓冲液自动输入-拌空-切换系统、消化液自动分泌系统、水解产物自动清洗系统、恒温控制系统、混合强度自动控制系统、电子元件信号检测系统等模块,通过仿生消化器中生物膜内外的仿生消化液与缓冲液按胃→小肠→大肠→产物清洗相应的模拟生理条件程序化改变,用电脑程控实现了单胃动物胃肠道消化过程的全自动仿生(图 6-6)。

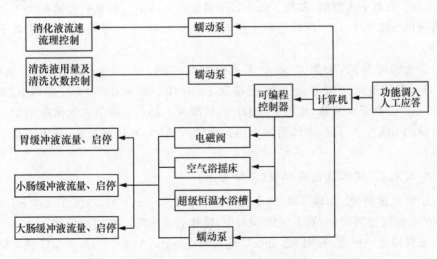

图 6-6 仿生消化系统工作流程图

6.4.3　材料与设备

6.4.3.1　样品处理

将采集的样品用四分法分至 200 g 左右,用植物粉碎机或研钵将样品粉碎,封入样品袋密封存放,作为试样。

6.4.3.2　透析袋的处理

因美国 Viskase 透析袋中含有少量硫化物及重金属离子,使用前需进行如下处理:将透析袋剪成 25 cm 左右的小段,在 pH 8.0 的 2% $NaHCO_3$、1 mmol/L EDTA 溶液中煮沸 10 min,然后立刻用去离子水冷却并清洗;再将透析袋放在 pH 8.0 的 1 mmol/L EDTA 的溶液中煮沸 10 min;待溶液冷却后,透析袋直接浸泡在 EDTA 溶液中 4℃保存。从此时起取用透析袋必须戴手套。透析袋使用前用去离子水冲洗 3 次,将之清洗干净。如果透析袋出厂前已预处理过,基本不含硫化物和重金属离子,使用前只需要用去离子水冲洗 3 次即可。

6.4.3.3　缓冲溶液的配制(以猪为例)

①胃缓冲液:称取 10.36 g 氯化钠和 0.98 g 氯化钾,放入 2 000 mL 烧杯中,加入 1 800 mL 去离子水溶解,并用 2 mol/L 的盐酸在 39℃下调节溶液的 pH 至 2.0。冷却后将上述溶液转入 2 000 mL 容量瓶,并用去离子水定容。

②小肠缓冲液:称取 8.32 g 无水磷酸氢二钠,40.96 g 无水磷酸二氢钠,11.55 g 氯化钠和 2.45 g 氯化钾,青霉素 1 600 IU。放入 2 000 mL 烧杯中,加入 1 800 mL 去离子水溶解,并用 1 mol/L 的磷酸或 1 mol/L 的氢氧化钠在 39℃下调节溶液的 pH 至 6.44。冷却后将上述溶液转入 2 000 mL 容量瓶,并用去离子水定容。

③大肠缓冲液:称取 7.99 g 无水磷酸氢二钠,41.23 g 无水磷酸二氢钠,11.98 g 氯化钠和 1.82 g 氯化钾,青霉素 1 600 IU。放入 2 000 mL 烧杯中,加入 1 800 mL 去离子水溶解,并用 1 mol/L 的磷酸或 1 mol/L 的氢氧化钠在 39℃下调节溶液的 pH 至 6.42。冷却后将上述溶液转入 2 000 mL 容量瓶,并用去离子水定容。

6.4.3.4　模拟消化液配制(以猪为例)

①模拟猪胃液:称取 184.38 kU 胃蛋白酶(Sigma,P7000)溶于 250 mL pH 2.0 的盐酸缓冲溶液(39℃下标定 pH)中,搅拌直至溶解。临用前配制。

②模拟猪小肠液:称取 60.89 kU 淀粉酶(Sigma,A3306)、19.00 kU 胰蛋白酶(Amoxsoo,0785)和 2.39 kU 糜蛋白酶(Amersoo,0164)溶于 25 mL 去离子水中,

搅拌直至溶解。临用前配制。

③模拟猪大肠液：称取纤维素酶(Sigma,C9422)11 U 溶解于 25 mL 去离子水中,并缓慢搅拌直至溶解。作为模拟大肠液。勿在加热板上加热,或配制时过热。临用前配制。

6.4.3.5　试验设备

单胃动物仿生消化系统(型号 SDS-Ⅱ)。

6.4.4　操作步骤

6.4.4.1　清洗仪器

仪器使用前,首先使用 0.05 mol/L 的 KOH 溶液清洗一遍,然后用去离子水清洗 2 遍,清洗结束后排空管道积水,完成清洗过程。

6.4.4.2　上样、套装消化管

上样前,将 2 份 1 000 mL 胃缓冲液(pH 2.0)、1 000 mL 小肠缓冲液(pH 6.44)和 1 000 mL 大肠缓冲液(pH 6.42)放入仿生消化仪的相应位置,并将系统的管道与缓冲液瓶连接好,单胃动物仿生仪进入 1 h 的预热期。

将已处理好的透析袋横穿于模拟消化管,两端外翻并用橡皮筋扎紧透析袋,用去离子水冲洗透析袋 3 次后,将一端用翻口硅胶塞塞严。称取适量饲料样品置于装有透析袋的模拟消化管中,同步测定饲料样品的质量或含量。把消化管装在仿生消化系统上,连接好消化管道,设置好仪器的消化参数。

在 SDS-Ⅱ控制软件中,胃阶段模拟消化的参数为:温度 39℃,缓冲液流速 120 mL/min,消化时间 4 h,清洗液 1 500 mL/次,每次清洗 40 min,共清洗 3 次。

小肠阶段模拟消化的参数为:温度 39℃,缓冲液流速 120 mL/min,消化时间 16 h,清洗液 1 500 mL/次,每次清洗 40 min,共清洗 3 次。

大肠阶段模拟消化的参数为:温度 39℃,缓冲液流速 120 mL/min,大肠消化时间为 3.5 h,清洗液 1 500 mL/次,每次清洗 40 min,共清洗 6 次。

胃模拟消化:加入 20 mL 模拟胃液到透析袋中,用带有消化液加液管的翻口硅胶塞将模拟消化器的另一端塞严。将模拟消化器置于 SDS-Ⅱ中,并接好管路。每组的模拟消化器之间串联连接。

小肠模拟消化:胃模拟消化结束时,准确地将 2 mL 模拟小肠液移入仿生仪的小肠消化液储备室中,仪器将自动完成小肠阶段的模拟消化。

大肠模拟消化:小肠模拟消化结束时,准确地将 2 mL 模拟大肠液移入仿生仪的大肠消化液储备室中,仪器将自动完成大肠阶段的模拟消化。

待样品消化结束后,取出消化管,按照清洗程序对仪器管道进行清洗。同时用去离子水将透析袋中的消化液和残渣无损失地转移至已恒重的烧杯或者培养皿中,在65℃条件下烘至无水痕后,105℃烘至恒重,再按照常规物质测定方法进行测定其代谢吸收率。

6.4.5 结果计算

样品经单胃动物仿生消化系统(型号SDS-Ⅱ)消化之后,再根据具体情况,采用适当的常规物质测定方法进行测定其代谢吸收率。

6.4.6 注意事项

①准确称量样品,每个样品精确到0.000 1 g。
②根据不同的动物进行系统参数设定。
③根据不同的动物配制合适的消化液和缓冲液。

6.4.7 案例分析

中国农业科学院的研究表明,用单胃动物仿生消化系统(型号SDS-Ⅱ)评定猪日粮及饲料原料能量和粗蛋白质消化率比动物试验法的精确度更高。该方法的应用领域包括:饲料能量与氨基酸生物学效价的评定、饲用酶制剂酶学特性的研究及酶谱的筛选、改善饲料养分消化关联产品的研发与效应检验、动态营养需要量饲养标准的研制和其他与饲料养分消化相关的领域。

★ 参考文献

[1] 封洋,张晓勇,刘忠军. 采用外翻肠囊法研究嘌呤在梅花鹿小肠中的代谢. 经济动物学报,2010,14(2):75-79.

[2] 郭梦鸿,孙玉琦,刘影,等. 外翻肠囊法研究姜黄素促进葫芦素B肠段吸收作用. 中国医院药学杂志,2016,36(4):281-285.

[3] 贺志雄. 应用尤斯灌流法测定断奶后羔羊胃肠道消化吸收能力. 中国畜牧兽医学会动物营养学分会. 中国畜牧兽医学会动物营养学分会第十一次全国动物营养学术研讨会论文集. 中国畜牧兽医学会动物营养学分会,2012:1.

[5] 计峰,罗绪刚,刘彬,等. 用外翻肠囊法研究有机锰在肉仔鸡小肠中的吸收特点. 畜牧兽医学报,2004(4):382-388.

[6] 李辉,赵峰,计峰,等. 仿生消化系统测定鸭饲料原料代谢能的重复性与精

密度检验. 动物营养学报，2010，22(6)：1709-1716.

[7] 李树鹏，陈福星，赵献军. 合生元对雏鸡肠道组织形态学的影响. 中国兽医杂志，2008(1)：53-54.

[8] 廖睿，赵峰，张虎，等. 仿生消化法测定猪饲料原料还原糖释放量的重复性和可加性研究. 动物营养学报，2017，29(1)：168-176.

[9] 孙志洪，贺志雄，张庆丽，等. 尤斯灌流系统在动物胃肠道屏障及营养物质转运中的应用. 动物营养学报，2010，22(3)：511-518.

[10] 谭珏. 基于外翻肠囊法的补锌制剂生物利用率评价研究. 杭州：浙江工商大学，2013.

[11] 王钰明，赵峰，张虎，等. 仿生消化法评定猪饲料营养价值的研究进展. 动物营养学报，2016，28(5)：1324-1331.

[12] 王钰明. 猪模拟小肠液的制备及仿生消化法测定饲料可消化养分含量的研究. 北京：中国农业科学院，2015.

[13] 吴文川，靳大勇，张焱焱. 全小肠切除术后残留肠道组织形态学代偿实验研究. 外科理论与实践，2002(1)：27-29.

[14] 徐运杰，方热军，霍振华，等. 仔鸡外翻肠囊适宜培养时间的研究. 饲料工业，2009，30(2)：26-28.

[15] 徐运杰，方热军. 外翻肠囊法的应用研究. 饲料研究，2009(2)：9-12.

[16] 徐运杰，方热军. 外翻肠囊法在养分吸收机制中的研究进展. 饲料博览，2009(1)：5-8.

[17] 张云杰，田昭春. 血必净注射液对小肠缺血再灌注大鼠肠道组织形态学的影响. 中国中西医结合外科杂志，2009，15(2)：177-180.

[18] 赵峰，李辉，张宏福. 仿生消化系统测定玉米和大豆粕酶水解物能值影响因素的研究. 动物营养学报，2012，24(5)：870-876.

[19] 赵峰，米宝民，任立芹，等. 基于单胃动物仿生消化系统的鸡仿生消化法测定饲料酶水解物能值变异程度的研究. 动物营养学报，2014，26(6)：1535-1544.

（本章编写者：李建慧；校对：杨玉、刘强）

第7章 组织和细胞 生物学研究技术

通过微创手术采集动物肝脏、乳腺以及瘤胃等组织样品，可以从微观水平研究实际情况下机体营养物质体内代谢规律。也可以将采集的肝脏、乳腺、瘤胃壁和皮下脂肪等组织细胞进行体外分离和培养，在避开体内复杂环境的前提下，研究单一物质对细胞生长和代谢的影响。细胞培养主要分为原代培养和传代培养两大类。常用的原代培养方法有酶消化培养法和组织块贴壁法。酶消化培养法在短时间内即可获得细胞，通常培养1周左右就能传代，且原代细胞的产量较高，细胞形态分化良好，其缺点是需要大量组织进行消化。组织块培养法便于操作，需要的组织量小，但组织贴壁后容易脱落，成功率不高，一般需要较长时间才能长满瓶底。本章主要介绍瘤胃壁细胞的体外培养、牛肝细胞的体外分离与培养、奶牛乳腺上皮细胞体外培养技术以及脂肪细胞的体外培养。

7.1 牛肝脏活体取样技术

7.1.1 概述

肝脏在动物营养代谢中起着很重要的作用，新鲜动物活体肝脏样品是诊断代谢紊乱、检测营养物质代谢、酶活性以及开展分子营养学研究的重要材料。

7.1.2 试验材料

①试验动物：健康牛。
②肝脏采样器。
③取样用器具：镊子、止血钳、纱布、手术刀片、剃毛刀、米歇尔氏止血针、冷冻样品管、液氮罐等。

④药品:盐酸甲苯噻嗪、盐酸普鲁卡因、注射用青霉素钠、新洁尔灭、碘酒和酒精棉球等。

7.1.3　操作步骤

7.1.3.1　采样前准备

①采样前 15 min 将刀片、三角缝合线、肝脏采样器等放入盛有 0.1% 新洁尔灭溶液的托盘中浸泡消毒。

②将牛牵入保定架,锁定前、后门,尽量限制牛的活动空间。整个采样过程在牛站立的情况下完成,必须使牛保持安静,如果动物出现剧烈活动,可根据其体重肌肉注射少量的速眠新注射液以起到镇静作用。

7.1.3.2　采样部位的确定及处理

①对于成年牛,采样部位一般在从髋结节到前肢肘关节的连线和第 10 根与第 11 根肋骨间隙交叉处上移 2.5～3.5 cm。对于体型较短的牛,采样部位最好是第 11 根肋骨和第 12 根肋骨之间。

②用剃须刀将确定好的体表部位 15 cm 见方区域内的毛剃除。

③用肥皂刷洗采样处及周围的皮肤,然后用清水洗涤 2 次。

④采样部位用复方碘液消毒,待碘液干燥后用 70% 酒精棉球脱碘。

⑤用 20 mL 注射器在采样手术部位注射 0.25%～1% 的盐酸普鲁卡因溶液 15 mL,其中约 10 mL 注射于皮下,约 5 mL 深入肌肉层。注射约 15 min 后麻药起效。

⑥用复方碘液再一次消毒采样手术部位,碘液干燥后用 70% 酒精淋洗采样手术部位脱碘。

7.1.3.3　采样

①采样人员洗手、消毒、戴上灭菌手套。助手负责准备手术刀和采样工具等。

②用针尖刺麻醉部位皮肤,如果牛的皮肤没有反应证明麻醉效果好。

③用手术刀在采样手术部位做一长度为 1.5～2.0 cm 的垂直切口,切透皮肤。

④用 50 mL 注射器吸取灭菌生理盐水,从消毒液中取出肝脏活体取样器,用灭菌生理盐水淋洗取样器,以洗掉取样器表面的消毒液。

⑤采样人员手持采样器,在与牛体表采样部位皮肤垂直的角度,稳稳地将采样器穿透腹壁,插入腹腔。在穿透腹壁腹膜后阻力立即大幅度减小,手能感到有落空的感觉。

⑥在采样器进入腹腔后,将采样器尖端朝向牛左前肢肘部方向,向胸腹部下方

逐渐刺入肝脏,采样器与皮肤的夹角大约成 45°,此时牛可能会出现挣扎反应。

⑦从腹腔将采样器刺入肝脏时,能感到阻力突然增加,此时将采样器内层穿刺针拉出约 10 cm,继续推进采样器,采样人员此时完全通过手感感觉采样器是否刺入肝脏及刺入深度。

⑧在估计采样器已经刺入肝脏约 5 cm 时,用大拇指将采样器出气口密封住,右手将采样器穿刺针芯再往外抽出约 10 cm,使采样器管内产生一定负压,有助于将样品保留在管体内。

⑨缓慢且稳定地将采样器从牛体内抽出,等采样器完全抽出时,一定要保证采样器水平或前端稍微朝上,防止样品滑出,然后将穿刺针芯推入采样器套管中以推出样品。

⑩在牛的皮肤切口处做一个结节缝合,消毒,2 周后拆线。

7.1.3.4　肝脏样品的保存

将采样器中的肝脏样品置于消过毒的培养皿或纱布上,然后迅速转入冷冻样品管内,置于液氮内保存,一般牛肝脏取样时在同一个切口可以重复 1~3 次,每次取样 100~150 mg。

7.2　乳腺活体取样技术

7.2.1　概述

乳腺组织血管丰富,如果取样方法不当,会导致乳腺大量出血,进而引起乳腺炎,影响奶牛后期的生产性能。乳腺组织活体取样有手术取样和取样器取样两种方法,由于手术取样对乳腺的创伤较大,后期乳房的护理也存在一定难度,因此,常用取样器取样法。

7.2.2　试验材料

①试验动物:乳房发育良好的健康奶牛。
②取样器。
③取样用器具:镊子、止血钳、纱布、手术刀片、剃毛刀、米歇尔氏止血针、冷冻样品管、液氮罐等。
④药品:盐酸甲苯噻嗪、盐酸普鲁卡因、注射用青霉素钠、新洁尔灭、碘酒和酒精棉球等。

7.2.3　操作步骤

①采样前准备:采样前将刀片、三角缝合线、乳腺组织采样器等 121℃高压蒸汽灭菌 20 min 以上;采样人员用新洁尔灭消毒液将手臂洗净,戴上一次性消毒手套。

②麻醉:试验牛用保定架保定,尾静脉注射 35～45 μg/kg BW 盐酸甲苯噻嗪,在乳腺后乳区 1/3 处,剃毛后用新洁尔灭消毒液洗刷消毒并用水冲洗干净,用碘酒从内向外消毒 3 次(面积约 10 cm²),最后用 75%酒精涂抹术部待手术。

③取样:用消毒手术刀将右后乳区术部中间点皮肤和皮下筋膜划开 1～2 cm 的切口,尽量避开乳区中的较大血管。将取样器安装在慢速电动机上,从切口插入乳房,开动电动机,当切割到样品时,将可伸缩刀刃伸出,保持电动旋转 3～4 s 后抽出取样器,组织样则随着取样器同时取出。

④样品的保存:样品置于消过毒的培养皿或纱布上,然后迅速转入冷冻样品管内,置于液氮内保存。

⑤缝合:取样结束后,用 3 cm×5 cm 止血纱布堵住术口,将切口皮肤表面对齐后在皮肤切口处用米歇尔氏止血针(14 mm×3 mm)缝合,表面涂上碘油膏,无须注射抗生素,7 d 后移除缝合针。

⑥术后护理:术后 2～3 h 可开始挤奶,先挤出乳头处血凝块,再用机器挤奶,一直持续 4～7 d。第一次挤奶完毕后,从两后乳区处连续 2～3 d 注射 200 mg 邻氯青霉素钠(每天 1 次)。

7.3　瘤胃壁细胞的体外培养

7.3.1　概述

反刍动物瘤胃上皮具有养分的吸收与运输、挥发性脂肪酸代谢等重要生理功能,体外分离、培养瘤胃上皮细胞,可对细胞的增殖特性、瘤胃功能、营养物质的吸收转运及机制等进行研究。

7.3.2　试剂及溶液

①DMEM/F$_{12}$。
②胰蛋白酶。
③青链霉素。

④胎牛血清。

⑤角蛋白 18(CK18)上皮细胞特异性抗体(一抗)。

⑥洗涤液:含 500 $\mu g/mL$ 青、链霉素、5 $\mu g/mL$ 两性霉素 B 和庆大霉素的磷酸缓冲液(PBS)。

⑦DMEM/F$_{12}$完全培养液:含 5%胎牛血清、1%青链霉素、0.1 mg/mL 庆大霉素、2.5 $\mu g/mL$ 两性霉素 B、5 ng/mL 表皮生长因子、1 $\mu g/mL$ 胰岛素、1 $\mu g/mL$ 原运铁蛋白、3.4 nmol/L 亚硒酸钠。

⑧消化液:0.25%胰蛋白酶与 0.02%EDTA 按 1:1混合($V:V$)。

7.3.3 仪器及设备

①高速大容量冷冻离心机。

②CO$_2$培养箱。

③倒置显微镜。

7.3.4 操作步骤

7.3.4.1 瘤胃上皮细胞的分离与培养

(1)酶消化法

①取出瘤胃组织,去除内容物,用无菌生理盐水反复冲洗干净,钝性剥离瘤胃上皮。

②用洗涤液冲洗瘤胃上皮,并放入含 500 $\mu g/mL$ 青、链霉素、5 $\mu g/mL$ 两性霉素 B 和庆大霉素的 DMEM/F$_{12}$培养液中带回细胞培养室。

③用磷酸缓冲液(PBS)清洗瘤胃上皮组织 2~3 次。

④将瘤胃上皮组织块剪成约 1 mm³(肉眼观察呈糊状),用 PBS 和 DMEM/F$_{12}$各洗涤 1 次。

⑤弃去上清液,往沉淀中加入 3 倍体积的消化液,37℃空气浴振荡消化5 min,共消化 5 次。每次消化完成后1 000 r/min 条件下离心 5 min。前两次消化后用移液枪吸走悬液,因为前 2 次消化后的悬液中大多为角质细胞。后 3 次消化完成后,将 3 次的消化液依次加入适量 DMEM/F$_{12}$完全培养液重悬细胞。

⑥过滤,收集滤液,1 000 r/min 条件下离心 5 min,倒掉上清液,往沉淀中加入 PBS 重悬细胞,继续 1 000 r/min 条件下离心 5 min。

⑦接种细胞后置于 5% CO$_2$、37℃且饱和湿度条件下培养,细胞浓度调整为 $1×10^7$个/mL。

（2）组织块法

①将剪碎的上皮组织用 PBS 和 DMEM/F$_{12}$各洗涤 1 次,吸出组织块均匀地平铺在培养皿底壁。

②将培养皿倒置于 5% CO$_2$、37℃且饱和湿度条件的培养箱中 2 h。为防止组织块悬浮,再加入 2 mL DMEM/F$_{12}$完全培养液,正置于培养箱中。

③第 2 天,往 100 mm 培养皿中补足 10 mL 培养基,继续培养。

7.3.4.2　瘤胃上皮细胞传代培养

①当细胞长满培养皿的 85%时,吸去培养基,用 PBS 洗涤细胞。组织块法需先将组织块用枪头轻轻拨动,弃去组织块。

②在培养皿中加入 1 mL 消化液,放入 37℃培养箱中消化细胞。

③显微镜下观察细胞开始变圆时,迅速用含血清的培养基终止消化。

④将贴壁的细胞吹打成悬液,1 000 r/min 条件下离心 5 min,倒掉上清液,加入适量的培养基重悬细胞。为了去除成纤维细胞,运用差速贴壁法将重悬后的细胞加入新的培养皿中,放入 37℃培养箱中培养 30 min 后,吸出培养基至另一新培养皿中,再放入 37℃培养箱中培养 30 min。

⑤将经过 2 次差速贴壁的细胞以 1∶3 的比例进行传代培养。

7.3.4.3　细胞形态学观察

用倒置显微镜观察原代和传代培养所获细胞的形态及生长状况。

7.3.4.4　细胞免疫荧光鉴定

①小心倾去细胞培养液,用 PBS 清洗细胞 2 次。

②吸干液体后加入 4%多聚甲醛免疫染色固定液,室温固定细胞 10 min。

③去除固定液,PBS 洗涤细胞 2 次。

④用 0.1% Tritonx-100 透化细胞 7～10 min,透化完成后用 PBS 清洗细胞。

⑤用 5% BSA 封闭,室温孵育 1～2 h 后,去除封闭液,加入一抗(抗体稀释倍数 1∶200),于 4℃冰箱中孵育过夜。

⑥用 PBS 洗 3 次,避光室温二抗孵育 1 h 后,用 PBS 洗 3 次。加入 DAPI 染色液 500 μL,室温染色 1～3 min 后,PBS 洗 3 次。

⑦加入 500 μL 抗荧光猝灭剂,荧光显微镜观察拍照。

⑧细胞纯度＝发绿光的细胞数/发蓝光的细胞数。

7.3.4.5　细胞生长曲线的绘制

①取对数生长期细胞按 1∶2 依次用培养基等比稀释成 6 个细胞浓度梯度,每

组 6 个重复孔。

②培养 4 h,细胞贴壁后,加 CCK-8 试剂培养 4 h 后测定 450 nm 吸光度,以细胞数量为横坐标,吸光度为纵坐标,绘制标准曲线。

③同时取对数生长期细胞以 5×10^3 个/孔的密度接种于 96 孔板细胞培养板中,共分 7 组,每组 6 个重复孔。分别于接种后第 1、2、3、4、5、6、7 天给各组细胞中添加 10 μL CCK-8 试剂,37℃培养 4 h 后酶标仪测定 450 nm 吸光度。

④通过标准曲线换算得到细胞数,以培养时间为横坐标,细胞数为纵坐标,绘制细胞生长曲线。

7.3.4.6　各代次细胞的生长活性检测

取第 1～11 代处于对数生长期的细胞,以 5×10^3 个/孔的密度接种于 96 孔板细胞培养板中,每代次取 4 个平行。培养 24 h 后,加 CCK-8 试剂培养 4 h 后测定 450 nm 吸光度,以培养代次为横坐标,吸光度为纵坐标,绘制曲线图。

7.3.4.7　各代次细胞 CK18 表达量

①用 Western blotting 技术检测各代次细胞 CK18 表达。

②当细胞长满至培养皿 85% 以上时,用 PBS 洗涤。

③加入 400 μL 蛋白质裂解液,冰上静置 30 min,每隔 10 min 旋涡振荡 30 s。于 4℃高速离心机中,12 000g 条件下离心 5 min,收集上清液。

④吸取 1 μL 上清液,用 BCA 法检测蛋白质浓度,在样品中加入上样缓冲液($5 \times$),并稀释成同一浓度。

⑤配制 10% 分离胶和 5% 浓缩胶。

⑥采用恒压,浓缩胶 80 V,分离胶 120 V 电泳,直至溴酚染料前沿下至凝胶末端,即停止电泳。然后采用 200 mA 电转 1.5 h。

⑦电转完成后用 5% BSA 于振荡器上封闭 2 h。

⑧加入一抗,于 4℃冰箱中孵育过夜。

⑨次日,加入二抗在振荡器上孵育 1 h。

⑩在膜上滴加显影液,显影。

7.4　两步灌流法分离和培养牛肝细胞

7.4.1　概述

原代培养的肝细胞不受体内神经内分泌系统的复杂影响,且能保持许多肝脏特异性功能,并维持对一些激素的反应,能较好地反映体内代谢情况,是研究动物物质代谢及其调节机制的理想模型。两步灌流法分离牛肝细胞得到的肝细胞数量多,肝细胞的活力和功能维持的时间长,是一种理想的研究肝细胞功能的方法。

7.4.2 试剂及溶液

①RPMI1640 细胞培养干粉(六孔细胞培养板)。

②乙二胺四乙酸钠(EDTA)。

③灌流液 A:8.181 6 g NaCl,0.499 5 g KCl,2.383 1 g HEPES,0.45 g 葡萄糖,0.186 1 g EDTA,五蒸水 1 000 mL,调整 pH 至 7.2,过滤除菌,4℃保存。

④灌流液 B:8.181 6 g NaCl,0.499 5 g KCl,6.849 3 g HEPES,0.45 g 葡萄糖,0.555 g $CaCl_2$,五蒸水 1 000 mL,调整 pH 至 7.4,过滤除菌,4℃保存。

⑤消化液 C:灌流液 B 中添加 50 g/L IV 型胶原酶,使胶原酶含量为 0.2 g/L。

⑥RPMI 1640 基础培养液:2.2 g $NaHCO_3$,1.69 g NaCl,2.383 g HEPES,RPMI 1640 细胞培养干粉 1 袋,五蒸水 800 mL,磁力搅拌器搅动至完全溶解,用 1 mol/L HCl 或 1 mol/L NaOH 调整 pH 至 7.2 左右,定容至 1 L,−20℃保存。

⑦RPMI 1640 贴壁培养液:胰岛素 10^{-6} mol/L,地塞米松 10^{-6} mol/L,双抗和维生素 C 分别为 10 μg/mL,新生牛血清(FBS)10%的 RPMI 1640 基础培养液。

⑧RPMI 1640 生长培养液:含 5%新生牛血清(FBS)及一定浓度双抗的 RPMI 1640 基础培养液。

⑨Schiff 氏试剂:1 g 碱性品红加入 200 mL 蒸馏水,搅拌加热沸腾,待冷却至 50℃过滤,加入 20 mL 1 mol/L HCl,冷却至 25℃时加入无水亚硫酸钠 2 g。置于暗处,2 d 后溶液变橘黄色或草黄色,然后加入少量活性炭,振荡、过滤,此时溶液应为无色。冰箱保存备用。如果溶液呈浅红色或草黄色,染色效果较差。

⑩Gendre 氏固定液:苦味酸饱和于 85 mL 95% 酒精,10 mL 40%甲醛,5 mL 冰醋酸,混合备用。

7.4.3 仪器和设备

高速大容量冷冻离心机、CO_2 培养箱、倒置显微镜。

7.4.4 操作步骤

7.4.4.1 肝细胞的分离

①新生犊牛保定麻醉,颈静脉注射肝素钠(1 500 IU/kg 体重),打开腹腔,将肝

脏向一侧牵引,暴露出肝脏面,用手术刀取出犊牛肝脏尾状突,装入灭菌的烧杯中。

②迅速将取下的尾状突转移到超净工作台,表面血液用 37℃灌流液 A 洗净,露出尾状突断面上的血管,选中等粗细的血管插管(5 号头皮针去掉针头)。

③灌注 37℃预热的灌流液 A,速度为 50 mL/min,持续 15 min,然后以相同的速度灌注 37℃预热的灌流液 B,持续 3 min。

④待流出的液体变清后,以 20 mL/min 的速度灌注 37℃预热的灌流液 C,灌流前除一条用于插管的血管外,其他粗血管用缝合线轻轻结扎,以减慢灌流液的流速,保证灌注时间超过 15 min,直至尾状突变软,流出的灌流液稍微浑浊,停止灌流。

⑤将尾状突移入 60 mm×15 mm 的无菌平皿中,加入用适量(50 mL)4℃预冷的含 0.2%牛血清白蛋白(BSA)的 RPMI 1640 基础培养液终止消化,剪去肝脏周边消化不完全的部分,用镊子轻轻剥离肝脏被膜,剔除血管、脂肪和结缔组织。

⑥剪碎肝组织,依次过 100 目(150 μm)、200 目(75 μm)和 500 目(30 μm)的细胞筛。

⑦所得肝细胞悬液用 RPMI 1640 基础培养液在 4℃下清洗 2 次,每次 50g,离心 2 min。

7.4.4.2　肝细胞的培养

①将肝细胞悬液用贴壁培养液重悬,并稀释为 5 × 10^5 个/mL,按每孔 2 mL 接种于 6 孔培养板中,于 5% CO_2、37℃且饱和湿度条件下培养 4 h,观察细胞贴壁情况。

②培养 4 h 后,按每孔 3 mL 更换生长培养液(含 5% FBS 的基础培养液),以后每隔 1 天更换一次培养液,于倒置显微镜下观察肝细胞形态及生长情况。

7.5　脂肪细胞的体外培养

7.5.1　概述

前体脂肪细胞是脂肪细胞的前体细胞,是研究脂肪形成机理的理想模型,通过培养前体脂肪细胞,能够在体外重现脂肪细胞的发生、增殖和分化的全过程,同时也便于观察各种因素对整个过程的影响,探讨脂肪形成机理,最终达到对脂肪形成的有效控制。

7.5.2　原理

将所取脂肪组织用胶原酶处理,再将组织悬液离心,得到的沉淀物即为前脂肪细胞。要求所培养的前体脂肪细胞来自脂肪组织,形态为梭形,胞浆内无或少有脂肪颗粒;增殖迅速;在形成单层汇合后能变为脂肪细胞,如脂肪细胞特异性酶的出现或胞浆内出现脂肪颗粒。

7.5.3　试剂和溶液

7.5.3.1　试剂

Ⅰ型胶原酶、D-Hanks 溶液、小牛血清(FBS)、HEPES 粉剂、DMEM 培养粉、$NaHCO_3$、胰岛素、青霉素、链霉素、地塞米松、异丙醇、油红。

7.5.3.2　1 mg/mL Ⅰ型胶原酶

称取 100 mg Ⅰ型胶原酶,用 D-Hanks 溶液定容至 100 mL。

7.5.3.3　基础培养基

取 DMEM 培养粉 13.4 g,$NaHCO_3$ 3.7 g,HEPES 粉剂 3.57 g,青霉素、链霉素各 100 U/mL,四蒸水定容至 1 000 mL,培养时加入 10%小牛血清(按 V/V)。

7.5.3.4　分化培养基

在基础培养基内加入 10 μg/mL 胰岛素、0.25 μmol/L 地塞米松。

上述溶液均需调整 pH 至 7.2～7.4;0.22 μm 微孔滤膜正压过滤除菌,-20℃保存。

7.5.3.5　油红 O 工作液

4.2 g 油红溶于 1 200 mL 异丙醇中,室温静置过夜,滤纸过滤后收集滤液,加入 900 mL 三蒸水,于 4℃再次静置过夜后过滤 2 次,即可于室温下贮存备用。

7.5.4　仪器和设备

CO_2 培养箱、倒置显微镜、数码相机。

7.5.5　操作步骤

7.5.5.1　前脂肪细胞的分离与培养

①无菌状态下分离所采样品脂肪细胞,如从肌肉组织中分离脂肪细胞,取肌束之间的白色脂肪,用眼科剪和镊子去除脂肪组织块表面肉眼可见的纤维成分、肌肉

及血管。

②将脂肪组织块剪成 1 mm³ 大小,加入 D-Hanks 液连同切碎组织吸入 50 mL 离心管中。

③加入等体积的 1 mg/mL Ⅰ 型胶原酶,至 37℃ 空气摇床内,以 150 次/min 摇动消化 1.5 h,也可在 37℃ 恒温水浴锅中消化,每 5 min 振荡一次。

④加入等体积的基础培养基(含 10% FBS)中和消化液,然后用 100 μL 和 50 μL 孔径的无菌不锈钢过滤筛依次过滤消化物。

⑤收集滤液于另一洁净的无菌离心管中,700g 离心 5 min,去除漂浮的脂肪细胞及上清液,加入含 10% FBS 的基础培养基重悬沉淀细胞,即得前脂肪细胞。

7.5.5.2 台盼蓝染色作细胞活力鉴定

①沉淀的细胞用基础培养基制成细胞悬液,按 5×10^4 个/cm² 的密度接种于 6 孔培养板中,置于 37℃,饱和湿度,5% CO_2 培养箱中培养 2 d。

②换用分化培养基诱导和维持脂肪细胞分化,以后每 2 d 更换一次分化培养基。

③体外培养的脂肪细胞生长曲线的绘制。

④培养的细胞达到汇合状态(70%～80%),等量接种至 24 孔培养板,随机分成 8 个组,每组 3 孔,每 2 d 检测一组中每个孔的细胞总数,取 3 个孔的平均值,如此至第 8 组结束。

7.5.5.3 体外培养的脂肪细胞染色体计数

分析方法同乳腺上皮细胞。

7.5.5.4 前脂肪细胞的组织学染色

①原代培养过程中,待细胞贴壁后,每 2 d 各取一个培养皿染色。

②加入 10% 甲醛的等渗盐缓冲液中固定 10 min 以上。

③用 PBS 漂洗片刻,倒掉缓冲液,稍稍干燥。

④用 SudanⅢ 或油红 O 染色脂肪滴,Mayer 苏木素复染细胞核。

⑤用数码相机直接在倒置显微镜上拍摄,直至培养至第 14 天。

⑥油红 O 染色法测定细胞内脂肪含量。

⑦用 10% 甲醛的等渗盐缓冲液,固定培养皿贴壁细胞 1 h 后,蒸馏水漂洗。

⑧吸取油红 O 工作液 10 mL 浸染培养皿 2 h 后倒掉油红 O 工作液,蒸馏水漂洗培养皿数次,直至完全漂洗干净。

⑨将已染色的培养皿置于 32℃ 培养箱内蒸发掉水分,加入 1 mL 异丙醇,萃取 20 min 后,用吸管移出染液,于分光光度计 510 nm 波长处测吸光度。其中一部分

染色后于倒置相差显微镜下观察,并照相,采集油红 O 染色图片。

7.6　原代乳腺上皮细胞分离培养技术

7.6.1　概述

奶牛乳腺上皮细胞原代分离的常用方法主要有 4 种:酶消化法、机械破碎法、组织块接种法和乳汁分离法。除乳汁分离法外,其他方法都是从乳腺组织块分离获得上皮细胞。王治国等(2007)试验表明,使用酶消化法分离出少数贴壁生长细胞,但生长 2～3 d 后脱壁死亡。使用机械破碎法没有得到完整细胞,只有细胞碎片零星分布。使用组织块接种法能观察到大量纤维细胞从乳腺组织块上生长并在培养皿中蔓延。使用乳汁分离法观察到贴壁细胞增殖呈岛屿状。因此,乳汁分离法可作为一种奶牛乳腺上皮细胞体外分离培养的有效方法。

7.6.2　原理

酶消化法是利用酶消化处理组织达到分离细胞的目的,利用细胞的贴壁能力进行体外细胞培养的方法。胶原酶消化法、胰酶/透明质酸酶消化法、胶原酶/透明质酸酶消化法及胰酶消化法的处理方式均相同。机械破碎法就是采用外界强力吹打,将细胞与组织块分离的方法。组织块接种法是将乳腺组织块破碎后直接接种于培养皿中,由于组织块自身具有贴壁能力,可附着于培养皿上,在体外培养环境下存活,而新分裂的细胞从组织块周围蔓延贴壁生长,最终获得乳腺组织细胞。由于乳腺上皮细胞会成为体细胞脱落进入乳汁中,因此,可从乳汁中分离得到乳腺上皮细胞。

7.6.3　试剂和溶液

7.6.3.1　试剂

碳酸氢钠($NaHCO_3$)、氯化钠($NaCl$)、磷酸氢二钠(Na_2HPO_4)、磷酸二氢钾(KH_2PO_4)、谷氨酰胺、无水乙醇、胎牛血清(FBS)、DMEM 培养基干粉、F_{12} 培养基干粉、生理盐水、75% 酒精、青霉素、链霉素。

7.6.3.2　新洁尔灭

用纯水稀释后使用。

7.6.3.3 0.25%胰蛋白酶

将 0.25 g 胰蛋白酶溶于 100 mL 超纯水中,针式滤器过滤除菌(0.22 μm 微孔滤膜),分装 10 mL/管,−20℃保存。

7.6.3.4 0.02%乙二胺四乙酸二钠溶液(EDTA)

将 0.02 g EDTA 溶于 100 mL 超纯水中,针式滤器过滤除菌(0.22 μm 微孔滤膜),分装 10 mL/管,−20℃保存。

7.6.3.5 D-Hanks 溶液

8.0 g NaCl,0.6 g Na_2HPO_4,4.0 g KCl,0.6 g KH_2PO_4,溶于 900 mL 超纯水中,充分溶解,用氢氧化钠溶液调节 pH 至 7.4,定容至 1 L,121℃高压蒸汽灭菌 15 min,4℃保存。

7.6.3.6 谷氨酰胺溶液

将 0.876 9 g 谷氨酰胺溶于 30 mL 超纯水中,针式滤器过滤除菌(0.22 μm 微孔滤膜),分装 1 mL/管,−20℃保存。培养液中谷氨酰胺代谢很快,使用 2 周后必须重新添加,每 100 mL 培养基补加 1 mL 谷氨酰胺溶液。

7.6.3.7 基础培养液

①DMEM:新鲜超纯水放置至室温(15～30℃),将一小袋 DMEM 干粉和 3.7 g $NaHCO_3$ 倒于 1 L 烧杯中,用适量超纯水洗净小袋,加 800 mL 左右超纯水,充分搅拌使干粉完全溶解。

②F_{12}:新鲜超纯水放置至室温(15～30℃),将一小袋 F_{12} 干粉和 1.176 g $NaHCO_3$ 倒于 1 L 烧杯中,加 800 mL 左右超纯水,充分搅拌使干粉完全溶解。

③基础培养液:DMEM 与 F_{12} 按 1:1($V:V$)比例配制的混合液,用 1 mol/L 盐酸调节 pH 至 7.2 左右,用超纯水定容至 2 L。转入超净工作台中用 0.22 μm 微孔滤膜过滤除菌,500 mL/瓶分装 4 瓶,盖塞,封口膜封口,4℃贮存。

④每瓶吸取 100 mL 培养基至培养皿中,在培养箱中培养 2～3 d,检测是否有细菌污染。

⑤使用前加入 10%胎牛血清(FBS)。

7.6.4 仪器和设备

细胞培养无菌操作间、控温 CO_2 培养箱、倒置显微镜、超净工作台、水浴锅。

7.6.5 操作步骤

7.6.5.1 组织块乳腺上皮细胞分离

①准备工作:生理盐水中添加青霉素、链霉素(均>100 U/mL)后,在超净工作台分装于灭菌可密封容器内,用封口膜封口,4℃预冷。玻璃培养皿装在铝制盒中灭菌。准备冰盒一个,冰袋若干。

②待奶牛屠宰后,快速从牛体上取下乳房,用灭菌手术剪和手术刀将乳房从表面划开,露出内部组织。

③从不同部位采集浅粉色的乳腺组织样品,注意避开白色的脂肪组织。组织块大小没有特殊要求,易于操作即可。

④用灭菌镊子将组织块从乳房上取下,立即放入灭菌培养皿中,用生理盐水进行简单清洗后,迅速放入装有生理盐水的可密封容器内,封口4℃保存,带回实验室。

7.6.5.2 酶消化法(以胰酶消化法为例)

①将乳腺组织块带回实验室,在细胞间超净工作台进行操作。

②用加双抗的D-Hanks溶液清洗组织块,并尽可能将组织块剪碎,再用D-Hanks溶液清洗乳汁至溶液澄清。

③加入2倍体积0.25%胰蛋白酶进行消化,每30 min收集一次细胞,细胞计数接种,接种数为10^6个/mL,置于38℃、5% CO_2培养箱中培养。接种的数目略大些会有利于细胞的生长和增殖。最初3 h消化下来的细胞较少,可持续消化6 h。

④每1~2 d换一次基础培养基,显微镜观察,直至细胞长满培养皿。

7.6.5.3 机械破碎法

①将乳腺组织块带回实验室,在细胞间超净工作台进行操作。

②用加双抗的D-Hanks溶液清洗组织块,并尽可能将组织块剪碎,再用D-Hanks溶液清洗乳汁至溶液澄清。

③把组织块转入10 mL离心管中,用移液器反复吹打,然后用150目的滤网过滤。

④每个离心管添加2 mL D-Hanks溶液,1 000g离心5 min,弃去上清液。

⑤再用D-Hanks溶液清洗两次,1 000g离心5 min,弃去上清液,最后用基础培养液悬浮,调整细胞的密度为10^5个/mL,接种,置于38℃、5% CO_2培养箱中培养。每1~2 d换一次基础培养基,显微镜观察,直至细胞长满培养皿。

7.6.5.4　组织块接种法

①将乳腺组织块带回实验室,在细胞间超净工作台进行实验。

②用加双抗的 D-Hanks 溶液清洗组织块,并尽可能将组织块剪碎,再用 D-Hanks溶液清洗乳汁至溶液澄清。

③把组织块剪成 1 mm³ 左右,均匀地放置在培养皿中,间距约 1 cm,每一组织块上滴加一滴基础培养基。置于 38℃、5% CO_2 培养箱中培养。

④贴壁 2 h,取出后加入适量的基础培养基,继续培养。注意观察组织块的干燥程度,适当加入基础培养基,每次加入的量只需浸润组织块,而不能使组织块因液体过多而漂浮起来,到 12 h 后,加入 1 mL 基础培养基培养。

⑤每 1～2 d 换一次培养基,显微镜观察,直至细胞长满培养皿。

7.6.5.5　乳汁中乳腺上皮细胞的分离

①挤奶前用酒精纱布擦洗乳头,操作时戴无菌手套,挤去头三把奶,然后再将奶挤入灭菌离心管中,封口。

②用加双抗的 D-Hanks 溶液按 1∶1 比例稀释乳汁,1 000g 离心 20 min,离心后液体分为 4 层:乳黄色不透明乳脂、浑浊液体、透明细胞、白色沉淀(少量)。弃去第一层和第二层的约 1/2 液体。

③用 D-Hanks 溶液按 1∶1 比例重复稀释和离心,小心弃去部分上清液,保留0.5 mL 左右。

④加入 0.5 mL D-Hanks 溶液,轻轻吹起细胞团块,但不要吹起下层白色沉淀,将上清液转移到另一支 15 mL 离心管中,加入 7 mL D-Hanks 溶液,再离心。

⑤弃去部分上清液,保留约 0.5 mL。加入 2.5 mL 基础培养基,混悬细胞团块,接种于培养皿中,置于 38℃、5% CO_2 培养箱中培养。

⑥每 1～2 d 换一次培养基,显微镜观察,直至细胞长满培养皿。

7.6.6　结果分析

上皮细胞经过分离后,在培养皿中持续培养,使用倒置显微镜观察其贴壁及生长情况。未经传代纯化的细胞是多种细胞的混杂生长,其中呈多角形、鹅卵石状的为上皮细胞。

7.6.7　注意事项

① 组织块接种法在接种组织块时,最初只能滴加培养基,防止组织块漂起而

不贴壁,等到组织块贴壁后(6 h),才可添加培养基进行正常培养。

② 乳汁中离心乳腺上皮细胞团块,收集细胞时要保证采集乳汁时按无菌操作处理;维持乳汁温度与牛体温接近,38℃左右;离心时小心分离上清液与细胞团块及下层沉淀才可获得上皮细胞。

7.7　乳腺上皮细胞的传代、冻存和复苏

7.7.1　概述

除乳汁分离法以外,其他分离方法都是从乳腺组织块获得上皮细胞,无法避免其他细胞的混杂。要获得纯的乳腺上皮细胞必须经过细胞的纯化。可采用 DMEM/F$_{12}$培养基及胰酶消化传代的方法。该法获得的奶牛乳腺上皮细胞为非永生细胞系。因此,在获得纯化的上皮细胞后需要冻存,使用时再复苏。

7.7.2　试剂和溶液(详见7.6.3)

7.7.2.1　试剂

碳酸氢钠(NaHCO$_3$)、氯化钠(NaCl)、磷酸氢二钠(Na$_2$HPO$_4$)、磷酸二氢钾(KH$_2$PO$_4$)、谷氨酰胺、无水乙醇、牛来源表皮生长因子、牛来源胰岛素、牛来源氢化可的松、牛来源孕酮、牛来源转铁蛋白、胎牛血清(FBS)、DMEM 和 F$_{12}$培养基干粉、青霉素、链霉素、二甲亚砜(DMSO)。

7.7.2.2　冻存液

①70% DMEM/F$_{12}$＋20% FBS＋10% DMSO;②90% FBS＋10% DMSO 现配现用。

7.7.3　仪器和设备

控温 CO$_2$培养箱、倒置显微镜、超净工作台、水浴锅、水平转头低速离心机、－80℃ 低温冷冻冰箱、液氮罐、移液器及灭菌配套枪头、直径 35 mm 一次性塑料培养皿、15 mL 塑料无菌离心管、1 L 0.25 μm PVDF 膜滤器(用于培养基过滤)。

7.7.4　操作步骤

7.7.4.1　上皮细胞的体外传代培养

①对分离获得的乳腺上皮细胞,根据细胞的生长情况每 2 d 更换一次基础培

养液。

②当细胞长满培养皿的 80%～90%时,加入 400 μL 0.25%的胰蛋白酶和 0.02% EDTA 溶液消化细胞,一般消化时间在 8～15 min,用基础培养基终止消化反应。

③用移液器反复吹打后,收集细胞悬液于 15 mL 离心管,1 000g 室温离心 5 min。

④弃上清液,加入新鲜基础培养基,悬浮细胞。

⑤将获得的细胞在细胞计数板上计数后,调整细胞的密度,按 10^4～10^5 个/mL 接种到 35 mm 的培养皿中,加入适当基础培养基,置于 38℃、5% CO_2 培养箱中培养。

⑥重复以上操作,可达到对上皮细胞纯化和富集的目的。一般经过 3 次消化处理即可获得纯的乳腺上皮细胞。

7.7.4.2　细胞的冻存

①当细胞长满培养皿后,弃去培养液,用 D-Hanks 溶液清洗 2 次,加入 400 μL 0.25%的胰蛋白酶和 0.02% EDTA 溶液消化细胞,制备成细胞悬液,转移至 15 mL 离心管中。

②将细胞悬液于 1 000g 室温离心 5 min,弃上清液。

③加入冻存培养基重新悬浮细胞,按每管 1～1.5 mL 的体积装于冻存管内,拧紧,做好标记。

④先将冻存管放入 4～8℃冰箱,预冷 40 min。

⑤接着置于−20～−10℃冰箱,冷冻 30～60 min,然后放在−80～−70℃过夜,最后将冻存管投入液氮罐长期保存。

7.7.4.3　细胞的复苏

①先将水浴温度调至 37℃,在 15 mL 离心管中加入 5～6 mL 基础培养基。

②从液氮罐中取出冻存管,立即放入 37℃水浴,轻轻摇晃至冻存液完全溶解,复温过程应在 1～2 min 内完成。

③将冻存液快速移入加有培养液的离心管中,轻轻吹打。

④1 000g 室温离心 5 min,弃上清液。

⑤加入 1～2 mL 基础培养液重新悬浮,将大于 $1×10^4$ 的细胞个数移入培养皿中,置于 38℃、5% CO_2 培养箱中培养。

7.7.5　结果分析

经过传代后的乳腺上皮细胞用倒置显微镜观察,细胞形状是否均一呈鹅卵石状,细胞贴壁生长状态是否正常。如果复苏后细胞贴壁差,死亡明显,且形状发生改变,即可能是冻存过程出现了问题。

7.7.6　注意事项

①由于冻存剂浓度较高,室温下对细胞毒性较大,但4℃下毒性减弱。因此,须在4℃冰浴中添加冻存培养液,并且滴加速度要慢。细胞复苏时,冻存液一旦溶解后,要尽快离心弃去冻存液,防止冻存剂对细胞产生的伤害。

②细胞在−80℃的存放时间不宜过长,若长期保存,一定要放于液氮罐中。

7.8　乳腺上皮细胞生长的生物学鉴定

7.8.1　概述

体外培养的细胞一方面仍与体内细胞具有相似的生物学特征,另一方面由于生长环境与体内有明显差异,尤其是失去了有机体的生长调节机制,生长生物学行为会发生一定的改变。一般来说,上皮细胞经体外培养后仍然主要呈现上皮细胞的形态,即较规整、扁平、没有明显的胞质突起、细胞之间容易形成类似上皮样的胞体接触等。

7.8.2　原理

黏附于固相表面是锚定依赖性细胞生命活动的基本要求。当细胞悬液接种到培养器皿后,首先要发生黏附,结合到生长基表面,形成贴壁。分裂增殖和生长发育是体外培养细胞的生命特征。大多数类型的有机体细胞在培养过程中能始终保持有丝分裂能力,只要生长空间许可,就会发生分裂增殖。对于分化程度较高的上皮源性细胞,在体外培养时,一般能传代10余次。因此,从细胞接种存活率、细胞群体倍增时间、细胞生长曲线、细胞贴壁率以及细胞直径几方面可以对乳腺上皮细胞生长作出生物学鉴定。

7.8.3　细胞接种存活率

当细胞处于对数生长期时，通过消化传代方法制成细胞悬液，计数后按每皿 4×10^4 个细胞接种，每组 3 皿。每 2 h 消化计数一组已贴壁细胞，用下式逐个计算每个时间组的贴壁率，共观察 24 h，分 12 次进行。

接种存活率＝（贴壁存活细胞数/接种细胞数）×100%

7.8.4　细胞群体倍增时间

当细胞处于对数生长期时，通过消化传代方法制成细胞悬液，每孔按 2×10^4 个细胞接种于 24 孔板中，于接种后 48、72、96、120、144 和 168 h 分别消化细胞并计数，按下式计算细胞群体倍增时间。

$$TD = t \log_2 / (\log N_t - \log N_0)$$

TD 为细胞群体倍增时间，h；t 为培养时间，h；N_0 为接种的细胞数；N_t 为培养 t 小时后的细胞数。

7.8.5　细胞生长曲线

当细胞处于对数生长期时，通过消化传代方法制成细胞悬液，每孔按 2×10^4 个细胞接种于 24 孔板中。从接种时算起，每隔 24 h 计数 3 孔内的细胞数，算出平均值，如此操作至第 8 天结束。以培养时间（d）为横坐标，细胞密度为纵坐标，绘制细胞生长曲线。

7.8.6　细胞贴壁率

在低细胞密度下的集落形成即贴壁效率，是分析细胞存活的良好指标。因为在低密度条件下，即使生长条件良好，也只有少量细胞存活，并且在开始形成集落之前所有细胞的相互作用都将消失。

贴壁率＝（所形成的细胞集落数/接种的细胞数）×100%

7.8.7　细胞直径统计

将细胞制成单个细胞后，于倒置显微镜下（100×）观察拍照，选取 30 个细胞，测量细胞直径，按放大倍率换算成实际长度（μm），用 SAS 9.0（2000）进行比较，检验 $P \leqslant 0.05$ 的显著性水平。

7.9　乳腺上皮细胞染色体核型分析

7.9.1　概述

染色体数目、核型及带谱是鉴定细胞系的种属和来源较为准确的指标,对同一物种来说,染色体的数目是恒定的。因此,染色体数目是鉴定在离体培养条件下细胞是否发生转化的可靠指标,是区别正常细胞和恶性细胞的指标之一。

7.9.2　原理

当细胞处于分裂中期时,染色体的长短和大小易于观察,是研究染色体的最佳时期。秋水仙碱能破坏细胞纺锤体,并能阻止其形成,使分裂的细胞停留在分裂中期。秋水仙碱还可以使染色体收缩,形成清晰的轮廓。低渗液处理分裂细胞可使细胞肿胀,有利于染色体的分散。经过秋水仙碱、低渗液、固定和重力几个步骤的处理,使细胞破碎,染色体固定于载玻片上,进行图片采集和分析。

7.9.3　试剂和溶液

①Sorensen 缓冲液(pH 6.8):11.935 g $Na_2HPO_4 \cdot 12H_2O$,4.535 g KH_2PO_4,溶于 900 mL 蒸馏水,调 pH 为 6.8 后定容至 1 L,121℃高压蒸汽灭菌后室温贮存。

②0.075 mmol/L KCl 低渗溶液:5.592 g KCl,适量蒸馏水溶解后定容至 1 L。

③卡诺氏固定液:甲醇:冰乙酸3:1($V:V$),现配现用。

④Giemsa 原液:1.0 g 吉氏染色素倒入研钵,量取 66 mL 甘油,加少许于研钵中充分研磨吉氏染色素,加全部甘油后,置于 56℃ 2 h,期间每隔 20 min 搅动一次,待冷却后加 66 mL 甲醇,搅匀后倒入棕色试剂瓶,室温放置 15 d 后即可使用。

⑤秋水仙碱溶液:用 D-Hanks 溶液(pH 7.4)或生理盐水(0.9%)配制成浓度为 100 mg/mL 的秋水仙碱原液,−20℃保存,用前稀释成 10 mg/mL 的工作液。

7.9.4　仪器和设备

CO_2培养箱、显微镜(配有制冷 CCD)、低速水平离心机、水浴锅、玻璃染色缸(50 mL)。

7.9.5 操作步骤

7.9.5.1 染色体标本的制备

①当细胞处于对数生长期时,加秋水仙碱溶液,使终浓度为 0.2 μg/mL(在 10 mL 10%血清培养基中加 2 μL 浓度 0.1 mg/mL 的秋水仙碱),于 38℃ 培养箱中继续培养 2～3 h。

②观察细胞状态,使处于分裂中期的细胞(贴壁且为圆形)较多,倒掉细胞瓶中的培养基,加入 0.2 mL 0.25%胰蛋白酶,显微镜观察细胞,脱壁后,加 1 mL 培养基终止消化。

③收集细胞于 15 mL 离心管中,1 200g 离心 10 min。

④加预热的 KCl 低渗溶液(37℃)6 mL(第 1 mL 逐滴加入,而后可稍快)。

⑤37℃水浴中低渗 28～32 min,低渗结束时,加约 1 mL 卡诺氏固定液,立即混匀进行预固定,然后 1 200g 离心 10 min。

⑥弃上清液后,用 6 mL 卡诺氏固定液重悬,在室温下固定 30 min,1 200g 离心 10 min,弃上清液。

⑦用约 6 mL 卡诺氏固定液,在室温下第二次固定 15 min 左右,1 200g 离心 10 min,弃上清液。

⑧用约 6 mL 卡诺氏固定液,在室温下第三次固定 15 min 左右,1 200g 离心 10 min,弃上清液后,用适量(约 0.5 mL)卡诺氏固定液重悬细胞。

⑨滴 1～2 滴细胞悬液于湿冷的载玻片上,用酒精灯火焰固定。

⑩室温下放置,空气干燥后,可直接染色,也可−20℃保存备用。

7.9.5.2 染色体 Giemsa 染色

①取适量 Giemsa 原液,用 PBS 稀释 10 倍,混匀,1 000g 离心 1 min,去除颗粒(Giemsa 用量,1 mL/片)。

②将标本玻片从−20℃取出,室温晾干。

③染色:拿一张大的玻璃板,用废玻片垫在下面,晾干的玻片扣在上面空出钻石笔画过的区域,正面朝下,用移液枪从玻片下注入 1 mL Giemsa 稀释液,不要有气泡。

④染色 5～10 min,用去离子水冲去 Giemsa,室温空气干燥。

⑤在片子分裂相区域滴 PBS 后,在显微镜下镜检,观察。

7.9.6　结果分析

使用倒置显微镜采集图片,在软件 Video Tes T Karyo 3.1 的配合下拍照、编辑,进行分析计数。

7.10　乳腺上皮细胞标志性蛋白的免疫组化检测技术

7.10.1　概述

体外培养细胞的形态学特征只能大致表明细胞类型,要确认培养细胞的种类,必须借助特异性的方法加以识别。体外培养的乳腺上皮细胞鉴定通常是用单克隆抗体或多克隆抗体鉴别细胞的特异性标志物进行的。乳腺上皮细胞中重要的标志性蛋白主要是角蛋白 7、8 和 18。免疫组化技术是应用免疫学抗原抗体特异性结合的基本原理,通过化学反应使标记抗体的显色剂(荧光素、酶、金属离子、同位素)显色来确定组织细胞内抗原(多肽和蛋白质),对其进行定位、定性及定量的研究。

7.10.2　原理

纯化后的乳腺上皮细胞经抗体角蛋白 18 免疫反应,可显示强的绿色荧光,可以证明分离纯化后获得的是纯乳腺上皮细胞。

7.10.3　试剂和溶液

①丙酮。
②甲醇。
③30%过氧化氢。
④马血清:无菌包装。
⑤角蛋白 18-抗(Abcam):小鼠单克隆抗体。
⑥荧光二抗:山羊抗小鼠 IgG-FITC。

7.10.4　仪器和设备

倒置荧光显微镜:带有照相功能。

7.10.5　操作步骤

①将纯化好的奶牛乳腺上皮细胞以 1×10^5 的数量接种到含有基础培养基的 35 mm 培养皿中,培养 3～5 d。

②待细胞长成半汇合单层,用预冷的 D-Hanks 溶液洗涤细胞 2 次。

③用 -20℃ 遇冷的丙酮:甲醇($V:V=1:1$)固定 30 s。

④用 D-Hanks 溶液冲洗细胞 3 次,每次 5 min,擦干边缘水分。

⑤加入马血清,室温放置 1 h。

⑥轻轻甩掉马血清,滴角蛋白 18-抗 D-Hanks 稀释液 1 mL(1:10 000 稀释),放于湿盒内室温下孵育 1 h。

⑦D-Hanks 溶液冲洗 3 次,每次 5 min,擦干边缘水分。

⑧滴加 1 mL IgG-FITC 二抗 D-Hanks 稀释液(1:200),放于湿盒内室温下孵育 30~40 min,注意避光。

⑨用 D-Hanks 溶液冲洗细胞 3 次,每次 5 min,擦干边缘水分,用倒置荧光显微镜照相。

7.10.6 结果分析

处理好的细胞应在 20 min 内放到荧光显微镜下观察、照相。

7.11 乳腺上皮细胞特异性分泌蛋白的检测技术

7.11.1 概述

酪蛋白是乳腺上皮细胞产生的磷酸化蛋白,其合成和分泌是乳腺细胞分泌功能的标志。牛奶中的 β-酪蛋白占酪蛋白总量的 48%,它的合成和分泌可作为功能性奶牛乳腺上皮细胞培养成功的标志。

7.11.2 原理

RT-PCR 可用于检测细胞中基因表达水平,是将 RNA 的反转录(RT)和 cDNA 的聚合酶链式扩增(PCR)相结合的技术。首先经反转录酶的作用从 RNA 合成 cDNA,再以 cDNA 为模板,扩增合成目的片段。Western 免疫印迹法广泛用于检测蛋白质翻译水平,是将蛋白质转移到膜上,然后利用抗原-抗体反应进行的蛋白质检测。

7.11.3 试剂和溶液

7.11.3.1 试剂

RT-PCR 试剂、甲醇、乙醇、氯仿、Trizol、反转录试剂、PCR 试剂、Western

blotting 试剂、定制一抗(兔抗牛 β-酪蛋白)、二抗(山羊抗兔,过氧化物辣根酶标记)、β-酪蛋白、马血清(无菌包装)、过硫酸铵、SDS、Tris-HCl、Tris 碱。

7.11.3.2　5×蛋白胶电泳液

15.1 g Tris 碱,94 g 甘氨酸和 5 g SDS,加入 800 mL 蒸馏水,充分搅拌溶解,定容至 1 L。

7.11.3.3　蛋白转印液

2.9 g 甘氨酸,5.8 g Tris 碱,0.37 g SDS 溶于 700 mL 蒸馏水中,充分搅拌溶解,加入 200 mL 甲醇,定容至 1 L。

7.11.3.4　TBST

3.029 g Tris-HCl,7.313 g NaCl 和 1 mL Tween-20 溶于蒸馏水中,定容至 1 L,121℃高压蒸汽灭菌,4℃保存。

7.11.4　仪器和设备

水平脱色摇床、控温水浴、高速冷冻离心机、PCR 仪、紫外分光光度计、蛋白转印系统、水平电泳槽、垂直电泳仪、凝胶成像分析系统、多层滤纸及 PVDF 膜。

7.11.5　操作步骤

7.11.5.1　总 RNA 提取

Trizol 手工提取细胞总 RNA。

①直接用 Trizol 消化、裂解培养贴壁细胞,按 10 cm²/mL 加入 Trizol,室温放置 5 min,使其充分裂解(可于−70℃长期保存)。

②按 200 µL 氯仿/mL Trizol 加入氯仿,振荡混匀 15 s,室温放置 15 min。

③上层水为 RNA,中间相为 DNA,下层为蛋白质和 DNA。

④小心吸取上层水相(勿动中间层)至另一离心管中。

⑤按 0.5 mL 异丙醇/mL Trizol 加入异丙醇混匀,室温放置 5～10 min,于 4℃ 12 000g 离心 10 min,弃上清液,RNA 沉于管底。

⑥按 1 mL 75%乙醇/mL Trizol 加入 75%乙醇,温和振荡离心管,悬浮沉淀,于 4℃ 8 000g 离心 5 min,尽量弃上清液。

⑦室温晾干或真空干燥 5～10 min(RNA 样品不要过于干燥,否则很难溶解)。

⑧可用 50 µL 无 RNase 水,TE buffer 或 0.5% SDS 溶解 RNA 样品,于 55～60℃溶解 5～10 min,−80℃存放。

⑨提取的 RNA 用紫外分光光度计测定，OD260/OD280 在 1.6～1.8。产率估计培养细胞（μg RNA/10^6Cell）:5～15 μg。

7.11.5.2 RT-PCR 检测

①引物:PCR 扩增使用的 β-酪蛋白引物序列为（5′→3′）。

上游引物:AGGAACACAGCAAACAG；

下游引物:TTTCCAGTCGCAGTCAAT。

扩增片段长度为 579 bp。

②操作步骤:采用反转录试剂盒进行 mRNA 的反转录。主要过程为:取 2 μL 10×RT mix、2 μL dNTP 混合液（浓度分别为 $2.5×10^{-3}$）、2 μL Oligo-dT 15 或 Random（10 μmol/L）、1 μL 反转录酶配制成混合液并混匀后置于冰上，加入 50 ng～2 μg 模板 RNA，再加无 RNase 水至 20 μL，最后将反应体系于 37℃孵育 60 min，用紫外分光光度计测定反转录得到的 cDNA 浓度。

③电泳检测:用 2%琼脂糖凝胶电泳观察结果，检查目标条带是否与设计的大小一致。点样孔加 5 μL PCR 产物（加适量上样缓冲液）、5 μL 标准分子 marker，电压 100 V，电流 40 mA，电泳 30 min，凝胶成像分析系统拍照。

④PCR 产物序列测定分析:如果需要对 PCR 产物进一步分析，可以选择序列测定，测定结果与已报道的奶牛乳腺 β-酪蛋白 cDNA 序列进行比较。

7.11.5.3 Western blotting 方法检测 β-酪蛋白

（1）凝胶制备

①凝胶浓度的选择。不同分子质量的蛋白质可按表 7-1 中的范围选择适当的分离胶浓度。β-酪蛋白的分子质量大约为 20 ku，因此选择 15%～20%浓度凝胶。

表 7-1 凝胶浓度与蛋白质分子质量列表

蛋白质分子质量范围/ku	适宜的凝胶浓度/%
$<10^4$	20～30
$(1×10^4)$～$(4×10^4)$	15～20
$(4×10^4)$～$(1×10^5)$	10～15
$(1×10^5)$～$(5×10^5)$	5～10
$>5×10^5$	2～5

②凝胶的制备。按表 7-2 中比例配制使用浓度的分离胶，轻缓摇动溶液，使激活剂混合均匀，将凝胶溶液平缓地注入两层玻璃板中，在液面上小心注入一层水或正丁醇，以阻止氧气进入凝胶溶液中，静置 40 min 以上。

表 7-2 不同浓度分离胶的制备

溶液成分	分离胶浓度/%					
	6	7.5	8	10	12	15
30%丙烯酰胺混合液	3.00	3.75	4.00	5.00	6.00	7.50
1.5mol/L Tris-HCl(pH 8.8)	3.75	3.75	3.75	3.75	3.75	3.75
10% SDS/mL	0.15	0.15	0.15	0.15	0.15	0.15
10% AP/mL	0.15	0.15	0.15	0.15	0.15	0.15
TEMED/μL	0.01	0.01	0.01	0.01	0.01	0.01
H$_2$O/mL	7.94	7.94	7.94	7.94	7.94	7.94
总体积/mL	15.00	15.00	15.00	15.00	15.00	15.00

按表 7-3 中的比例配制 5%浓缩胶,摇动溶液时不要过于剧烈以免引入过多氧气。吸去不连续系统中下层分离胶上的水分,以连续平稳的液流注入凝胶溶液,然后小心插入梳子并注意不能在齿尖留有气泡,静置 40 min 以上以保证完全聚合。

表 7-3 5%浓缩胶的配制

溶液成分	分离胶体积/mL					
	1	3	5	6	8	10
30%丙烯酰胺混合液	0.17	0.5	0.83	1.0	1.3	1.7
1.0mol/L Tris-HCl(pH 6.8)	0.13	0.38	0.63	0.75	1.0	1.25
10% SDS/mL	0.01	0.03	0.05	0.06	0.08	1.0
10% AP/mL	0.01	0.03	0.05	0.06	0.08	1.0
TEMED/μL	0.001	0.003	0.005	0.006	0.008	0.01
H$_2$O/mL	0.68	2.1	3.4	4.1	5.5	6.8

(2)电泳

①预电泳:将聚合好的凝胶安置于电泳槽中,小心拔去梳子,加入上下槽电泳缓冲液后低电压短时间预电泳(恒压 10~20 V,20~30 min),清除凝胶内的杂质,疏通凝胶孔道以保证电泳过程中电泳的畅通。

②加样:预电泳后依次加入 10 μL 标准品和 10 μL 细胞培养液并加入等体积上样缓冲液。取 10 μL 上述混合液加入样品孔并将电压调至 80 V,当溴酚蓝进入分离胶后将电压调至 120 V,待溴酚蓝染料跑出胶底边,停止电泳。

注意:加样时间要尽量短,以免样品扩散,为避免边缘效应,可在未加样的孔中加入等量的样品缓冲液。

(3)电转

①将电泳好的凝胶切下,浸泡于转移液中 30 min,同时将转移盒、海绵、转印膜聚二氟乙烯(PVDF)膜及滤纸放入转移液中浸泡。

②在转移盒上依次铺平放上有孔纤维垫、4 层滤纸、凝胶、PVDF 膜、4 层滤纸、有孔纤维垫,然后用一小试管在上面做滚筒状滑动,以排除所有气泡(PVDF 膜靠近正极一侧)。

③关上转移盒,放入转移缓冲槽中,往槽中注满转移缓冲液。

④在另一侧放上冰块盒,接上电源,将电压调至 25 V,电流保持在 100 mA 以下进行电转移,过夜。如有条件可将转印仪放入 4℃冷藏柜,或是放入加冰的泡沫盒中,以保证转印液在低温条件下工作。

(4)显色

①取出 PVDF 膜,将膜浸入封闭液(马血清)中封闭,室温下放入摇床水平摇动 1~2 h。

②用 TBST 漂洗 PVDF 膜 3 次,每次 10 min。

③用封闭液将兔抗牛 β-酪蛋白抗体按 1:200 稀释,将 PVDF 膜浸入稀释液中,室温下振荡 1.5 h。

④取出膜,用 TBST 漂洗 PVDF 膜 3 次,每次 10 min。

⑤用封闭液将辣根过氧化物酶标记的羊抗兔抗体按 1:100 稀释,将 PVDF 膜浸入稀释液中,室温下振荡 1.5 h。

⑥取出膜,用 TBST 漂洗 PVDF 膜 3 次,每次 10 min,加入显色液(避光),2 min 后取出 PVDF 膜,用去离子水冲洗固定,并观察结果。

7.11.6 注意事项

①提取 RNA 所使用的离心管和枪头都必须除 RNA 酶(可用 DEPC 水处理)。

②制胶时要用尽量少的催化剂 TEMED 在最佳时间聚合。分离胶聚合控制在从加入 10% 过硫酸铵(AP)和 TEMED 起至开始出现凝胶的时间为 15~20 min,但分离胶完全凝结还需要 40 min 以上。浓缩胶控制在 8~10 min 出现聚合,完全聚合也需要 40 min 以上(凝胶时间与环境温度有关)。可以通过调节 AP 和 TEMED 的用量来控制凝胶时间,同时要避免液体中含有的分子氧对凝胶聚合

的抑制。可以在真空中抽气以排除液体中的分子氧,也可以在灌完分离胶后加水封闭减少分离胶与外界氧气的结合。

参考文献

[1] Zhang ZG,Li XB,Gao L,et al. An updated method for the isolation and culture of primary calf hepatocytes. Veterinary Journal,2012,191(3):323.

[2] 刘思乐,康劲翮,谭支良,等.不同培养方法对山羊瘤胃上皮细胞生长基角蛋白 18 表达量的影响.动物营养学报,2016,28(4):1225-1232.

[3] 孙志洪,张庆丽,贺志雄,等.山羊瘤胃上皮细胞和空肠黏膜上皮细胞原代培养技术研究.动物营养学报,2010,22(3):602-610.

[4] 万 荣,丁健,周振明,等.成年鲁西牛肌内前脂肪细胞的分离培养.农业生物技术学报,2017,15(3):419-423.

[5] 王加启.反刍动物营养学研究方法.北京:现代教育出版社,2011.

[6] 夏成,王哲,牛淑玲,等.犊牛前脂肪细胞的原代培养.细胞生物学杂志,2005,27:89-92.

[7] 余燕,李元晓,李旺,等.成年牛瘤胃上皮细胞原代培养方法研究.中国兽医学报,2016,36(5):869-874.

[8] 张才,王利民,刘国文,等.犊牛肝细胞的分离与原代培养.细胞生物学杂志,2007,29:880-884.

(本章编写者:王聪、霍文婕、贺俊平;校对:刘强、郭刚)

第8章 动物免疫营养学研究技术

免疫营养学（immunonutrition）或称营养免疫学（nutritional immunology），是研究动物营养状况与免疫机能的相互关系的科学，该学科从营养学的角度研究免疫机能及其调控。作为营养学研究者，从免疫学角度研究营养原理和营养需求模式，从而制定最佳饲养方案，保障动物健康，具有重要的预防价值和实践意义。

8.1 动物免疫营养学研究技术概述

8.1.1 动物免疫系统机能的评价技术

动物免疫系统机能的评价包括免疫器官的发育情况、细胞免疫功能、体液免疫功能、细胞吞噬功能、补体系统功能和免疫细胞因子及其受体产量等几个方面。

8.1.1.1 免疫器官发育情况的研究技术

免疫器官的发育情况一般通过检测免疫器官，包括脾脏、胸腺、法氏囊、骨髓等的重量或免疫器官指数来评价。

$$免疫器官指数 = \frac{免疫器官重量(g)}{动物体重(g)} \times 100$$

8.1.1.2 细胞免疫功能研究技术

广义的细胞免疫是指由 T 细胞及相关细胞（单核巨噬细胞、K 细胞、NK 细胞）介导的免疫应答，包括 T 细胞受到抗原刺激后活化转化为各种效应性淋巴细胞以及多种细胞因子的反应过程。因此，细胞免疫检测技术主要包括免疫细胞及亚群的计数、免疫细胞活性测定以及各种细胞因子检测技术。除了体外方法外，还可通过体内方法测定（如皮肤过敏反应）。

（1）免疫细胞数量检测技术

血液红细胞、白细胞和血小板数量可利用抗凝剂血液在全自动血液分析仪（如 MS4S-VET 型全自动五分类血液分析仪，法国）进行测定。另外，T 细胞和形成抗体的 B 细胞数量可分别使用 E 玫瑰花环和溶血空斑试验进行测定。

（2）T 细胞亚群测定技术

T 淋巴细胞是机体免疫应答的核心细胞，根据其表面分化抗原的不同，可将 T 细胞分成若干亚群，具有 CD3 抗原的 T 细胞为外周血成熟的 T 细胞，具有 CD4 抗原的为辅助性 T 细胞（TH 细胞），TH 细胞是机体免疫应答的启动细胞，它可促进 T、B 细胞免疫应答，活化的 TH 可释放 IL-2 及 IFN-γ；具有 CD8 抗原的 T 细胞为细胞毒性 T 细胞（Tc），Tc 有 TH 辅助才能特异性杀伤或溶解靶细胞。T 细胞亚群细胞数量及比例的正常，是动物机体免疫系统功能正常的重要指标，例如，$CD4^+/CD8^+$ T 细胞的比值常用于反映病人免疫淋巴系统机能的状态。因此，T 细胞亚群的检测是研究机体免疫机制和评价免疫功能的重要方面。常用的 T 细胞亚群测定可以使用间接免疫荧光法检测淋巴细胞 CD 抗原或流式细胞仪等技术。

（3）免疫细胞活性检测技术

细胞免疫功能不仅与各类免疫细胞的数量有关，更重要的是免疫细胞活性。淋巴细胞的免疫活性可以通过淋巴细胞转化试验、细胞毒性 T 细胞试验、K 细胞活性、NK 细胞活性和巨噬细胞活性等检测技术进行测定。

淋巴细胞转化试验（lymphocyte transformation test）是体外检测 T 淋巴细胞功能的一种最常用的方法，具体技术见 8.4 节。

细胞毒性 T 细胞又称 $CD8^+$ T 细胞，杀伤的靶细胞主要有肿瘤细胞和病毒感染的细胞，因此细胞毒性 T 细胞试验（cytotoxic T lymphocyte test，CTL test）主要应用于医学体外测定肿瘤等患者细胞免疫反应的一种常用方法，其基本原理是将靶细胞，如肿瘤细胞、病毒转化细胞等，与同种抗原致敏的淋巴细胞混合培养，然后检测靶细胞的死亡情况，具体有形态学检查法和 ^{51}Cr 释放法两种方法。形态学检查法是根据体外贴壁生长的靶细胞被 CTL 杀伤后失去贴壁的能力，所以从贴壁细胞数目减少情况可判断 CTL 杀靶细胞的能力。^{51}Cr 释放法是用铬酸钠（$Na^{51}CrO_4$）标记的靶细胞与致敏淋巴细胞一起培养，靶细胞被 CTL 杀灭后，^{51}Cr 即释放到培养液中，测定释放到培养液中 ^{51}Cr 的脉冲数（cpm）即反映出 CTL 杀靶细胞的程度。

杀伤细胞（killer cell，K cell），简称 K 细胞，主要存在于腹腔渗出液、血液和脾脏,主要特点是细胞表面具有 IgG 的 Fc 受体(FcγR)。当靶细胞与相应的 IgG 抗体结合,K 细胞可与结合在靶细胞上的 IgG 的 Fc 片段结合,从而被活化,释放溶细胞因子,裂解靶细胞,这种作用称为抗体依赖性介导的细胞毒作用(antibody-dependent cell-mediated cytotoxicity,ADCC)。因此,K 细胞的活性不仅能反映机体细胞免疫的能力,而且与体液免疫也有直接的关系,其检测的方法有同位素释放试验法、溶血空斑法、细胞剥离法和靶细胞接合试验等。其中,同位素释放试验较为敏感和准确,原理是将靶细胞用 ^{51}Cr 标记后,再与特异性的 IgG 抗体结合,加入 K 细胞后即可发生 ADCC 效应,引起靶细胞的溶解并释放 ^{51}Cr,根据上清中释放的 ^{51}Cr 的多少,可判断 K 细胞活性的高低。

自然杀伤性细胞(natural killer cell,NK cell)简称 NK 细胞,主要存在于外周血和脾脏中,占外周血淋巴细胞的 5%~10%,它是一群既不依赖抗体,也不需要抗原刺激和致敏就能杀伤靶细胞的淋巴细胞,因而称为自然杀伤性细胞。NK 细胞的主要生物功能为非特异性地杀伤肿瘤细胞、抵抗多种微生物感染及排斥骨髓细胞的移植。NK 细胞活性测定多采用 ^{51}Cr 释放法试验,其原理同细胞毒性 T 细胞试验中所采用的 ^{51}Cr 释放法试验。

巨噬细胞活性检测技术是将待测巨噬细胞与吞噬颗粒(如鸡的红细胞、白色念珠球菌、酵母细胞)混合温育一定时间后,颗粒物质可被巨噬细胞吞噬,根据吞噬百分比和吞噬指数可反映巨噬细胞的吞噬功能。

(4)细胞因子检测技术

细胞因子是由免疫细胞及相关细胞产生的一类多功能蛋白质多肽分子,其种类繁多,有白细胞介素、干扰素、肿瘤坏死因子、集落刺激因子、生长因子、趋化因子等。细胞因子可发挥免疫调节、抗病毒、介导炎症反应和刺激造血等多种生物学功能,在机体免疫应答过程中起着十分重要的作用。从细胞因子及其受体检测的水平来说,可以分为基因组 DNA、mRNA 和蛋白 3 个不同的水平,蛋白水平又包括胞浆内、膜表面以及分泌到体液或培养上清液等 3 种不同形式细胞因子。目前,应用最多的是检测体液(如血清)或培养液中的细胞因子以及膜表面的细胞因子受体。

8.1.1.3 体液免疫功能研究技术

由 B 细胞介导的免疫应答称为体液免疫应答(humoral immune response),而体液免疫效应是由 B 细胞通过对抗原的识别、活化、增殖,最后分化成浆细胞并分泌抗体来实现的,抗体是介导体液免疫效应的免疫分子。因此,体液免疫功能可以检测 B 细胞的功能和血液中的抗体,B 细胞数量和分泌抗体的能力可使用溶血空斑试验进行测定,抗体一般采集血清进行试验,故又称为免疫血清学反应或免疫血清学技术。免疫血清学技术按抗原抗体反应性质不同可分为凝聚性反应(包括凝集试验和沉淀试验)、标记抗体技术(包括荧光抗体、酶标抗体、放射性同位素标记抗体、化学发光标记抗体技术等)、有补体参与的反应(补体结合试验、免疫黏附血凝试验等)、中和反应(病毒中和试验等)等已普遍应用的技术,以及免疫复合物散射反应(激光散射免疫测定)、电免疫反应(免疫传感器技术)、免疫转印(Western blotting)以及建立在抗原抗体反应基础上的免疫蛋白芯片技术等新技术。但在动物免疫营养学研究动物体液免疫功能时,抗体测定通常采用 ELISA 试剂盒方法。

8.1.2　动物免疫营养学研究试验方法

免疫营养学是从免疫学角度研究营养原理和营养需求模式,从而制定最佳饲养方案,尤其是疾病、亚健康等状态下的最佳饲养方案,保障和促进动物健康,因此,其研究试验方法包括营养素对机体免疫机能的影响及其机理和疾病、亚健康等各种状态下的营养需要量两方面的试验方法。营养素对机体免疫机能的影响方面,可以选择动物试验或体外方法。动物试验可以采用饲料中添加某些物质,通过研究动物机体的免疫系统机能的差异来确定这些物质对免疫系统机能的影响。体外方法通常是研究可以吸收入血液的营养素对体外培养的淋巴细胞功能的影响。

8.1.3　动物模型的构建技术

动物模型(animal model)是动物免疫营养学研究中所建立的具有动物各种生理状态或疾病模拟性表现的动物实验对象和材料。使用动物模型是现代动物免疫营养学研究中的一个极为重要的实验方法和手段,有助于更方便、更有效地认识动物营养与免疫的相关关系、机理和营养需求。动物模型的优越性主要表现在以下几方面:动物的各种生理状态和疾病可用动物模型随时复制出来;可以严格控制实验条件,增强实验材料的可比性;能更准确解释研究营养与免疫的本质联系。

复制动物模型一定要进行周密设计,设计时要遵循一些原则。首先是相似性原则,即动物模型所处的生理和病理等状态要与研究的要求尽量一致,至少相似。其次是重复性原则,理想的动物模型应该是可重复的,甚至是可以标准化的。为了增强动物模型复制时的重复性,必须在动物品种、品系、年龄、性别、体重、健康情况、饲养管理;实验及环境条件、季节、昼夜节律、应激、室温、湿度、气压、消毒灭菌;实验方法步骤;药品生产厂家、批号、纯度规格、给药剂型、剂量、途径、方法;麻醉、镇静、镇痛等用药情况;仪器型号、灵敏度、精确度;实验者操作技术熟练程度等方面保持一致。第三是可靠性原则。复制的动物模型应该力求可靠地反映动物各种状态，即可特异地、可靠地反映某种状态(包括疾病)机能、代谢、结构变化，应具备该种状态的主要症状和体征，经化验或 X 光照片、心电图、病理切片等证实。第四是适用性和可控性原则，供动物免疫营养学实验研究用的动物模型，在复制时，应尽量考虑到今后实践应用和便于控制其状态的发展，以利于研究的开展。第五是易行性和经济性。在复制动物模型时，所采用的方法应尽量做到容易执行和合乎经济原则。研究者在复制模型时要注意从研究目的出发，熟悉诱发条件、宿主特征、动物表现和相应机理，即充分了解所需动物模型的全部信息，分析是否能得到预期的结果；动物来源必须充足等。

8.1.3.1 动物模型的构建方法

动物模型根据产生原因可分为自发性动物模型(spontaneous animal models)和诱发性或实验性动物模型(experimental animal models)。自发性动物模型是指实验动物未经任何有意识的人工处置，在自然情况下所发生的疾病。包括突变系的遗传疾病和近交系的肿瘤疾病模型。很多自发性动物模型在研究人类疾病时具有重要的价值，但是这类模型来源较困难，不可能大量应用。诱发性动物模型是指研究者通过使用物理的、化学的和生物的致病因素作用于动物，造成动物组织、器官或全身一定的损害，出现某些病理或亚健康状态。诱发性动物模型具有能在短时间内复制出大量疾病模型，并能严格控制各种条件，使复制出的疾病模型适合研究目的需要等特点，因此为动物免疫营养学研究所常用。下面仅介绍诱发性动物模型的建立方法。

(1)模型动物的选择

模型动物的选择需要考虑动物品种、品系、年龄、性别、体重、健康情况、饲养管理以及免疫特点等，这些完全取决于试验研究的目的。另一方面，要特别注意动物的特性，尤其是品系的选择，如研究应激选择敏感的品系建立动物应激模型就很容易，而不太敏感的品系就较难；研究热应激选择对热敏感的品系很容易复制热应激模型，而热带和亚热带的耐热品系可能就较困难了；研究免疫缺陷有专门的免疫缺陷动物品系，如 T 淋巴细胞缺陷动物模型主要有裸小鼠、裸大鼠，B 淋巴细胞缺陷动物模型主要用 CBA/N 小鼠，严重联合免疫缺陷小鼠(SCID 小鼠)。

(2)动物模型的构建方法

动物模型一般采用一种或多种动物疾病的诱因进行构建，如接种细菌、病毒于敏感动物使其产生各种传染病动物模型；在机械力作用下产生各种外伤性脑损伤、骨折等模型;四氧嘧啶和链佐霉素均可选择性地损伤多种动物的胰岛 B 细胞引起的糖尿病模型,但链佐霉素引起的糖尿病高血糖反应及酮症均较温和,不被葡萄糖或肾上腺素阻断;二乙基亚硝胺(DEN)诱发大白鼠肝癌;单笼孤养,接受不可预知的应激刺激诱发慢性抑郁症模型等。另外,某些动物模型也可以利用效应物质进行诱发,如糖皮质激素是应激反应的一种主要激素,直接腹腔注射地塞米松(一种人工合成的糖皮质激素)成为国内外在应激研究中建立动物应激模型常用的手段之一。

动物模型构建成功标志是动物是否出现模型动物应有的主要特征,对于疾病动物模型的判断标志即为疾病的诊断标准,如肛门失禁以肛门直肠压力降低和肛门外括约肌肌肉诱发电位波幅下降超过 50% 或未检测到神经电冲动传导为判断依据。

8.1.3.2　动物模型的评价

动物模型的评价包括动物模型构建方法的有效性和可靠性、稳定性和可行性等。动物模型构建方法的有效性是指通过诱导实验动物能够达到动物模型要求比例,比例高则有效性好;可靠性是指用某一方法是否每次都可获得较好的有效性,如与去前肢方法相比机械压缩的方法构建椎间盘退变动物模型的可靠性要好很多(顾韬等,2015);动物模型的稳定性是指构建好的动物模型能够保证时间的长短,其稳定程度直接关系到动物模型的应用价值,如利用局部注射麻醉剂利多卡因制作肛门失禁动物模型,其模型动物坐骨神经的变性在第 8 周时出现再生(Gozil 等,2002),而通过功能性定位再局部注射罗哌卡因,在术后第 8 周时模型还没有变化(黄宗海等,2009),说明定位注射的模型稳定性好;动物模型构建方法的可行性是指实验所选用的试剂、仪器设备、实验操作等是否容易实现,便于推广,如机械压缩的方法构建椎间盘退变动物模型虽然模拟性、可靠性等方面都很好,但其需要特殊的器械,因此可行性可能较差(顾韬等,2015)。

8.2　E 玫瑰花环试验检测技术

8.2.1　概述

E 玫瑰花环试验通过测定动物机体 T 细胞总数及百分率,来反映机体的细胞免疫状态。动物年龄、个体差异以及实验条件都对 ERFC 百分率有所影响,如日龄越小,E 玫瑰花环形成率越高。根据资料报道,马的 ERFC 百分率为 38%～

55%、牛为 32%～52%、绵羊为 28%～80%、猪为 30%～45%、鸡约为 45%（杨汉春，2003）。

8.2.2 原理

动物 T 淋巴细胞表面具有受体 CD2 分子，能与动物红细胞（RBC）表明的配体 CD58 结合，使 SRBC 能黏附到 T 细胞周围形成一朵玫瑰花样的花环，故取名为 E 玫瑰花环（erythrocyte rosettes），即红细胞玫瑰花环，该试验称为 E 玫瑰花环试验（erythrocyte rosettes assay）。这种玫瑰花环形成不需任何物质的刺激，故也称自然玫瑰花环形成试验。在 E 玫瑰花环形成试验中，当一定比例的淋巴细胞与绵羊红细胞混合后，不放置冰箱中孵育、早期离心、镜检，可见一部分 T 细胞与 SRBC 形成玫瑰花，称之为"活性玫瑰花"（active rosette），或称为"早期玫瑰花"（early rosette）；而放置低温 4℃孵育 2 h 后，形成的玫瑰花称为总玫瑰花（total rosette）或晚期玫瑰花（late rosette）。早期玫瑰花环形成的 T 淋巴细胞是对 SRBC 具有高度亲和力的 T 细胞亚群，它与 T 细胞的体内外功能活性密切相关，能更敏感地反映机体细胞免疫的水平和动态变化，是目前检测细胞免疫水平最为简便快速的方法之一。在总玫瑰花环试验中，静止期和活动期的 T 淋巴细胞，均能与不同数量的 SRBC 自发形成 E 花环，所得 E 花环的百分率和绝对数可代表被检标本中全部 T 淋巴细胞的百分率和总数，是目前鉴定和计算外周血液和各种淋巴样组织中 T 淋巴细胞的最常用方法之一。

在此以检查豚鼠 T 淋巴细胞与家兔红细胞形成的花环为例，介绍 E 玫瑰花环形成试验的操作方法。

8.2.3 材料与设备

8.2.3.1 试剂

所需试剂有肝素钠、D-Hank's 液、RPMI 1540 液、小牛血清、0.8 % 戊二醛溶液、甲醇、淋巴细胞分离液、Wright-Giemsa 染色液和 PBS（pH 5.4～5.8）。

淋巴细胞分离液（聚蔗糖-泛影葡胺）：比重 1.077±0.001，低温避光保存。

Wright-Giemsa 染色液：Wright 粉 1 g，Giemsa 粉 0.3 g，甘油 10 mL，甲醇 500 mL。将 Wright 粉和 Giemsa 粉置干净研钵中，加入甘油和少量甲醇，充分研磨，吸出上层染液置于棕色瓶内，再加甲醇继续研磨，如此反复多次直至全部溶解，置于棕色瓶混匀，每天振荡 1～2 次，1 周后过滤使用。

PBS 缓冲液（pH 5.4～5.8）：Na_2HPO_4 0.2 g，KH_2PO_4 0.3 g，蒸馏水 100 mL。

8.2.3.2　器材

有注射器、华氏管、15 mL 离心管、2 mL(5 mL)吸管、水平离心机、水浴箱和载玻片等。

8.2.4　操作步骤

8.2.4.1　分离淋巴细胞

将 2 mL 豚鼠肝素抗凝血(15～20 IU 肝素钠/mL 血液)加等量 D-Hank's 液混合后,沿离心管壁用毛细管缓缓加于 2 mL 淋巴细胞分离液表面,置水平离心机,于 20℃,1 500 r/min 离心 30 min,用毛细管沿管壁边缘轻轻吸取血浆与分离液之间的乳白色淋巴细胞层(图 8-1),以 D-Hank's 液分别以 1 800 r/min 离心 10 min 和 1 400 r/min 离心 10 min 各洗涤 1 次,再以 RPMI 1540 液配成(1～2)× 10^5 个/mL 的悬液。

分离淋巴细胞也可使用商品分离液如美国 Stemcell 淋巴细胞分离液 Lymphoprep 分离淋巴细胞,具体方法见使用说明书。

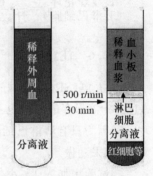

图 8-1　淋巴细胞的分离

8.2.4.2　红细胞悬液的制备

取适量兔肝素抗凝血(15～20 IU 肝素钠/mL 血液),加 D-Hank's 液以 1 500 r/min 离心 5 min 洗涤 3 次,将压积的 RBC 以 D-Hank's 液配成 1% 的 RBC 悬液(约 $2×10^8$ 个/mL)。

8.2.4.3　淋巴细胞与 SRBC 的作用

取 0.1 mL 淋巴细胞悬液,加入等量 1% RBC 悬液和 0.1 mL 小牛血清混匀。37℃水浴 15 min,500 r/min 离心 5 min,取出,可直接取样,滴加在事先滴有0.2%美蓝染液的载玻片上,显微镜下淋巴细胞呈蓝紫色或淡蓝色,RBC 为无色,围绕淋巴细胞形成花环。凡吸附 3 个或 3 个以上 RBC 的淋巴细胞为 E 花环形成细胞(ERFC)。此时为早期 RE 花环。

4℃作用 1～2 h,小心吸弃上清液,沿管壁滴加 0.8% 戊二醛溶液 0.1 mL,轻轻转动试管,小心混匀。4℃固定 15 min,将洁净的载玻片用 Hank's 液沾湿,滴一小滴细胞悬液,让其自然散开即可。自然干燥后,滴加甲醇固定 5 min,滴加 3～5滴 Wright-Giemsa 染色液染色约 1 min 后,滴加缓冲液 5～10 滴,轻轻摇动玻片使之充分混合,5～10 min 后水洗,吸干后镜检。

8.2.5　结果计算

结合有 3 个或 3 个以上红细胞的判为 1 个
E 玫瑰花环(图 8-2)。常规记数100～200 个淋巴
细胞,计算 ERFC 百分率,也即 T 淋巴细胞的百分
率。同时依照血液标本中淋巴细胞绝对数,计算每
立方毫米血液中 ERFC 的绝对数。

$$\frac{\text{E 玫瑰花环}}{(\text{T 淋巴细胞})} = \frac{\text{E 玫瑰花环数}}{\text{计数的淋巴细胞总数}} \times 100$$

8.2.6　注意事项

①新鲜 SRBC 最好采血后当天使用,用
Alsever 液保存的血液也不宜超过 2 周。

图 8-2　E 玫瑰花环

②因为只有活淋巴细胞才能与家兔红细胞形成玫瑰花环,因此试验用血液要
新鲜,随采随做。

③试验中加入 1‰小牛血清,能增加玫瑰花环形成的稳定性。用前须将血清
以 SRBC 吸收,以去除对红细胞的天然抗体,否则抑制玫瑰花环的形成。

④分离豚鼠单个核细胞所用分层液的比重大小与细胞获得率密切相关,一般
以 1 082～1 084 最为适宜。

⑤淋巴细胞与 SRBC 比例以 1:(40～80)较为适宜。

8.3　T 细胞亚群检测技术

8.3.1　概述

各 T 细胞亚群细胞数量及比例的正常,是动物机体免疫系统功能正常的重要
指标。T 细胞亚群的检测可以用免疫学方法检测 T 细胞表面的 CD 抗原,也可以
使用流式细胞术进行测定,这里我们介绍流式细胞仪测定 T 细胞亚群技术。Gan-
dra 等(2016)利用流式细胞仪研究日粮中添加 $n-3$ 和 $n-6$ 脂肪酸源对围产期奶
牛 T 细胞亚群细胞的影响,结果发现不饱和脂肪酸能够增加奶牛血液中辅助性 T
细胞和细胞毒性 T 细胞等的比例。

8.3.2 原理

流式细胞术(flow cytometry,FCM)是指借助荧光激活细胞分类仪(fluorescent cell sorter,FACS)对细胞进行快速鉴定和分类的技术。其原理是样品与经多种荧光素标记的抗体反应,通过接受不同波长的荧光素发射光,可同时分析细胞表面多个膜分子表达及其水平,从而可检测各类免疫细胞、细胞亚类及其比率。同时,微滴通过电场时出现不同偏向,借助光电效应可分类收集所需细胞群或亚群。

根据 T 淋巴细胞在分化过程中表面抗原不同,采用 FCM,用 T 细胞相应的 CD 分子的单克隆抗体可对 T 细胞亚群进行检测。通常以 CD3 代表 T 细胞总数; CD4 代表 TH/TI 细胞;CD8 代表 TS/TC 细胞;CD4/CD8 的比值是反映免疫系统内环境稳定的一项最重要的指标。

8.3.3 材料与设备

①淋巴细胞亚群分析试剂盒,2~8℃避光保存,勿冰冻。试剂盒组分如下。

试剂 A:CD45/CD14,FITC/PE,用于淋巴细胞圈门;1 mL,50 Tests。CD45-FITC 识别所有白细胞;CD14-PE 识别单核细胞及少量粒细胞。

试剂 B:MIgG1/MIgG1,FITC/PE,同型对照;1 mL,50 Tests。MIgG1,同型对照用于设定阴性范围,消除非特异性荧光的干扰。

试剂 C:CD3/CD19,FITC/PE,用于确定 T 淋巴细胞和 B 淋巴细胞百分率; 1 mL,50 Tests。CD3-FITC 识别所有成熟 T 淋巴细胞;CD19-PE 识别所有 B 淋巴细胞。

试剂 D:CD3/CD4,FITC/PE,用于确定辅助性 T 淋巴细胞($CD3^+CD4^+$)占总淋巴细胞的百分率;1 mL,50 Tests。CD4-PE 识别辅助性 T 细胞(TH/TI)及单核细胞。

试剂 E:CD3/CD8,FITC/PE,用于确定抑制性 T 淋巴细胞($CD3^+CD8^+$)占总淋巴细胞的百分率;1 mL,50 Tests。CD8-PE 识别抑制性 T 细胞(Ts/Tc)及 NK 细胞。

试剂 F:CD3/CD16+56,FITC/PE,用于确定 T 淋巴细胞和 NK 细胞的百分率;1 mL,50Tests。CD16 与 CD56 抗体识别 NK 细胞。

试剂 G:10×红细胞裂解液;60 mL。裂解红细胞,利于分析外周血白细胞。

②FACScalibur 流式细胞仪:美国 Becton Dickinson 公司。

8.3.4 操作步骤

8.3.4.1 样品采集及制备

采集外周肝素抗凝静脉血 1 mL,标本采集后须在 6 h 内进行染色分析。检测的外周血白细胞浓度在 $(3.0 \sim 10.0) \times 10^3$ 个/μL。

8.3.4.2 染色及固定细胞

每份样品用 6 只 12 mm×75 mm 流式管,分别标上样品号和管号(1、2、3、4、5、6);各取 20 μL 试剂 A、B、C、D、E、F 依次分别加入各管中;向每管中准确加入 100 μL 抗凝全血,充分混匀,室温(20~25℃)避光反应 20~30 min;每管加入 2 mL(1×)红细胞裂解液(20~25℃),充分混匀,室温避光反应 10~12 min,至液体透明;1 000 r/min 离心 5 min,弃上清液;加入 2 mL PBS 洗液,1 000 r/min 离心 5 min,弃上清液;加入 0.5 mL 1%甲醛溶液固定细胞,混匀,24 h 内上流式细胞仪分析(若细胞染色后立即上流式细胞仪分析,则不需要用甲醛液固定,用 0.5 mL PBS 洗液重悬细胞即可上机分析)。

8.3.4.3 上流式细胞仪收获及分析

以荧光微球 calibrite 3-colour 校准仪器光路使其分辨率达到最佳工作状态,采用 BD 公司的 SimulSET 自动软件(或 CellQuest Pro 软件)获取与分析数据。调节电压、阈值、补偿使细胞在图中分布在合适的位置,在 FSC/SSC 图中圈出淋巴细胞群为(R1),SSC/CD3 图中以 CD3$^+$ 细胞群圈门(R2)以排除巨噬细胞、碎片及其他成分的干扰,建立 CD4/CD3、CD8/CD3 散点图并设置为显示 G3=R1×R2 门内的细胞,获取细胞总数 10 000 个,根据同型对照设十字门分析 TH(CD3$^+$ CD4$^+$)和 Ts(CD3$^+$ CD8$^+$)的表达情况。同时计算出 TH/TS 值。

8.3.5 结果判定

计数成熟的 T 淋巴细胞亚群所占的百分率,T 淋巴细胞(CD3$^+$),TH/TI 细胞亚群(CD3$^+$ CD4$^+$),TS/TC 细胞亚群(CD3$^+$ CD8$^+$)以及 TH/TS 细胞的比值(CD3$^+$ CD4$^+$/CD3$^+$ CD8$^+$)。实验参考结果参见图 8-3。

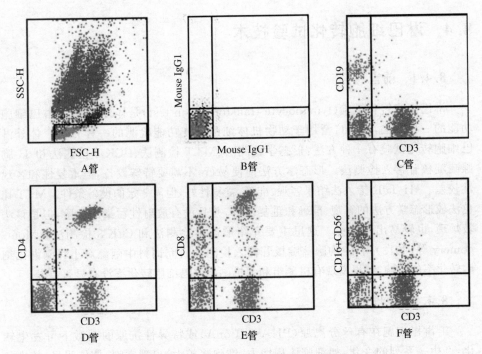

图 8-3　正常人外周血淋巴细胞亚群检测图谱

A 管用于淋巴细胞圈门，B～F 管显示各管荧光 FL1 通道（FITC）和荧光 FL2 通道（PE）散点图

8.3.6　注意事项

①在测试前须用公司提供的质控微球调校流式细胞仪使其分辨率达到最佳工作状态。

②本试剂盒于 2～8℃贮存，严禁冻存。

③抗体试剂应避光保存，避免直接暴露于光线下。

④孵育时间、温度及离心时间应参照操作说明，否则可能影响实验结果。

⑤红细胞裂解液（试剂 G）的溶血效力受温度影响，用去离子水稀释到 $1\times$ 工作液，使用前要预先平衡至室温（20～25℃）。

⑥溶血标本不能用于检测。

⑦抗体试剂中均含有防腐剂叠氮钠，是一种有毒物质，操作时避免与皮肤、黏膜接触。

⑧具体检测的过程依赖流式细胞仪的性能。

8.4 淋巴细胞转化试验技术

8.4.1 前言

淋巴细胞转化试验(lymphocyte transformation test)是体外检测 T 淋巴细胞功能的一种方法,也是广泛用于动物机体细胞免疫功能检测的一种方法。体外淋巴细胞转化试验有 4 种方法:形态学检测法、MTT 检测法、CCK-8 检测法和^{3}H 胸腺嘧啶核苷掺入检测法。形态学方法简便易行,不需要特殊设备,但重复性和客观性较差。^{3}H-TdR 掺入法结果客观、准确、重复性好,但需一定的设备条件。MTT 比色法较形态学方法的客观、准确和重复性好,并且没有放射性污染的危险,但是该法较烦琐,也较易出现误差。这里主要介绍形态学检测法和 CCK-8 检测法。Montgomery 等(2012)用^{3}H 胸腺嘧啶核苷掺入检测法研究饲料中硒源对小马驹淋巴细胞转化率的影响,结果发现有机硒组和无机硒组淋巴细胞转化率没有显著差异。

8.4.2 原理

T 淋巴细胞在有丝分离原(PHA 或 ConA)或特异性抗原的刺激下可发生转化,产生一系列的变化,如细胞体积增大、细胞浆扩大、出现空泡、核仁明显、核染色质疏松,代谢旺盛,向淋巴母细胞转化和增殖等。因此,可用 T 细胞转化试验检查体内对相应抗原的迟发型变态反应,在 PHA 或 ConA 刺激下淋巴细胞转化率的高低可以反映机体的细胞免疫水平。

CCK-8(Cell Counting Kit-8)检测法,WST-8 由日本同仁化学研究所(Dojindo)开发的,其化学名为 2-(2-甲氧基-4-硝苯基)-3-(4-硝苯基)-5-(2,4-二磺基苯)-2H-四唑单钠盐,是 MTT 的升级替代产品。WST-8 在电子耦合试剂存在的情况下,可以被线粒体内的脱氢酶还原生成高度水溶性的橙黄色的甲䐶产物(formazan)。颜色的深浅与细胞的增殖成正比,与细胞毒性成反比。使用酶标仪在 450 nm 波长处测定 OD 值,间接反映活细胞数量。本方法与 MTT 相比,其重复性好,灵敏度高,对细胞的毒性低,可用于药物筛选、细胞增殖测定、细胞毒性测定、肿瘤药敏试验以及生物因子的活性检测等。

8.4.3 材料与设备

8.4.3.1 形态学检测法

(1)试剂

肝素钠,1 000 μg/mL 植物血凝素(PHA),RPMI 1640 液,0.075 mol/L KCl

溶液或 0.87％的 NH_4Cl 溶液,固定液和 Wright-Giemsa 染色液。

固定液:甲醇 9 份,冰醋酸 1 份。

Wright-Giemsa 染色液(见 E 玫瑰花环试验)。

(2)设备

注射器,水平转子离心机,无菌过滤装置,青霉素瓶,各种试管、吸管、移液器、CO_2 培养箱等。

8.4.3.2　CCK-8 检测法

(1)试剂

肝素钠,D-Hank's 液,淋巴细胞分离液(聚蔗糖-泛影葡胺),RPMI 1640 液,植物血凝素(PHA),CCK-8/WST-8 试剂盒等。

淋巴细胞分离液(聚蔗糖-泛影葡胺):比重 1.077 ± 0.001,低温避光保存。

(2)设备

注射器,华氏管,15 mL 离心管,2 mL(5 mL)吸管,水平离心机,CO_2 培养箱,酶标测定仪。

8.4.4　操作步骤

8.4.4.1　形态学检测法

①器材灭菌。

②采被检动物血液 1 mL,肝素抗凝。

③取被检动物抗凝血 0.1 mL,加入装有 1.8 mL RPMI 1640 培养液的青霉素瓶内,同时加入 1 000 μg/mL PHA 0.1 mL(50～75 μg PHA/mL 培养液即可),摇匀,对照管不加 PHA,将细胞置 37℃、5％CO_2 培养 3 d,每天摇动 1 次。

④培养结束时吸弃大部分上清液,加入 0.87％的 NH_4Cl 溶液 4 mL 混匀,置 37℃水浴 10 min,或加入 0.075 moL/L KCl 溶液 3 mL 混匀,置 37℃水浴 20 min,以溶解红细胞。

⑤2 500 r/min 离心 10 min,弃上清液,沉淀加 5 mL 固定液,室温作用 5 min。

⑥同上离心,弃上清液,留 0.2 mL 沉淀,轻轻混匀,滴加于洁净载玻片一端,匀速推片,自然干燥。

⑦玻片上滴加 Wright-Giemsa 染色液(染色参见 E 玫瑰花环试验),干燥。

⑧油镜计数 200 个淋巴细胞中转化的细胞数,计算转化率。

8.4.4.2　CCK-8 检测法

①无菌取静脉血 3 mL,用肝素抗凝。

②淋巴细胞分离(同 E 玫瑰花环试验),洗涤,弃上清,加入 RPMI 1640 培养液,重悬细胞,将细胞浓度调整为 2×10^6 个/mL 悬液。

③在 96 孔板中配制 $100~\mu L$ 的细胞悬液,需设仅加培养液的空白对照。将培养板在培养箱预培养 24 h($37^{\circ}C$,5% CO_2)。

④向培养板加入 $10~\mu L$ 不同浓度的 PHA,需设不加 PHA 的空白对照。

⑤将培养板在培养箱孵育一段适当的时间(例如,6、12、24 或 48h)。

⑥向每孔加入 $10~\mu L$ CCK-8 溶液(注意不要在孔中生成气泡,它们会影响 OD 值的读数)。

⑦将培养板在培养箱内孵育 1~4 h。

⑧用酶标仪测定在 450 nm 处的吸光度。

⑨若暂时不测定 OD 值,可以向每孔中加入 $10~\mu L$ 0.1 mol/L 的 HCl 溶液或者 1% W/V SDS 溶液,并遮盖培养板避光保存在室温条件下。24 h 内测定,吸光度不会发生变化。

8.4.5　结果判定

8.4.5.1　形态学检测法

(1)各类淋巴细胞判定标准

淋巴母细胞的形态学标准:细胞核的大小、核与胞浆的比例、胞浆染色性及核的构造与核仁的有无,见图 8-4。

成熟的小淋巴细胞:与未经培养的小淋巴细胞大小一样,为 6~8 μm,核染色致密,位于细胞中央,无核仁,核与胞浆比例大,胞浆为轻度嗜碱性染色。

过渡型淋巴细胞:比小淋巴细胞大,12~16 μm,核染色质较粗松,位于细胞中央或稍偏,一般无核仁,胞浆稍宽。

淋巴母细胞:细胞体积增大,12~25 μm,形态不整齐,常有小突出,核变大,核质染色疏松,有核仁 1~3 个,胞浆变宽,常出现胞浆空泡,胞浆为嗜碱性染色。

其他细胞:如中性粒细胞在培养 72 h 后,绝大部分衰变或死亡,呈碎片。

(2)计算淋巴细胞的转化率

油镜下观察每张玻片的头、体、尾三段(目的是减少推片中细胞分布不均的误差),每张玻片记数 200~400 个细胞,计算转化率,其中头部 50~100 个细胞,体部 50~100 个细胞,尾部 100~200 个细胞。按下列公式计算。

$$转化率 = \frac{转化的淋巴母细胞}{淋巴细胞总数} \times 100\%$$

其中,转化的淋巴细胞包括淋巴母细胞和过渡型淋巴细胞,未转化的淋巴细胞指的是成熟的小淋巴细胞。正常情况下转化率为 $60\%\sim80\%$。

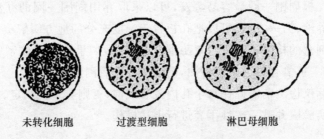

未转化细胞　　　过渡型细胞　　　淋巴母细胞

图 8-4 淋巴细胞转化过程示意图

8.4.5.2 CCK-8 检测法

细胞活力计算如下。

$$细胞活力^* = \frac{[A(加\ PHA)-A(空白)]}{[A(不加\ PHA)-A(空白)]}\times100\%$$

A(加 PHA),具有细胞、CCK-8 溶液和 PHA 溶液的孔的吸光度;A(空白),具有培养基和 CCK-8 溶液而没有细胞的孔的吸光度;A(不加 PHA),具有细胞、CCK-8 溶液而没有 PHA 溶液的孔的吸光度。

*细胞活力指细胞增殖活力。

8.4.6 注意事项

8.4.6.1 形态学检测法

(1)培养液的 pH

①培养液的 pH 对淋巴细胞的转化率影响很大:pH 为 7.2～7.6 时转化率良好;pH 下降到 6.6 左右转化率降低;pH 下降到 6.2 以下,不转化甚至溶解死亡。因此,经 72 h 培养终止时,应维持 pH 在 7.0 左右。

②PHA 有粗制品(含多糖蛋白,称为 PHA-M)和精制品(为纯蛋白,称为 PHA-P)应用时应按说明书严格配制。PHA 剂量过大对细胞有毒性,太小不足以刺激淋巴细胞转化,试验前应先测定 PHA 转化反应剂量。

③培养时要保证有足够的气体,一般 10 mL 培养瓶内液体总量不要超过 2 mL。

④严格无菌操作。

（2）CCK-8 检测法

①由于使用 96 孔板进行检测，如细胞培养时间较长需考虑蒸发的问题。一方面，由于 96 孔板周围一圈最容易蒸发，可以采取弃用周围一圈的办法，改加 PBS、无菌水或培养液；另一方面，可以把孔板置于湿度充分的地方缓解蒸发。

②本试剂盒的检测依赖于脱氢酶催化的反应，如果待检测体系中存在较多的还原剂，例如一抗氧化剂会干扰检测，需设法去除后测定。

③用酶标仪检测前需确保每个孔内没有气泡，否则会干扰测定。

④请穿实验服并戴一次性手套进行上述操作。

8.5　细胞因子检测技术

8.5.1　前言

在免疫营养学研究中，常需检测不同条件培养液中细胞因子的活性，并探讨细胞因子产生水平与免疫细胞表型、增殖、杀伤及其他功能的关系。从细胞因子及其受体检测的水平来说，可以分为基因组 DNA、mRNA 和蛋白 3 个不同的水平，蛋白水平又包括胞浆内、膜表面以及分泌到体液或培养上清液等 3 种不同形式细胞因子。目前，应用最多的是检测体液（如血清）或培养液中的细胞因子以及膜表面的细胞因子受体。

KerÉkgyártó 等（1996）用生物学方法检测香菇多糖对小鼠巨噬细胞产生 TNF 的影响，结果发现香菇多糖能促进小鼠腹膜巨噬细胞产生更多的 TNF，提高免疫能力。Hassan 等（2016）酶联免疫试剂盒研究分离自木糖氧化产碱菌（*Alcaligenes xylosoxidans*）的杂多糖 AXEPS 对大鼠 TNF-α 的影响，发现 AXEPS 能减低 γ-辐射后 TNF-α 含量，表明 AXEPS 能减缓 γ-辐射对动物的损伤。Ohtsuka 等（2014）用 RT-PCR 方法研究竹（*Sasa sensanensis*）草叶提取物对奶牛血液单核细胞的细胞因子的影响，结果证明竹草叶提取物增加了血液单核细胞的穿孔毒素（perforin）和黏病毒抗性蛋白（myxovirus resistance protein，抗病毒因子）两种细胞因子的表达量，说明添加竹草叶提取物对预防传染病有一定的效果。

8.5.2　原理

根据检测原理和手段的不同，细胞因子检测技术大致可分为 3 类，即生物学方法、免疫学方法和分子生物学方法。

生物学检测法是根据细胞因子特定的生物活性而设计的检测方法,用于检测细胞因子的活性。由于各种细胞因子具有不同的活性,例如 IL-2 促进淋巴细胞增殖,TNF 杀伤肿瘤细胞,CSF 刺激造血细胞集落形成,IFN 保护细胞免受病毒攻击,因此选择某一细胞因子独特的生物活性,即可对其进行检测。根据细胞因子特定的生物活性生物学检测法又可分为:增殖或增殖抑制法、集落形成法、靶细胞杀伤法、细胞病变抑制法和抗体形成法等。细胞因子生物学检测方法还可利用体内法,即采用动物模型来检测细胞因子含量,反映的是动物体内的生物学活性,参考价值大,但操作比较烦琐、成本高、影响因素多、实验周期长。生物学检测法一般敏感性较高,直接表示待测标本中细胞因子的活性。但试验周期较长,易受细胞培养中某些因素的影响,如血清、pH、药物;易受生物学活性相同或相近的其他细胞因子的影响,如检测 IL-2 时可受 IL-4 的干扰,TNF-α 和 TNF-β 表现出极为相似的生物学作用;易受待测样品中某些细胞因子抑制物的干扰,如 IL-1 活性可被 IL-1 受体拮抗物(IL-lra)所抑制;不能区分某些细胞因子的型和亚型,如 IFN-α、β 和丁,以及 IFN-α 中不同的亚型显示相同的生物学活性,某些指示细胞长期培养易发生突变;不同指示细胞对同一种细胞因子的敏感性不同,所以结果难以标准化。

免疫学检测法是将细胞因子(或受体)作为一种蛋白质抗原,与特异性抗体(单克隆抗体或多克隆抗体)结合,通过同位素、荧光或酶等标记技术加以放大和显示,从而定性或定量显示细胞因子(或受体)的水平。这类方法的优点是试验周期短,很少受抑制物或相似生物功能因子的干扰,一次能检测大量标本,易标准化。免疫学检测法主要采用酶联免疫吸附试验(ELISA)和放射免疫分析(RIA)。ELISA检测方法检测细胞因子多采用定量的双抗体夹心法,适于测定细胞培养上清、血清、血浆及组织液中的样本,干扰小,检测水平可达 ng/mL,定量较准确。用此法可以检测血浆中 TNF,IL-8 等细胞因子。RIA 检测方法采用同位素标记技术进行抗原抗体反应来检测细胞因子,具有特异性高、精确性好的特点,能测出 ng 或 pg 水平的细胞因子,尤其适合于混合样本中单一细胞因子的检测。此法可检测出 0.1 ng/mL 的 IL-6,样本体积只需 50 μL。

分子生物学方法主要检测细胞因子的基因表达水平,该法尤其适用于含量极少或容易降解的细胞因子。主要分为反转录 PCR(RT-PCR)和 Northern 杂交两种方法。分子生物学方法检测到的是细胞因子基因的表达,比较灵敏,特别适于检测微量或易降解的细胞因子,但是 mRNA 终归不能完全反映细胞因子的含量或活性,因此分子生物学方法也有其局限性。

8.5.3 材料与设备

8.5.3.1 生物学方法检测肿瘤坏死因子(TNF)

(1)试剂

鼠成纤维细胞株 L929、细胞培养液、消化液、放线菌素 D、TNF 标准品、细胞稀释液、结晶紫染液、青霉素、链霉素等。

细胞稀释液:磷酸盐缓冲液(pH 7.2)制备成含 0.5％牛血清白蛋白的溶液。

细胞培养液 1:无抗生素的 Eagle 最低必需培养基(Eagle's minimum essential medium),添加 5％热灭活胎牛血清(FBS)和 24 mmol/L HEPES。

细胞培养液 2:无抗生素的 199 培养基(medium 199),添加 0.5％蛋白胨(Bac-to-Peptone)和 24 mmol/L HEPES。

消化液:0.25％胰酶 EDTA。

结晶紫染液:用 20％甲醇配制成 100 mL 含 0.5 g 结晶紫的染液。

(2)设备

96 孔细胞培养板、注射器、细胞培养瓶,4 mm 玻璃珠、吸管、移液器、CO_2 培养箱、倒置显微镜、酶标仪等。

8.5.3.2 酶联免疫试剂盒测定大鼠 TNF-α

(1)试剂

酶联免疫试剂盒等。

(2)设备

移液枪、华氏管、15 mL 离心管、2 mL(5 mL)吸管、酶标仪等。

8.5.3.3 RT-PCR 法测定细胞因子

(1)试剂

TRIzol、反转录试剂盒、RT-PCR 试剂盒、引物等。

(2)设备

荧光定量 PCR 仪、移液枪、枪头等。

8.5.4 操作步骤

8.5.4.1 生物学方法检测 TNF

生物学方法检测 TNF 法是在 Kramer 和 Carver(1986)研究的基础上建立的,

该法很灵敏,可以检测到 88 pg/mL TNF-α。

(1)细胞株的培养和筛选

①将 L929 细胞以每孔 1 个的浓度有限稀释到 96 孔细胞培养板中。加入细胞培养液 1,总量 0.1 mL,在 37℃ 5% CO_2 的二氧化碳培养箱中培养 24 h。

②每孔加重组的 TNF 到终浓度 1.0 pg/mL。每天在倒置显微镜上观察细胞生长情况。

③选择每天细胞生长率≤1.0% 的细胞,换新鲜细胞培养液培养扩增。冻存和用于检测 TNF 活性。

(2)检测 TNF 生物活性

①取对数生长期的 L929 细胞,用消化液消化成分散细胞。倒去消化液,用细胞培养液 2 将细胞稀释至 4×10^4/mL。

②取 96 孔细胞培养板,除 12 行的 E 到 H 孔外每孔中加 100 μL 细胞悬液,在 37℃、5% CO_2 的饱和水汽二氧化碳培养箱中培养 20 h。

③用细胞培养液 2 倍比稀释待测样品和 TNF 标准品,TNF 标准品从 100 U/mL 稀释到 0.78 U/mL,共 8 个稀释度,待测样品则根据情况作适当的系列稀释。

④去除旧培养基,加入 50 μL 含 200 U/mL 青霉素、200 μg/mL 链霉素和 2 μg/mL 放线菌素 D 的细胞培养液 2,和 50 μL 用细胞培养液 2 稀释的样品或 TNF 标准品,每个稀释度 3 个重复孔。阴性对照孔中只加含 1 μg/mL 放线菌 D 的细胞培养液 2,阳性对照孔加含高剂量 TNF(4 000 U/mL)的细胞培养液 2。

⑤在 37℃、5% CO_2 的二氧化碳培养箱中继续培养 20 h。培养完成后,立即用细胞稀释液洗涤细胞,然后用结晶紫染色,测定在 540 nm 波长条件下的吸光度。

8.5.4.2 酶联免疫试剂盒测定大鼠 TNF-α

此测定步骤完全根据试剂盒说明书上的步骤进行,这里不再详细说明。

8.5.4.3 RT-PCR 法测定细胞因子

(1)提取测定 TNF-α 细胞的 RNA

需要测定 TNF-α 的细胞沉淀直接加 TRIzol 试剂(每 10^6 个细胞加 1 mL TRIzol),室温放置 5 min,使细胞裂解;12 000 r/min 离心 5 min,弃去沉淀;按 200 μL 氯仿/mL TRIzol 加入氯仿,手动振荡均匀后室温放置 15 min;于 4℃,12 000g 离心 15 min,吸取上层水相到另一离心管中;按 0.5 mL 异丙醇/mL TRIzol 加异丙醇混匀,室温放置 5~10 min;于 4℃ 12 000g 离心 10 min,弃上清,RNA 沉于管底;75% 乙醇洗涤 RNA 沉淀,于 4℃ 8 000g 离心 5 min,尽量弃上清;室温晾干 5~10 min;用超纯水或 TE buffer 等溶解 RNA,55~60℃,5~10 min。

检测 RNA 浓度和质量。

（2）RNA 反转录

根据反转录试剂盒说明书的操作步骤进行 RNA 反转录,形成 cDNA。

（3）RT-PCR 分析

牛、绵羊和山羊各种细胞因子 RT-PCR 使用的引物见表 8-1（引物源自 Puech 等,2015）,注意不同动物的细胞因子的引物可能存在差异。标准基因梯度稀释和样品 cDNA 适当稀释 PCR 进行荧光定量 PCR,每个标准基因梯度稀释和样品 3 个重复。PCR 反应体系为 2 μL cDNA 模板,7.4 μL 超纯水,上游和下游引物各 0.3 μmol/L,SYBR Green 的荧光染料和缓冲液 10 μL,反应循环为 95℃,10 min, 然后进行 95℃,30 s;60℃,30 s;72℃,45 s;40 个循环,最后 72℃,10 min。

表 8-1　各种细胞因子 RT-PCR 使用引物的序列

细胞因子	引物(5′→3′)	扩增长度/bp
IL-4	F:CAGCATGGAGCTGCCT	177
	R:ACAGAACAGGTCTTGCTTGC	
IL-10	F:CTTTAAGGGTTACCTGGGTTGC	239
	R:CTCACTCATGGCTTTGTAGACAC	
IL-12B	F:CAGCAGAGGCTCCTCTGAC	237
	R:GTCTGGTTTGATGATGTCCCTG	
INF-γ	F:CAGAGCCAAATTGTCTCCTTC	167
	R:ATCCACCGGAATTTGAATCAG	
TNF-α	F:CCAGAGGGAAGAGCAGTCC	111
	R:GGCTACAACGTGGGCTACC	
ACTB	F:TGGGCATGGAATCCTG	194
	R:GGCGCGATGATCTTGAT	

注:IL,白细胞介素;IL-12B,白细胞介素 p40;TNF,肿瘤坏死因子 α;ACTB,β-肌动蛋白(管家基因)。

8.5.5　结果计算

生物学方法和酶联免疫试剂盒法 TNF 均是根据标准品绘制吸光度与标准品浓度标准曲线,样品浓度根据标准曲线进行计算。

RT-PCR 的结果是如果有基因片段的克隆可以进行绝对定量,一般使用相对定量。绝对定量是根据克隆倍比稀释进行荧光定量,拷贝数的对数与其 PCR 用其阈值周期(Ct 值)存在线性关系,建立标准曲线,样品的 Ct 值代入标准曲线计算样品中基因的拷贝数。相对定量是假设目的基因与看家基因扩增效率相同,目的基因的量通过下面公式计算。

$$目的基因的量 = 2^{-\triangle\triangle Ct}$$
$$\triangle\triangle Ct = (Ct_{目的基因} - Ct_{管家基因})$$

8.5.6　注意事项

8.5.6.1　生物学方法检测 TNF

①细胞株必须经过检测,确定是无支原体细胞系。

②细胞培养过程严格进行无菌操作。

8.5.6.2　酶联免疫试剂盒测定大鼠 TNF-α

①酶联免疫试剂盒是分动物种类的,选用的试剂盒一定与研究动物相对应。

②必须设立阴性和阳性对照。

③严格按照说明书上的步骤进行。

8.5.6.3　RT-PCR 法测定细胞因子

①提取 RNA 时要防止 RNA 酶的污染,所有接触物品都要用 DEPC 溶液处理并高压。

②提取 RNA 过程中,加入氯仿后不能用涡旋仪涡旋。

③提取的 RNA 晾干时不可时间太长,干燥过度使 RNA 难溶。

8.6　溶血空斑试验测定技术

8.6.1　前言

溶血空斑试验(hemolytic plaque test)是由 Jerne 和 Nordin 在 1963 年创建的一种体外检测抗体形成细胞(浆细胞)的方法,又称空斑形成细胞试验(plaque forming cell assay,PFC 试验)。根据所操作的方法不同可分为直接溶血空斑试验、间接溶血空斑试验、琼脂固相法、小室液相法、单层细胞法等。其中,直接法可用来测定分泌 IgM 的抗体形成细胞,间接法主要用来测定分泌 IgG 的抗体形成细胞。溶血空斑形成试验不仅可以检测抗体形成细胞的数量,也可评价产生抗体的功能。

8.6.2 原理

经典的溶血空斑试验用于检测试验动物抗体形成细胞的功能,其原理是将一定量洗涤过的绵羊红细胞(SRBC)作为抗原腹腔注射免疫试验动物,4 d后处死,取出脾脏制成细胞悬液,内含抗体形成细胞,加入 SRBC 及补体,混合在温热的琼脂溶液中,浇在平皿内或玻片上,使成一薄层,置37℃温育。由于脾细胞内的抗体生成细胞可释放抗 SRBC 抗体,使其周围的 SRBC 致敏,在补体参与下导致 SRBC 溶血,形成一个肉眼可见的圆形透明溶血区而成为溶血空斑。每一个空斑表示一个抗体形成细胞,空斑大小表示抗体生成细胞产生抗体的多少。这种直接法所测的细胞为 IgM 生成细胞,IgM 抗体固定补体能力强,可直接激活补体介导途径,导致 SRBC 溶解。

其他类型免疫球蛋白(Ig)由于溶血效应较低,不能直接检测,可在试验动物脾细胞和 SRBC 混合时,再加抗试验动物 Ig 的抗体(如试验动物为鼠时使用兔抗鼠 Ig),使抗体生成细胞所产生的 IgG 或 IgA 与抗 Ig 抗体结合成复合物,此时能活化补体导致溶血,称间接空斑试验。

另外,如果用一定方法将 SRBC 用其他抗原包被,则可检查与该抗原相应的抗体产生细胞,这种非红细胞抗体溶血空斑试验称为空斑形成试验,其应用范围较大。现在常用的为 SPA-SRBC 溶血空斑试验。利用 SPA 能与人及多数哺乳动物 IgG 的 Pc 段呈非特异性结合的特性,首先将 SPA 包被 SRBC,然后进行溶血空斑测定,可提高敏感度和应用范围。

8.6.3 材料与设备

8.6.3.1 材料

(1)SRBC 悬液

取无菌脱纤绵羊血(或阿氏液保存的血液),用灭菌生理盐水或磷酸盐缓冲盐水(PBS)洗 3 次,每次 2 000 r/min 离心 5 min,最后取压积红细胞,悬于灭菌 pH 为 7.2 PBS(含 Ca^{2+}、Mg^{2+})中,使浓度成为 20%,经细胞计数后,调整细胞浓度为 2×10^9/mL。

(2)PBS 缓冲液

PBS:0.1 mol/L pH 为 7.2 PBS(含 Ca^{2+}、Mg^{2+})。

(3)补体

采集 3 只以上豚鼠血清,应用时用 PBS 稀释成 1∶30 浓度(如不加 DEAE-右旋

糖酐,可采用原补体或做 1∶5 稀释)

（4）DEAE-右旋糖酐

DEAE 右旋糖酐分子量 5 万,用蒸馏水配成 1％浓度备用。

（5）其他材料

琼脂(要求抗补体作用小,可用日本琼脂粉或旅大水产制品厂的产品);平皿;
18～25 g 昆明系小鼠等。

8.6.3.2　仪器

培养箱(37℃),水浴箱(45℃),离心机,显微镜及白细胞计数器等。

8.6.4　操作步骤

8.6.4.1　免疫脾细胞悬浮液的制备

（1）免疫小鼠

每只小鼠经尾静脉或腹腔注入上述 SRBC 悬液 0.2 mL。

（2）制备脾细胞悬液

将免疫后第 4 天的小鼠,拉脱颈椎处死,解剖取出脾脏放入含 Ca^{2+}、Mg^{2+} 冷
的 pH 为 7.2 PBS 中漂洗后,去掉结缔组织,加入适量的 PBS,用弯头镊子挤压出
脾细胞,稍静置,吸上清液至离心管中,4℃条件下 1 500 r/min 离心 5 min,弃上清,
定量加入 PBS 混匀,调整细胞数至$(1.5～2.0)×10^7$/mL。台盼蓝染色查活细胞
数应大于 90％,置 4℃冰箱备用。

（3）倾注底层琼脂

将 1.4％琼脂加热融化后倾注于平皿内,每个平皿 5 mL,凝固后置湿盒 37℃
备用。

（4）顶层琼脂的制备

0.7％琼脂加热融化后加入华氏管内,每管 2 mL,47～49℃水浴保温备用。

（5）试验平皿的制备

依次将预温 40℃左右的 25％SRBC、保存于 4℃的脾细胞悬液各 0.1 mL,1％
DEAE 右旋糖酐 0.05 mL 加入预热 47～49℃的含 0.7％琼脂的华氏管中,迅速混
匀,立即倾注于铺有底层琼脂的平皿内,凝固后,静置约 15 min,置 37℃孵育 1 h。

（6）空斑计数

从温箱中取出平皿,每皿加入 1∶30 稀释的新鲜豚鼠血清 1.5 mL(如未加 DE-
AE-右旋糖酐,则加原血清或 1∶5 稀释的新鲜血清 1.5 mL),继续放 37℃温箱中温

育 30 min 后，取出，即可用肉眼或借助放大镜进行空斑计数。

8.6.5　结果计算

观察时，将平皿对着光亮处，用肉眼或放大镜观察每个溶血空斑的溶血状况，并记录整个平皿中的空斑数，同时求出每百万个脾细胞内含空斑形成细胞的平均数。

8.6.6　注意事项

①0.7％琼脂必须置 47～49℃水浴保温。如温度过高会导致 SRBC 溶血或所加入脾细胞的死亡。温度过低则在操作过程中琼脂发生凝固，影响上层琼脂平板的制备。

②离体的脾细胞应置 4℃冰箱保存，防止抗体分泌和细胞死亡。

③在制备试验平皿时，对于所有玻璃器皿和各种试剂，均需预温，将各种试剂加入华氏管后，应与 0.7％琼脂迅速充分混匀，然后立即倾倒于底层琼脂上，并避免倾入气泡。

④加入的补体应均匀覆盖于表层琼脂上。

⑤制备底层平皿和试验平皿时，均须将平皿置于水平台上，以保证琼脂面铺平。

8.7　动物应激模型的建立

8.7.1　前言

动物模型是动物免疫营养学研究营养原理和营养需求时所使用的试验对象和材料。应激是动物难以避免的一种生理反应，它能引起动物一系列的生物学反应进行防御，包括行为反应、植物性神经系统、神经内分泌系统及免疫系统等方面，因此营养代谢和免疫均发生一定的改变。

8.7.2　原理

动物应激模型一般采用应激原因进行诱导产生，如运输应激利用路途运输模拟国内正常等级公路上的运输环境进行诱发（李玉保等，2006）；热应激可以通过动物放置于 38℃的条件下进行诱发（Sinha，2008）。另外，因为应激反应均可使动物糖皮质激素水平提高，所以可以直接腹腔注射一种人工合成的糖皮质激素——地塞米松构建动物应激模型(秦健等,2012)。不仅应激原的种类多,而且各种动物对相同应激原的反应强度差异也很大,比如大鼠热应激一般使用 38℃ 进行诱导(Sinha,2008),而荷斯坦奶牛在环境温度超过 25℃ 时就会产生热应激(杨毅等,2009),下面就热应激模型的构建方法进行说明。

8.7.3 材料与设备

需要有可以分开控制温度、湿度、风速等的饲养条件,饲料等。

8.7.4 操作步骤

8.7.4.1 动物适应期

试验动物经过运输、分组等,要适应试验圈舍环境、饲料等。一般适应期 1 周,采用自由饮水和采食,每天 12 h 光照,12 h 黑暗。

8.7.4.2 诱导热应激

(1)大鼠热应激模型的诱导

大鼠通过饲养在生物需氧量(BOD)正常,相对湿度 45%~50%,温度(38±1)℃ 的恒温箱中诱导热应激(Sinha 和 Ray,2006;Sinha,2008)。在(38±1)℃ 的恒温箱中一次放置 4 h 可诱导急性热应激;而每天在 BOD 恒温箱中一次放置 1 h,连续 21 d,诱导慢性热应激。

(2)奶牛热应激模型的诱导

奶牛热应激模拟通过昼夜模式产生,经历周期日常温度范围为 29.4~38.9℃,保持 20% 的湿度,温湿指数(THI)=72.4~82.2,连续 7 d,诱导奶牛热应激模型(Wheelock 等,2010)。

(3)妊娠母猪热应激模型的诱导

妊娠母猪热应激模型同样通过昼夜模式产生,经历周期日常温度范围是 28~34℃(Boddicker 等,2014)。

8.7.5 热应激个体的识别

热应激个体一般根据平均皮肤温度、呼吸频率、直肠温度等方面进行判断,也可以根据糖皮质激素等激素或细胞应激最敏感的蛋白热休克蛋白 70(HSP70)(Welch,1992)的变化判断。

参考文献

[1] Boddicker RL, Seibert JT, Johnson JS, et al. Gestational heat stress alters postnatal offspring body composition indices and metabolic parameters in pigs. PLoS One, 2014, 9(11): e110859.

[2] Gandra J R, Barletta R V, Mingoti R D, et al. Effects of whole flaxseed, raw soybeans, and calcium salts of fatty acids on measures of cellular immune function of transition dairy cows. J Dairy Sci, 2016, 99:4590-4606.

[3] Gozil R, Kurt I, Erdogan D, et al. Long-term degeneration and regeneration of the rabbit facial nerve blocded with conventional lidocaine and bupivacaine solutions. Anat Histol Embryol, 2002, 31(5): 293-299.

[4] Hassan AI, Ghoneim MAM, Mahmoud MG, et al. Efficacy of polysaccharide from *Alcaligenes xylosoxidans* MSA3 administration as protection against γ-radiation in female rats. J Radiat Res, 2016, 57(2): 189-200.

[5] KerÉkgyártó C, Virág L, Tankó L, et al. Strain differences in the cytotoxic activity and TNF production of murine macrophages stimulated by lentinan. Ink J Immunopharmac, 1996, 18(6/7): 347-353.

[6] Kramer SM, Carver ME. Serum-free in vitro bioassay for the detection of tumor necrosis factor. J Immunol Methods, 1986, 93: 201-206.

[7] Montgomery JB, Wichtel JJ, Wichtel MG, et al. The effects of selenium source on measures of selenium status of mares and selenium status and immune function of their foals. J Equine Vet Sci, 2012, 32: 352-359.

[8] Ohtsuka H, Fujiwara H, NishioA, et al. Effect of oral supplementation of bamboo grass leaves extract on cellular immune function in dairy cows. Acta Veterinaria Brno, 2014, 83(3): 213-218.

[9] Puech C, Dedieu L, Chantal I, et al. Design and evaluation of a unique SYBR Green real-time RT-PCR assay for quantification of five major cytokines in cattle, sheep and goats. BMC Vet Res, 2015, 11: 65.

[10] Sinha RK. Serotonin synthesis inhibition by pre-treatment of p-CPA alters sleep-electrophysiology in an animal model of acute and chronic heat stress. J Therm Biol, 2008, 33: 261-273.

[11] Sinha RK, Ray AK. Sleep-wake study in an animal model of acute and

chronic heat stress. Physiol Behav, 2006, 89: 364-372.

[12] Welch WJ. Mammalian stress response: cell physiology, structure/function of stress proteins, and implications for medicine and disease. Physiol Rev, 1992, 72(4): 1063-1081.

[13] Wheelock JB, Rhoads RP, VanBaale M J, et al. Effects of heat stress on energetic metabolism in lactating Holstein cows. J Dairy Sci, 2010, 93(2): 644-655.

[14] 顾韬, 张超, 何勍, 等. 不同类型椎间盘退变动物模型的评价与比较. 脊柱外科杂志, 2015, 13(2): 115-120.

[15] 黄宗海, 傅晓静, 厉周. 肛门失禁动物模型的构建及评价. 南方医科大学学报, 2009, 29(6): 1170-1172.

[16] 李玉保, 鲍恩东, 王志亮, 等. 荧光定量 RT-PCR 法检测运输应激猪热休克蛋白 mRNA 转录水平. 中国农业科学, 2006, 39(1): 187-192.

[17] 秦健, 杜荣, 杨亚群, 等. Myostatin 在地塞米松致肌原纤维损伤中的作用研究. 畜牧兽医学报, 2012, 43(3): 482-488.

[18] 杨汉春. 动物免疫学. 2 版. 北京: 中国农业大学出版社, 2003.

[19] 杨毅, 梁学武, 刘庆华, 等. 轻微至中度热应激对荷斯坦奶牛生理指标及产奶性能的影响. 中国畜牧兽医学会养牛学分会学术研讨会, 2009: 28-31.

（本章编写者：裴彩霞、王永新；校对：霍文婕、张春香）

第9章 动物营养学研究中应用的组学技术

　　组学技术是后基因时代系统研究动物营养的主要生物技术手段,包括基因组学、蛋白质组学、代谢组学等。基因组学(genomics)是 1986 年由美国科学家 Thomas Rodefick 等提出的,主要包括以全基因组测序为目标的结构基因组学和以基因功能鉴定为目标的功能基因组学。该技术和生物信息学技术联合应用在动物营养领域内被称为营养基因组学(nutrigenomics)。它是从分子整体水平上系统研究动物营养素对机体基因的转录、翻译表达以及代谢机制影响的方法,应用高通量基因组学技术可以发现与营养的合成、积累、吸收、转运及代谢等有关的基因组。蛋白质组学(proteomics)是 1994 年由澳大利亚科学家 Wilkins 等提出,它是研究基因组所表达的真正执行生命活动的全部蛋白质的表达规律和生物功能的方法。是研究细胞或组织或机体在特定时间和空间上表达的蛋白质组群。作为基因组学研究的重要补充,蛋白质组学就是从蛋白质的水平上定量的、动态的、整体的研究营养素在机体中的代谢、功能及其调控机制。代谢组学(metabonomics)是 1999 年由德国科学家 Nicholson 等提出,一种将图像识别方法和生物信息学结合起来的分析技术。通过对代谢产物定量和定性分析,从整体上评价生命体功能状态和变化,能够全面、快速地研究机体内部代谢物的总体变化。本章介绍了基因组学、蛋白质组学和代谢组学等技术以及样品采集及前处理、测定方法、数据收集和数据处理等研究方法。

9.1 基因组学技术

9.1.1 前言

　　通过基因组学技术可以系统地研究营养与基因功能的关系,它以高通量、大规模试验方法以及统计与计算机分析为特征,通过基因组的差异分析,从基因水平上研究常量、微量营养素的作用机制及代谢通路。目前应用于基因组学研究的方法主要有 mRNA 差异显示技术、DNA 芯片技术和转录组技术等。

mRNA 差异显示技术,其基本原理是将具有可比性的细胞在某一条件下可表达的 mRNA 群体通过逆转录方法变成相应的 cDNA 群体,以此为模板,利用一对特殊引物,即 3′标记引物和 5′随机引物,在一定条件下进行 PCR 扩增,得到与 mRNA 相对应的"标签",然后用变性聚丙烯酰胺测序胶分析其差别,将有差别的基因克隆化,进一步分析其结构与功能。但该技术过程复杂,获取的信息量有限,因此,使用范围受到了限制。

DNA 芯片技术,又称基因芯片或微阵列(microarrays)。其技术原理是基于DNA 碱基的配对和互补,把 DNA 或 RNA 分解为一系列碱基数固定交错且重叠的寡核苷酸并进行测序,然后进行序列拼接。主要流程包括将待测基因酶切成不同长度的片段,荧光定位标记,然后与 DNA 芯片杂交,应用激光共聚焦荧光显微镜扫描芯片。由于生物标记受激光激发后发出荧光,并且其强度与杂交程度有关,可以获得杂交的程度和分布。根据探针的位置和序列就可确定靶序列相应基因的序列或表达及突变情况。该技术可以检测营养素对整个细胞、组织甚至整个系统及作用方式上的差异。但由于 DNA 芯片上基因数量是已知的、有限的,数量为 20 000~30 000,因此不能全面地了解基因的变化情况,假阳性较高。

转录组技术(transcriptomics),它是利用高通量测序技术平台进行 cDNA 测序,获取某活细胞或某器官在特定状态下所能转录出来的所有 RNA,包括编码 RNA 和非编码 RNA,然后利用高性能的生物信息学分析进行鉴定、功能注释、差异基因分析,实现了表达谱分析的数字化、高效性,能够全面、快速地定量检测物种特定组织或发育时期的基因表达种类和丰度信息。应用转录组学技术可以高通量、大规模地监测能量限制、微量营养素缺乏对基因表达及其信号通路的影响;也可以检测营养素对整个细胞、组织或系统及作用通路上所有已知和未知分子的影响,使得研究者能够真正全面地了解营养素的作用分子机制。

随着高通量测序技术平台的升级和生物信息分析云平台建立,转录组技术将更多地应用于动物营养领域内。目前高通量转录组测序有:转录组测序、数字表达谱、小 RNA 测序、lncRNA 测序和降解组测序等。

9.1.2 试验设计

基因组学试验设计流程如图 9-1 所示。

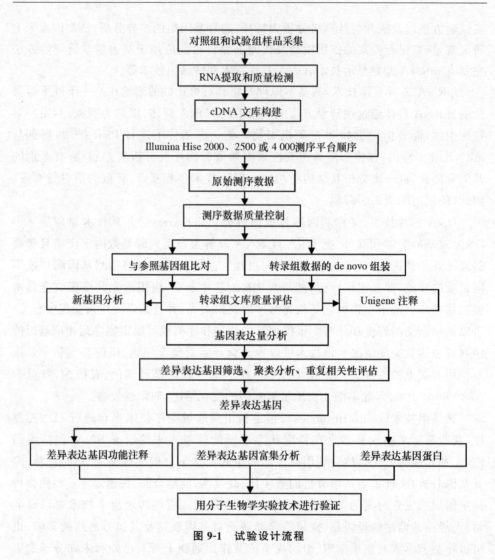

图 9-1 试验设计流程

9.1.3 材料

9.1.3.1 试剂盒及耗材

（1）试剂盒

①Trizol® reagent。

②PrimeScript® RT Master Mix Perfect Real Time。

③SYBR® Premix Ex TaqTM II 。

④RNAase-free ddH$_2$O(TaKaRa,日本)。

⑤固相 RNAase 清除剂(Andybio,美国)。

⑥试剂:氯仿、无水乙醇(分析纯)、异丙醇。

(2)耗材

①1.5 mL 无 RNase EP 管。

②八连管。

③枪头:10 μL,20 μL, 1 mL 枪头。

④PE 手套。

⑤口罩。

(3)配制的液体

①50×TAE 缓冲液:称取 EDTA-Na 29.3 g,冰乙酸 28.5 mL,Tris 121 g,调节 pH 至 8.3,定容至 500 mL,121℃高压灭菌 30 min, 4℃避光保存。

②固相 RNase 清除剂:按 1 000:1的比例将 ddH$_2$O 与固相 RNase 清除剂配制成工作液。

③EB 储液(10 mg/mL):称取 1 g EB 溶于 100 mL 双蒸水,棕色瓶 4℃避光保存。

9.1.3.2　仪器设备

①高压蒸汽灭菌锅(MLS-3020,Sanyo,日本)。

②真空干燥箱(DZF-6210,上海)。

③制冰机(SIM-F124,Sanyo,日本)。

④高速冷冻离心机(Centrifuge 5415R,Eppendorf,德国)。

⑤超净工作台(BCM-1000,安泰,苏州)。

⑥核酸蛋白测定仪(ND-1000,NanoDrop,北京)。

⑦实时荧光定量 PCR 仪(Mx3000,Stratagene,美国)。

⑧移液枪(Eppendorf,德国)。

⑨漩涡混合器(QL-901,海门,江苏)。

⑩超低温冰箱(UF3410,Heto,丹麦)。

⑪电泳仪。

9.1.4　操作步骤

9.1.4.1　样品的采集

(1)组织样品采集

①不同试验组的试验动物,采用颈静脉放血法致死,每组至少屠宰 3 只。

②采集样品：根据试验设计采集动物的器官或组织，睾丸、附睾头、附睾体、附睾尾、气管、皱胃、空肠、回肠、输尿管、输精管、十二指肠、胆囊、肾、前列腺、精囊腺、膀胱、肾上腺、心包膜、甲状腺、食管、垂体、肺泡、腮腺、肠淋巴结、脾、扁桃体、下丘脑相同的部位采取组织。

③保存。放入固相 RNAase 清除剂已处理过得冻存管中，并迅速置于液氮中，而后−80℃冰箱保存。

(2)细胞样品采集

①不同营养素添加组细胞，细胞融合度达 90％时收集。

②细胞收集：首先用 PBS 冲洗 2 次，每次 2 min；然后用 0.25％胰酶消化 3～5 min，轻轻拍打；再用带血清的培养液终止消化，收集细胞。

③测定细胞数量，用血细胞计数板计数，RNA 提取时细胞数量应达 10^6/mL 以上。

④离心：以 4 000 r/min 低温离心，去除上清，收集底部白色的细胞。

⑤保存：液氮或−80℃冰箱保存。

9.1.4.2　RNA 提取及质量检测

(1)RNA 提取

按照 Trizol® Reagent 试剂盒操作说明书提取组织的总 RNA，具体操作步骤如下。

①试验前的准备工作：将试验所需的玻璃器皿、离心管、枪头、枪头盒器材在用 1∶1000 稀释的固相 RNAase 清除剂中浸泡 24 h，后 120℃高压灭菌 30 min，80℃烘干备用。整个操作过程均在 RNA 的专用实验操作台上进行，所有器械均是 RNA 专用，目的是防止 RNA 的降解。

②将保存在−80℃超低温下的山羊组织取出，称取大约 0.1 g，然后迅速放入液氮预冷过的研钵中，研磨组织，边研磨边不断向研钵中添加液氮，用力研磨直到组织被研磨成粉末，用药匙将粉末迅速转移到 EP 管中。

③向装有研磨好的组织的 EP 管中加入 1 mL 的 Trizol，用漩涡仪振荡混匀，室温静置 10 min。

④向上一步的裂解液中加入 1/5 Trizol 体积量的氯仿(大约 200 μL)，用漩涡仪振荡 15 s，室温静置 10 min。

⑤4℃，12 000g 离心 15 min，离心后液体在管内分上、中、下 3 层，上清液即水相层，中间蛋白层及下层氯仿层，将上清液用移液枪吸取至另一新的 EP 管中。

⑥加入与上清液等体积量的异丙醇，漩涡仪振荡混匀，室温静置 10 min。

⑦4℃,12 000g 离心 10 min,弃上清,留沉淀。

⑧沿管壁向沉淀中加入 75％的乙醇 1 mL,上下颠倒洗涤沉淀,4℃,12 000g 离心 5 min。弃上清液,室温干燥 5～10 min。

⑨根据沉淀量加入 DEPC 水(30～50 μL),室温静置 5 min,待 RNA 完全溶解后测定其浓度。

(2)总 RNA 完整性和浓度的测定

①仪器检测。移液枪吸取 1 μL 的总 RNA 溶液,用 ND-1000 核酸蛋白测定仪测定 RNA 在 A260/A280 下的浓度和纯度,纯度较好的 RNA 一般要求 A260/A280 为 1.8～2.0,方可以进行后续试验。若 A260/A280＜1.8,表明总 RNA 被杂蛋白污染了,若 A260/A280＞2.0,表明总 RNA 已部分降解为单核苷酸。

②电泳检测。利用 1.5 ％的琼脂糖凝胶检测所提取的 RNA 的完整性。按照 5:1 的比例将 RNA 和 loading buffer 混匀后点入制好的琼脂糖凝胶孔,电压＞200 V,电流＞130 mA 电泳 10 min 左右。

9.1.4.3　测序文库构建

用带有 oligo(dT)的磁珠富集 mRNA 后,用片段化缓冲剂(fragment buffer)将其打断成短片段,以 mRNA 为模板用六碱基随机引物合成第一条 cDNA 链,再加入缓冲液、RNase H、dNTPs 和 DNA polymerase Ⅰ 合成第二条 cDNA 链,再用 QiaQuick PCR 试剂盒纯化并加 EB 缓冲液洗脱;在做末端修复和加 poly(A)并连接测序接头后,用琼脂糖凝胶电泳进行片段大小选择,最后进行 PCR 扩增,建立测序文库。

9.1.4.4　测序

委托有测序平台的生物技术公司进行测序。测序分为两种:有参考基因组 re-sequencing 和无参考基因组 de novo。

9.1.4.5　测序数据的处理

(1)粗数据的获得

①去除含 adaptor 的 reads。

②去除 N 的比例大的 reads。

③去除低质量 reads(质量值 Q≤10 的碱基数占整个 read 的 50％以上)。

④去重复。

⑤测序产量统计。测序得到的原始图像数据经 base calling 转化为序列数据,我们称之为 raw data 或 raw reads。

(2)Unigene 的组装(图 9-2)

①首先 SOAPdenovo 将具有一定长度 overlap 的 reads 连成更长的片段的 Contig。

②然后,将 reads 比对回 Contig,通过 paired-end reads 能确定来自同一转录本的不同 Contig 以及这些 Contig 之间的距离,用 SOAPdenovo 软件将 Contig 连在一起,中间未知序列用 N 表示,得到 Scaffold。

③进一步利用 paired-end reads 对 Scaffold 做补洞处理,最后得到含 N 最少,两端不能再延长的序列,称之为 Unigene。同一物种做了多个样品测序,则不同样品组装得到的 Unigene 可通过序列聚类软件做进一步序列拼接和去冗余处理,得到尽可能长的非冗余的最终 Unigene。

④聚类后 Unigene 分为两部分,一部分是 clusters(以 CL 开头),另一部分是 singletons(以 Unigene 开头)。

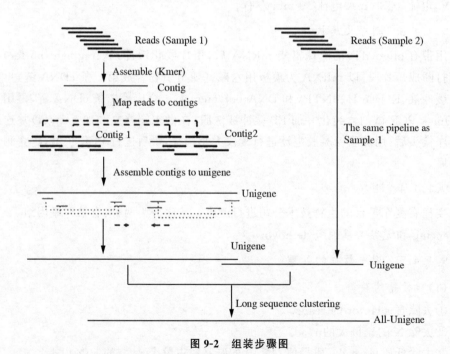

图 9-2 组装步骤图

(3)Unigene 表达量计算方法

Unigene 表达量的计算使用 FPKM 法(fragments per kb per million fragments),其计算公式为

$$FPKM = \frac{10^6 C}{NL/10^3}$$

C 为比对到 Unigene A 的 fragments 数，N 为比对到所有 Unigene 总 fragments 数，L 为 Unigene A 的碱基数。

（4）差异基因的筛选

差异基因的筛选首先用 FC(fold-change,倍数变化)和统计检测 P 值初选,然后用 FDR (false discovery ratio) 校验方法对 P 值进行假阳性检验。当 FDR$\leqslant$0.001,$|\log_2(\text{Ratio})| \geqslant 1$ 时(Ratio 为试验组某器官或细胞中某 Unigene FPKM 与对照组 Unigene FPKM 的比值),该 Unigene 表达差异显著。

9.1.4.6 生物信息学分析

通过 blastx 将 Unigene 序列比对到蛋白数据库 nr、Swiss-Prot、KEGG 和 COG(e-value<0.00001),得到跟给定 Unigene 具有最高序列相似性的蛋白,从而得到该 Unigene 的蛋白功能注释信息。

（1）Unigene 功能注释

Gene Ontology(GO)是一个国际标准化的基因功能分类体系,提供了一套动态更新的标准词汇表(controlled vocabulary)来全面描述生物体中基因和基因产物的属性。GO 总共有 3 个 ontology(本体),分别描述基因的分子功能(MF, molecular function)、所处的细胞位置(CC,cellular component)、参与的生物过程(BP,biological process)。GO 的基本单位是 term(词条、节点),每个 term 都对应一个属性。GO 功能分析一方面给出差异表达基因的 GO 功能分类注释;另一方面给出差异表达基因的 GO 功能显著性富集分析。用 Blast 2 GO(Gene Ontology)软件分析得到每个 Unigene 蛋白 GO 功能注释,用 WEGO 软件将所有 Unigene 比对到 GO 三个数据库做功能分类统计。从宏观上认识该物种的基因功能分布特征。

（2）Unigene 代谢通路分析

KEGG 是系统分析基因产物在细胞中的代谢途径以及这些基因产物的功能的数据库,利用 KEGG 可以进一步研究基因在生物学上的复杂行为。根据 KEGG 注释信息能进一步得到 Unigene 的 Pathway 注释。

（3）差异基因的 GO 和 KEGG 的显著富集

把所有差异表达基因向 GO 数据库各个 term 映射,或向 KEGG 数据库各个通路(pathway)映射,计算每个 term 或 pathway 的基因数目,然后应用超几何检验,找出与整个基因组背景相比,差异表达基因中显著富集的 GO 或 pathway 条目。

$$P = 1 - \sum_{i=0}^{m-1} \frac{\binom{M}{i}\binom{N-M}{n-i}}{\binom{N}{n}}$$

式中，N 为所有 Unigene 中具有 GO 或 pathway 注释的基因数目；n 为 N 中差异表达基因的数目；M 为所有 Unigene 中注释为某特定 GO term 或 pathway 基因数目；m 为注释为某特定 GO term 或 pathway 的差异表达基因数目。计算得到的 P 值通过校正之后，以 corrected-$P \leqslant 0.05$ 为阈值。

9.1.4.7 数据的验证

通过生物信息学分析，找到感兴趣的差异表达基因或信号通路。应用荧光定量 PCR、免疫组织化学、细胞免疫荧光和 Western blotting 等技术进行验证。

(1)荧光定量 PCR

按照 Takara 公司 PrimeScript® RT reagent Kit with gDNA eraser 试剂盒操作说明书进行反转录。反应体系(10 μL)：2 μL 的 5×PrimeScript® buffer2, total RNA, RNase-free dH$_2$O 至 10 μL。反应条件：37℃，15 min；85℃，5 s。反转录所得的 cDNA 经核酸蛋白仪测定浓度后，放置于−20℃冰箱中保存备用。做标准曲线，根据 SYBR® Premix 说明书，按照 Reps：1 95℃ 30 s。Reps：40，95℃ 5 s，60℃ 30~34 s 的程序进行 PCR 反应。反应结束后将 Ct 值、动力学曲线和溶解曲线导出，进行分析。

(2)免疫组化分析

①组织梯度脱水：70％酒精(45 min)→75％酒精(45 min)→80％酒精(45 min)→85％酒精(45 min)→90％酒精(45min)→95％酒精(Ⅰ)(45 min)→95％酒精(Ⅱ)(45 min)→100％乙醇(Ⅰ)(30 min)→100％乙醇(Ⅱ)(30 min)。

②组织透明：100％乙醇：二甲苯＝1:1(30 min)→二甲苯(Ⅰ)(30 min)→二甲苯(Ⅱ)(30 min)。

③浸蜡：将透明好的组织放到浸蜡盒中，浸蜡 3 h(提前融化蜡块，新蜡反复融化 3~4 次)。

④包埋：先在包埋盒里加入一些液态石蜡，先稍微冷却，然后再将组织最平切面放在包埋盒里，最后加满石蜡到包埋盒，进行冷却，使石蜡变成固态。

⑤修块：将包埋好的组织从包埋盒中取出后将蜡块修成梯形，组织四周蜡层不小于 2 mm。

⑥切片：将蜡块放置于石蜡切片机上，调整刀度 25°，厚度 5 μm，用毛笔将切割

的组织向外拉。

⑦展片摊片：用小镊子挑选并捏取包含完整组织的切片置于40℃温水中展片。待组织受热展开没有褶皱时，用载玻片捞起组织，每张载玻片上通常捞2份，做对照使用（注意捞片时方向要一致）。将捞有组织的载玻片放置于摊片机上60℃烤30～60 min。剩余的切片烘烤30 min后放4℃保存。

⑧脱蜡至水：二甲苯（Ⅰ）（15 min）→二甲苯（Ⅱ）（15 min）→100％乙醇：二甲苯＝1:1（15 min）→100％乙醇（Ⅰ）（3 min）→100％乙醇（Ⅱ）（3 min）→95％乙醇（Ⅰ）（3 min）→95％乙醇（Ⅱ）（3 min）→90％乙醇（3 min）→85％乙醇（3 min）→80％乙醇（3 min）→75％乙醇（3 min）→70％乙醇（3 min）→50％乙醇（3 min）→H_2O（蒸馏水）3 min，清洗3次。

⑨抗原修复：将玻片在H_2O_2中室温浸泡10 min（以灭活内源性过氧化物酶），蒸馏水清洗2 min，清洗3次。然后将玻片放到玻片架上后放入事先配好的0.01 mol/L柠檬酸盐缓冲液中，用电炉加热至沸，关掉电炉5～10 min，再次煮沸。冷却至室温（目的是使抗原结合位点暴露出来）。PBS洗涤3 min，洗涤2次。

⑩封闭与抗体孵育：将玻片取出放到湿盒上滴加5％BSA，室温封闭20 min。甩掉多余的液体。用PBS（pH 7.2～7.6）按照1:50的比例稀释一抗，将封闭好的玻片取出，甩掉玻片上多余的液体，用滤纸擦干玻片反面和组织周围的封闭液，滴加一抗，同时做阴性对照（即不加一抗只加PBS），4℃冰箱中过夜孵育（12～16 h）。从4℃冰箱中将放有玻片的湿盒拿出，放入37℃温箱复温30～40 min。PBS洗涤2次，每次3 min。然后二抗孵育，用滤纸吸干组织周围的PBS，滴加生物素标记的单克隆小鼠抗兔IgG，37℃温箱孵育20 min。PBS洗涤2次，每次3 min。滴加SABC，30℃孵育20 min。PBS洗涤5 min，共洗涤4次。从DAB显色试剂盒（AR1022）中取出A、B、C液各一滴到1 mL蒸馏水中混匀后滴加到切片上，DAB显色。室温下显色5～30 min，普通显微镜下观察染色程度。蒸馏水洗涤3 min，共洗涤3次。最后终止反应，苏木素复染40～60 s，如果颜色过深，则用0.5％HCl分化1 min，自来水反蓝5 min。透明、封片、使用Olympus生物显微镜进行镜检观察、拍照。

9.1.4.8 构建某营养素影响通路图或代谢图

在数据验证的基础上，初步利用作图软件构建营养素的调控或代谢通路图。

9.1.5 注意事项

9.1.5.1 RNA样品的要求

转录组测序所需RNA样品的浓度≥200 ng/μL，样品总量≥10 μg，样品纯度

A260/A280 为 1.8～2.2，A260/A230≥1.0,260 nm 处有正常峰值；无基因组 DNA 污染；RNA 完整性:电泳检测 28S/18S≥1.5。

9.1.5.2 数据处理

高通量转录组测序技术能获得大量的粗数据,然后利用软件拼接而成的,数据可靠性有待于进一步提高。而且获得差异基因数据量也很大,应该结合相关的知识进行科学的分析,初步找到对某营养素敏感基因或其调控通路,然后应从 RNA 水平、蛋白质水平上进行验证,才能构建代谢通路图或调控通路图。

9.1.6 实例解释

以基于高通量转录组测序的山羊睾丸和附睾头差异表达基因分析为例(无参考序列),说明不同试验组样品基于转录组数据基础上的分析方法。

9.1.6.1 RNA 质量的检测

经核酸蛋白测定仪测定所提取的山羊各组织总 RNA 的 A260/A280 值均在 1.8～2.0 范围,A260/A230≥1.0;经 1.5% 琼脂糖凝胶电泳检测总 RNA 结果见图 9-3。

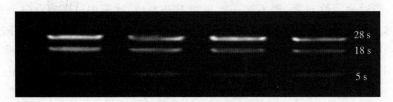

图 9-3 总 RNA 电泳图

9.1.6.2 测序产量统计

Illumina Hiseq 2000 测序后,粗数据见图 9-4。denovo 软件组装后,测序产量统计结果见图 9-5。

A	B	C	D	E	F	G
Samples	Total Raw Reads	Total Clean Reads	Total Clean Nucleotides	Q20 percentage	N percentage	GC percentage
zlgw	14,625,396	12,812,984	1,153,168,560	96.63%	0.00%	48.89%
cngw	15,442,218	13,335,496	1,200,194,640	96.25%	0.00%	50.32%
cnlc	15,524,840	13,677,490	1,230,974,100	96.80%	0.00%	48.54%
cngwt	14,430,410	12,794,102	1,151,469,180	96.69%	0.00%	49.21%

图 9-4 动物组织测序后收集的粗数据

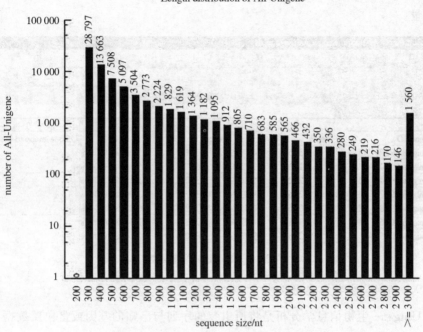

图 9-5 denovo 软件组装后测序产量统计结果

9.1.6.3 Unigene 的组装结果

(1)Unigene 的组装后统计结果

见图 9-6,给出了睾丸组织总 Unigene 个数(total number)、总长度(total length)、平均长度(mean length)、总序列数量(total consensus sequence)。组装拼接结果显示睾丸和附睾头 Unigene 总数分别为 57 727 个和 51 395 个,睾丸中转录本的数量比附睾中的多 6 332 个。

	A	B	C	D	E	F
	Sample	Total Number	Total Length(nt)	Mean Length(nt)	N50	Total Consensus Sequences
	zlgw	53,523	25,928,210	484	665	53,523
	cngw	57,727	28,363,186	491	665	57,727
	cnlc	62,110	33,837,794	545	810	62,110
	cngwt	51,395	24,305,710	473	634	51,395

图 9-6 Unigene 的组装后统计结果

(2)所有 Unigene 信息

所有 Unigene 详细信息见图 9-7,包括 Unigene 编号(Gene-ID)、深度

（Depth）、覆盖度（Coverage）、长度（Length）、GC 含量（GC%）、N 的比例和 Reads
的数量。

	A	B	C	D	E	F	G
1	Gene-ID	Depth	Coverage	Length	GC%	N%	Unique-mapped-Reads
2	Unigene49879_All	0.5751	44.89%	626	61.66%	0.00%	4
3	Unigene8570_All	2.1918	51.75%	657	45.36%	0.00%	16
4	Unigene20442_All	3.2727	76.36%	330	45.15%	0.00%	12
5	Unigene39878_All	5.2769	88.93%	307	57.00%	0.00%	18
6	Unigene39887_All	4.0068	96.58%	292	46.23%	0.00%	13
7	Unigene40366_All	3.7786	96.18%	262	67.18%	0.00%	11
8	Unigene1265_All	23.2388	99.70%	670	52.39%	0.00%	173

图 9-7　Unigene 详细信息

9.1.6.4　生物信息学分析

Unigene 生物信息学分析是将所组装的序列与已知的基因或蛋白质数据库比
对，对 Unigene 进行注释和功能的预测。

（1）基因名称注释

Nt 数据库比对结果见图 9-8。Query_id 是 All-Unigene 序列的 ID 号。
length 是比对序列的长度。subject_id 是比对到 nt 数据库中序列名。identity 是
比对序列的相似性。Score 是比对的分值。E_value 是比对的 Evalue。Subject_
annotation 是 Nt 序列的描述。Nt 数据库比对也是对基因名称进行注释。

Query_id	length	Subject_id	Identity	Score	E_value	Subject_annotation
Unigene393_All	918	gi|111600448	0.86	167	1.00E-37	Mus musculus coiled-coil domain containing 138, mRNA (cDNA clone
Unigene393_All	918	gi|111600445	0.86	167	1.00E-37	Mus musculus coiled-coil domain containing 138, mRNA (cDNA clone
Unigene393_All	918	gi|242397424	0.85	159	2.00E-35	Mus musculus coiled-coil domain containing 138 (Ccdc138), mRNA
Unigene393_All	918	gi|27503276|	0.85	159	2.00E-35	Mus musculus coiled-coil domain containing 138, mRNA (cDNA clone
Unigene393_All	918	gi|297667027	0.86	155	4.00E-34	PREDICTED: Pongo abelii coiled-coil domain containing 138 (CCDC13
Unigene393_All	918	gi|332264906	0.83	151	6.00E-33	PREDICTED: Nomascus leucogenys coiled-coil domain-containing prot
Unigene393_All	918	gi|23512373|	0.84	149	2.00E-32	Homo sapiens cDNA clone IMAGE:4826488
Unigene393_All	918	gi|21450664|	0.84	149	2.00E-32	Homo sapiens coiled-coil domain containing 138 (CCDC138), mRNA
Unigene393_All	918	gi|332814072	0.86	147	9.00E-32	Pan troglodytes coiled-coil domain containing 138, tra
Unigene393_All	918	gi|296223219	0.85	139	2.00E-29	PREDICTED: Callithrix jacchus coiled-coil domain-containing prote
Unigene393_All	918	gi|297266735	0.86	135	4.00E-28	PREDICTED: Macaca mulatta coiled-coil domain containing 138, tran
Unigene394_All	1469	gi|371912683	0.86	105	5.00E-19	Sus scrofa mRNA, clone: HTMT10067A05, expressed in hypothalamus
Unigene394_All	1469	gi|157841359	0.85	87.7	1.00E-13	Homo sapiens FOSMID clone ABC9-41277500N5 from chromosome 19, con
Unigene394_All	1469	gi|92447264|	0.85	87.7	1.00E-13	Homo sapiens inositol 1,3,4-triphosphate 5/6 kinase, mRNA (cDNA c
Unigene394_All	1469	gi|39645275|	0.85	87.7	1.00E-13	Homo sapiens cDNA clone IMAGE:5242392, partial cds
Unigene394_All	1469	gi|83404932|	0.85	87.7	1.00E-13	Homo sapiens cDNA clone IMAGE:5247589

图 9-8　Nt 数据库比对结果

将睾丸和附睾所有 Unigene 序列比对到 Nt 数据库中,得到与给定 Unigene 具有最高序列相似性的蛋白描述,获得 Unigene 蛋白的功能注释信息。与 Nr 数据库中序列的相似性分布情况见图 9-9,相似性在 80% 以上的序列占到了 81.3%。所有 Unigene 比对到 Nt 数据库中牛基因组数据库中序列占 65.3%。

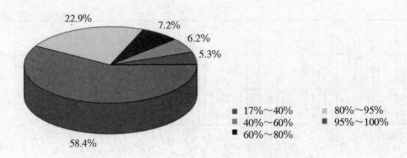

图 9-9 Unigene 与 Nt 数据库的序列相似性分布图

注:不同颜色代表不同序列相似性的范围

(2)Unigene 功能注释

①用 Blast2GO(Gene Ontology)软件分析得到每个 Unigene 蛋白 GO 功能注释结果见图 9-10,geneID 是 All-Unigene 序列的 ID 号。GO 是 GO 数据库中的 ID。

geneID	GO				
Unigene10390_All	GO:0016021	GO:0048471	GO:0042803	GO:0005901	
Unigene10400_All	GO:0005737	GO:0048870	GO:0005856	GO:0001701	GO:0008284
Unigene10402_All	GO:0005515	GO:0001869	GO:0010951	GO:0030162	GO:0005615
Unigene10404_All	GO:0016651	GO:0005730	GO:0008670	GO:0006635	GO:0070402
Unigene10406_All	GO:0016021				
Unigene10408_All	GO:0016021				
Unigene10409_All	GO:0000139	GO:0005730	GO:0005351	GO:0005765	GO:0016021
Unigene10410_All	GO:0005624	GO:0016021	GO:0007156	GO:0005509	GO:0005515
Unigene10411_All	GO:0005686	GO:0005654	GO:0017069	GO:0005515	GO:0000398

图 9-10 Unigene 蛋白 GO 功能注释结果

用 WEGO 软件将所有 Unigene 比对到 GO 三个数据库做功能分类统计结果见图 9-11。左侧纵坐标 Percent of genes 代表占所有 Unigene 的百分数。右侧纵坐标 Number of gene 代表比对到该功能下基因的数量。横坐标代表是蛋白的功能。用 WEGO 软件对睾丸和附睾所有 Unigene 做 GO 功能分类统计,比对到 BP 数据库中有 25 201 个转录本,主要集中在参与生物调节过程(5 392 个)、细胞程序化(8 361 个)和代谢过程(6 330 个);比对到 CC 数据库中有 27 318 个转录本,主要集中在细胞(9 001 个)、细胞部分(8 998 个)和细胞器(7 049 个);比对到 MF 数据库中有 25 456 个转录本,涉及结合功能和催化活性的基因分别有 7 750 个和 3 935 个。

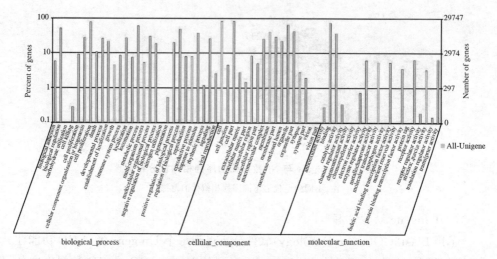

图 9-11　GO 三个数据库做功能分类统计结果

②比对到 COG 数据库的结果见图 9-12,标量图见图 9-13。Gene 是 All-Unigene 序列的 ID 号。Protein 是比对上的蛋白或结构域。E-Value 是 BLAST 比对的 E-value。Function-Description 是 Unigene 功能描述。

Gene	Protein	Score	E-Value	COG-ID	Function-Description
Unigene389_All	CT627	125	7.00E-29	COG1054	Predicted sulfurtransferase
Unigene389_All	SP0095	124	2.00E-28	COG1054	Predicted sulfurtransferase
Unigene390_All	SPAC11E3.09	75.5	2.00E-13	COG5599	Protein tyrosine phosphatase
Unigene390_All	YDL230w	67	6.00E-11	COG5599	Protein tyrosine phosphatase
Unigene395_All	ECU11g2020	207	6.00E-53	COG5059	Kinesin-like protein
Unigene395_All	YGL216w	159	2.00E-38	COG5059	Kinesin-like protein
Unigene395_All	YBL063w	147	5.00E-35	COG5059	Kinesin-like protein
Unigene401_All	BH0455	60.5	1.00E-08	COG4403	Lantibiotic modifying enzyme
Unigene405_All	YLR242c	65.9	1.00E-12	COG5254	Predicted membrane protein
Unigene405_All	ECU09g0660	60.5	6.00E-09	COG5254	Predicted membrane protein
Unigene407_All	all0664	84.7	4.00E-16	COG2319	FOG: WD40 repeat
Unigene423_All	BMEI1886	596	7.00E-170	COG0033	Phosphoglucomutase
Unigene423_All	AG11564	594	2.00E-169	COG0033	Phosphoglucomutase

图 9-12　COG 数据库功能注释结果

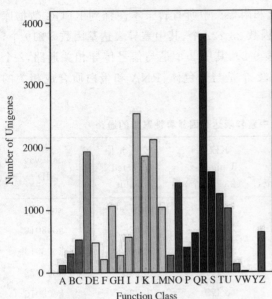

COG Function Classification of All-Unigene. fa Sequence

A: RNA processing and modification
B: Chromatin structure and dynamics
C: Energy production and conversion
D: Cell cycel control, cell division, chromosome partitioning
E: Amino acid transport and metabolism
F: Nucleotide transport and metabolism
G: Carbohydrate transport and metabolism
H: Coenzyme transport and metabolism
I: Lipid transport and metabolism
J: Translation, ribosomal structure and biogenesis
K: Transcription
L: Replication, recombination and repair
M: Cell wall/membrane/envelope biogenesis
N: Cell motility
O: Posttranslational modification, protein turnover, chaperones
P: Inorganic ion transport and metabolism
Q: Secondary metabolites biosynthesis, transport and catabolism
R: General function prediction only
S: Function unknown
T: Signal transduction mechanisms
U: Intracellular trafficking, secretion, and vesicular transport
V: Defense mechanisms
W: Extracellular structures
Y: Nuclear structure
Z: Cytoskeleton

图 9-13　COG 功能分类的标量图

9.1.6.5　差异基因的分析

（1）睾丸和附睾差异表达基因的 GO 分子功能富集分析

所有 Unigene 比对到 MP 数据库中所有差异基因数 9 172 个。从表 9-1 可以看出,睾丸和附睾头差异表达基因显著富集在微管动力活动功能基因簇中的有 156 个,占比对到该功能基因组数量的 57.6%,占比对到 MF 数据库所有差异表达基因总量的 1.6%;富集在肌动活性功能基因簇中的有 214 个,占比对到该功能基因组数量的 50.5%;富集在谷胱甘肽转移酶活性功能基因簇中的有 24 个,占比对到该功能基因组数量的 77.1%;富集在微管蛋白结合功能基因簇中的有 192 个,占比对到该功能基因组总量的 46.8%。

表 9-1　睾丸和附睾头差异表达基因 GO-分子功能富集分析结果

分子功能	基因簇频率[1] cluster frequency		基因组频率[2] genome frequency of use		校正 P 值 corrected P value
	DEG	CF	EG	GF	
微管动力活动	156	1.7%	271	1.1%	$7.12e^{-10}$
肌动活性	214	2.3%	424	1.7%	$1.27e^{-6}$
谷胱甘肽转移酶活性	24	0.3%	31	0.1%	0.00624
微管蛋白结合	192	2.1%	410	1.6%	0.00799

（2）睾丸和附睾差异表达基因 Unigene 的 KEGG 富集分析

用 KEGG 注释系统将成年睾丸和附睾头中所有转录本注释到 KEGG 数据库中，可注释到 KEGG 通路中所有基因数 23 222 个，其中差异表达基因数 8 219 个，差异表达基因显著富集通路 6 个（表 9-2），其中 2 个是与信号传导相关通路，2 个是与营养因子合成代谢相关的通路，2 个是与染色体、RNA 和蛋白质合成相关的通路。

表 9-2　睾丸和附睾头中差异表达基因显著性富集的通路

通路 pathways	差异基因 differentially expressed genes	KEGG Unigenes （23 222 个）	校正 P 值 corrected P value	pathway ID
蛋白吸收与合成	339	720	$3.87\ e^{-11}$	ko04974
核糖体	78	135	$8.82e^{-8}$	ko03010
RNA 运输	292	663	$1.92e^{-6}$	ko03013
矿物质吸收	60	107	$9.65e^{-6}$	ko04978
mRNA 监视通路	212	479	$3.23e^{-5}$	ko03015
D 精氨酸和鸟氨酸代谢	12	14	0.00015	ko00472

注：1 比对到 KEGG 数据库某通路中的差异基因数。2. 比对到 KEGG 数据库中某通路中所有基因数。

（3）睾丸和附睾头差异基因表达的分析

山羊睾丸和附睾头差异表达的标量图见图 9-14。统计结果显示差异表达的基因共有 24 592 个，其中上调的基因有 8 420 个，下调的基因有 16 172 个。经统计，睾丸中特异性表达的基因 3 989 个，附睾中特异性表达的基因有 1 678 个。

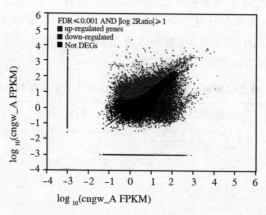

图 9-14　附睾头与睾丸相比差异基因表达图（标量图）

①睾丸和附睾相比差异幅度最大前 5 位的基因。与山羊睾丸组织基因表达相比,附睾头中上调或下调幅度前 5 位基因见表 9-3。从表 9-3 可以看出,在附睾头中上调幅度最大前 5 位的基因中有 4 个属于 β 防御素(gDEFB)家族,其中包括 gDEFB124、gDEFB109、gDEFB108、gDEFB110,其功能未知;另外还有具有生长因子活性的精子黏附因子(sperm adhesion 1)。在附睾头中下调幅度最大的前 5 位基因有类配子细胞特异性因子 1(gametocyte specific factor 1-like ,GTSF1L)、丝氨酸/精氨酸重复体(SRRM1)、Ⅲ 型纤维蛋白连接域蛋白 8(FNDC8)、顶体结合蛋白(ACRBP)、精子顶体相关蛋白 7(SPACA7),其功能均未知。

表 9-3　与睾丸相比,山羊附睾头中上调/下调幅度最大的前 5 位基因

基因名称 gene	睾丸 testes (FPKM)	附睾头 caput (FPKM)	$\log_2$(caput FPKM/ testes FPKM)	up/ down	功能 function
gDEFB124	0	11552.6	23.46	up	unknown
gDEFB109	0	6029.97	22.52	up	unknown
gDEFB108	0	5220.32	22.31	up	unknown
sperm adhesion 1	0	4477.97	22.09	up	生长因子活性
gDEFB110	0	3433.76	21.71	up	unknown
LOC100850655*	822.88	0	−19.65	down	unknown
GTSF1L	519.08	0	−18.98	down	unknown
SRRM5	388.10	0	−18.56	down	unknown
FNDC8	255.16	0	−17.96	down	unknown
ACRBP	227.82	0	−17.79	down	与精子发生有关

注:* uncharacterized protein

②睾丸和附睾头中表达量最高前 5 位基因的表达差异。将睾丸和附睾头中按照基因表达量的高低排序(表 9-4),睾丸中表达量最高的前 5 位基因依次为:精子鱼精蛋白 P1(sperm protamine P1)、未知蛋白、泛素 C(UBC)、精子细胞核转换蛋白 3(STP3)、精子线粒体偶联的富含半胱氨酸蛋白(SMCP)、精子转换蛋白(TP2)。这 5 个基因在附睾头中均有表达,其中泛素 C 表达量与附睾头中的差异最小,仅为附睾头 2.46 倍,差异最大的两种蛋白是未知蛋白 LOC100850655 和 TP2,分别为 677 倍和 654 倍。附睾头中表达量最高的前 5 位基因依次为:脂质运载蛋白 5(Lcn5)、gDEFB124、谷胱甘肽过氧化酶 5(GPx5)、双头蛋白酶抑制剂(DhPI)、前列腺素合成酶(PTGDS)、其中 gDEFB124、gDEFB109 和 gDEFB108 是附睾头特异性表达的;Lcn5、GPx5 和 DhPI 表达量远远高于睾丸中的,分别为

24 443 倍、10 769 倍和 28 684 倍；LY6G5B 和凝聚素的表达量差异较小，分别为
19.32 倍和 6.35 倍。

表 9-4　睾丸与附睾头表达量最高前 5 位基因的差异分析

睾丸 testes			附睾头 caput		
基因名称 gene	testes (FPKM)	caput (FPKM)	基因名称 gene	testes (FPKM)	caput (FPKM)
sperm protamine P1	14 256	122.79	lipocalin 5	1.11	21 833
LOC781267*	11 665	17.21	gDEFB124	0	11 552.6
UBC	10 119	4 112	GPx5	0.75	8 077
STP 3	5 025	15.16	DhPI	0.26	7 458
SMCP	3 431	23.19	PTGDS	369.09	7 132

注：* uncharacterized protein

　　睾丸中表达的基因数量大于附睾头中的；mRNA 监视通路和 mTOR 信号通
路是睾丸和附睾头差异较大的信号通路；β 防御素家族、Lipocalins 家族和 GPx5
可能在附睾头的精子成熟和贮存中起重要作用。

9.1.6.6　重点差异表达基因的验证

　　本研究结果显示山羊附睾头中表达有 8 种 lipocalins，其中检测附睾头中 Lcn5
表达量最高，选择 Lcn5 进行验证研究。

　　(1)Lcn5mRNA 表达量

　　图 9-15 是 18 种组织的 Lcn5 基因 PCR 扩增产物的 3‰电泳检测结果，从图中
可以看出，附睾头、附睾尾和睾丸的条带较粗亮。其余组织的条带亮度较浅。

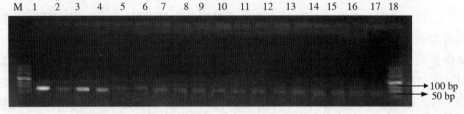

1-18 分别为：附睾头、附睾体、附睾尾、睾丸、输尿管、甲状腺、前列腺、脾、气管、肾、皱胃、
十二指肠、肺、视网膜、膀胱、小脑、肾上腺、胆囊，M 为 DL500 marker

图 9-15　公山羊各组织 Lcn5 的 PCR 产物电泳检测图

　　用内参 18S rRNA 对公山羊不同组织中 Lcn5 mRNA 的表达量进行校正，其荧
光定量分析结果见图 9-16。Lcn5 mRNA 在公山羊附睾中的表达量显著高于睾丸中

的表达量($P<0.05$)，极显著高于气管、消化道、腺体和小脑等其他组织中的 Lcn5 mRNA 表达量($P<0.01$)。睾丸中 Lcn5 mRNA 表达量显著高于其他组织中的表达量($P<0.05$)。而其他各组织之间 Lcn5 mRNA 表达量差异不显著($P>0.05$)。

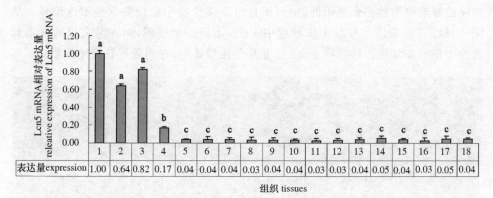

1-18 分别为：附睾头、附睾体、附睾尾、睾丸、输尿管、甲状腺、前列腺、脾、气管、肾、皱胃、
十二指肠、肺、视网膜、膀胱、小脑、肾上腺、胆囊

图 9-16　不同组织 Lcn5 mRNA 的表达量

（2）Lcn5mRNA 蛋白表达量特点与定位

Wester blotting 技术对成年山羊睾丸和附睾中 Lcn5 蛋白定量结果见图 9-16。Lcn5 蛋白分子量为 18.5 ku(图 9-17A)；内参蛋白 β-actin 分子量为 43 ku(图 9-17B)。根据条带染色深浅和粗细程度分析，Lcn5 蛋白表达量为附睾头＞附睾尾＞附睾体＞睾丸。其相对灰度值分析结果显示，附睾头中 Lcn5 蛋白表达量显著高于附睾尾和附睾体中的表达量($P<0.05$)，极显著高于睾丸中的表达量($P<0.01$)。

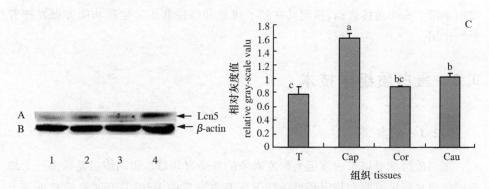

图 A 和 B 分别为 Lcn5 蛋白和 β-actin 蛋白 ECL 显色结果；C 为 Lcn5 蛋白的相对灰度值。
1. 睾丸(T)，2. 附睾尾(Cau)，3. 附睾体(Cor)，4. 附睾头(Cap)

图 9-17　山羊睾丸和附睾 Lcn5 蛋白的 ECL 显色结果

Lcn5 在睾丸及附睾头、体、尾部中的免疫组化定位结果见图 9-18。从图 9-18A 可以看出山羊睾丸的各级生精细胞中均检测到弱阳性信号。从图 9-18C 和图 9-18E 看附睾头和附睾体假复层纤毛柱状上皮细胞中高柱状纤毛上皮细胞和游离缘的纤毛中均检测到强阳性信号,而且附睾体管腔中也检测到强阳性信号。从图 9-18G 看附睾尾的柱状上皮细胞中 Lcn5 蛋白信号很弱,而在游离缘的纤毛和管腔中信号非常强。这说明 Lcn5 可能是分泌型蛋白,在附睾尾管腔中聚集。

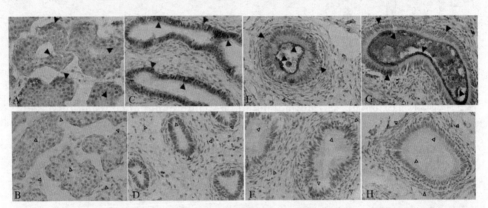

A-H 分别为山羊睾丸、附睾头、体和尾免疫组化结果,其中 A、C、E 和 G 为阳性
(黄色 DAB 染色)结果,B、D、F 和 H 为阴性对照。▲:阳性信号;△:无阳性信号
图 9-18　睾丸及附睾 Lcn5 免疫组化（400×）

在所采集的公山羊体组织中,附睾头 Lcn5 mRNA 表达量最高,且其表达具有时间特异性。Lcn5 mRNA 和蛋白表达具有空间特异性。Lcn5 蛋白定位在附睾假复层上皮细胞中,可分泌到管腔中,最终在附睾尾管腔中集聚。Lcn5 蛋白包裹在山羊精子头部顶体表面,推测其在精子成熟和维持其正常生理功能方面发挥着重要作用。

9.2　蛋白质组学技术

9.2.1　前言

蛋白质组学是以蛋白质组为研究对象的新研究领域。蛋白质组是指由一个细胞或组织在特定时间和特定环境条件下所有蛋白质的表达,具有时空性和可调节性。蛋白质组学是指根据蛋白质数量、种类、局部存在的时间、空间上的变化来研究表达于细胞、组织、器官和体液中所有蛋白质及其相互作用,并从其结构和功能的角度综合分析生命活动的一门科学。它本质是在大规模水平上研究蛋白质的特征，包括蛋白质的表达水平、翻译后的修饰、蛋白质与蛋白质的相互作用等，蛋白组学技术能同时展现和测定样品中的成千上万种蛋白质，并能研究蛋白组在生理、病理和不同营养状态下的改变。蛋白组学为营养学研究提供了崭新的思路和技术。

蛋白组学技术主要有以下几种方法：双向电泳质谱技术（2-DE-MS）、多维色谱-质谱联用技术（MudPIT）、抗体芯片表面增强激光解析电离法-质谱联用技术（SELDI-TOF-MS）、鸟枪法蛋白组学技术、同位素标记相对和绝对定量（iTRAQ）等。

2-DE-MS 技术是应用最广泛的也是最经典的蛋白组学技术，蛋白质根据其等电点和分子量分别在第一维电泳等电聚焦和在第二维电泳上分离。双向电泳分离后，蛋白质由考马斯亮蓝、银染或荧光染料染色得到图像和相对定量信息。现也可选用已改进了的双向荧光差异凝胶电泳技术，即用不同的荧光染料分别标记多个蛋白质样品，在同一块凝胶上分离和显色，这样电泳前标记的荧光染料就可以消除凝胶之间的差异，并可用软件对荧光图像进行定量分析。最后对感兴趣的蛋白位点，由胰蛋白酶或溴化氰消化胶上蛋白后，用飞行时间管（TOF）或离子阱作为质量选择器经基质辅助激光解析电离（MALDI）后，离子化的多肽经质谱仪进一步分离和鉴定。2-DE-MS 法的优点是具有强的蛋白质分离能力和相对定量，并能鉴定磷酸化、甲基化、羟基化、糖基化、乙酰化等蛋白质翻译后修饰。缺点则是极端酸性和碱性蛋白质在电泳中丢失严重，碱性蛋白分离不佳，不易得到极端分子量（小于 8 ku 或大于 200 ku）蛋白、低丰度蛋白和膜蛋白，难以检测某些疏水蛋白，也不能实现大规模自动化分析和提供绝对定量的信息。

MudPIT 技术是样品由特异性胰蛋白酶消化后产生的多肽，经由强阳离子交换柱和反相 HPLC 分离后经电喷雾电离（ESI），离子化的多肽经质谱仪进一步分离和鉴定。本方法用同位素亲和标签标记对照组和处理组样品的蛋白质，一方面可测定样品制备过程中肽的回收率，更重要的是可得到蛋白组的定量信息。由于MudPIT 法采用高速且高灵敏度的色谱分离法代替了耗时的 2-DE 蛋白质分离法，与经典的 2-DE-MS 法相比，具有快速、样品需要量少和多肽分离的通用性强等优点，但 MudPIT 法不能提供蛋白质异构体和翻译后修饰的相关信息。

SELDI-TOF-MS 技术是抗体芯片表面增强激光解析电离法（SELDI），是通过离子交换柱或 LC 分离蛋白质，并通过芯片上抗体、底物等的亲和力从蛋白质混合物中直接获得单个或多个目标蛋白。因此，SELDI 技术能从复杂蛋白质样品中富集蛋白质亚群,所得蛋白经激光解析离子化后进一步质谱鉴定。SELDI 技术的样品制备简便,减少了样品的复杂性,特别适于转录因子等低丰度蛋白质的检测,并能迅速进行蛋白质的表征。然而该方法目前仅可应用于分子量不大于 20 ku 蛋白质的分离鉴定,且分子量精确度低于经典的 2-DE-MS 法。

鸟枪法蛋白组学技术是将蛋白溶液经 SDS-PAGE 分离的目的条带酶切消化为肽段混合物,然后在高效液相色谱分离形成简单的组分,再在线或离线导入高分辨率质谱仪中进行分析。肽段在质谱仪中离子化后,会带上一定量的电荷,通过检测器分析,可得到各肽段的质荷比,从而得知各肽段的相对分子质量。为获得肽段的序列信息,质谱仪会选取某些肽段进行破碎,再次分析,获得二级质谱。用检索软件选择相应的数据库对二级质谱分析,便可得到肽段的氨基酸序列,从而鉴定各蛋白质。该方法可分析多种类型的蛋白样本,如蛋白胶条带、组织提取液、全细胞裂解液等,而且液相与质谱连用,分析速度快,分离效果好。

iTRAQ 技术是一种体外同种同位素标记的相对与绝对定量技术。该技术利用多种同位素试剂标记蛋白多肽 N 末端或赖氨酸侧链基团,经高精度质谱仪串联分析,可同时比较多达 8 种样品之间的蛋白表达量,是近年来定量蛋白质组学常用的高通量筛选技术。可用于筛选和寻找任何因素引起的不同种样本间的差异表达蛋白,结合生物信息学揭示细胞生理功能,同时也可对某些关键蛋白进行定性和定量分析。缺点是试剂昂贵,iTRAQ 试剂几乎可以与样本中的各种蛋白质结合,容易受样本中杂质蛋白及缓冲液的污染。

9.2.2 蛋白质组学分析流程(图 9-19)

9.2.3 材料与仪器

9.2.3.1 各种液体的配制

(1)蛋白质提取用液体

Alklysis buffer(LB):Tris(分子量 121.14) 20 mmol/L,thiourea(分子量 76.12) 2 mol/L,urea(分子量 60.06) 7 mol/L,CHAPS(分子量 64.89) 2%(W/V)。

Phenol extraction buffer:sucrose(分子量 342.30) 0.7 mol/L,KCl(分子量 74.55)0.1 mol/L,EDTA(分子量 292.25)50 mmol/L,Tris(分子量 121.14) 0.5 mol/L,HCl 调节 pH 到 7.5。

醋酸铵甲醇溶液:用甲醇配制 0.1 mol/L 的醋酸铵。

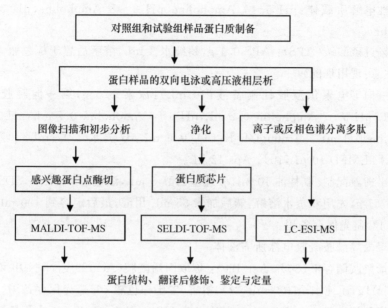

图 9-19 蛋白质组学分析流程

细胞悬浮缓冲液:Nacl 0. 1 mmol/L,Tris(FW: 121. 14) 100 mmol/L,EDTA 1 mmol/L,抑肽酶 100 mg/L,PMSF(pH 7. 6)100 mg/L。

(2)分离胶的液体配制

①等电聚焦凝胶电泳所需液体

样品裂解液:新鲜尿素 5. 7 g,10%非离子型去污剂 NP-40 2 mL,pH 5～7 Ampholine 0. 2 mL,pH 6～8 Ampholine 0. 1 mL,pH 3. 5～10 Ampholine 0. 1 mL,二硫苏糖醇(DTT)0. 2 g,50 mmol/L K_2CO_3 1 mL,定容到 10 mL。分装,−20℃保存备用。

第一向凝胶贮备液(含 28. 38%丙烯酰胺和 1. 62%甲叉双丙烯酰胺):称取丙烯酰胺(Acr)28. 38 g,N,N-甲叉双丙烯酰胺(Bic)1. 62 g,超纯水至 100 mL,37℃溶解,置于棕色瓶 4℃避光保存备用。

第一向电极母液(10×):正极母液为 0. 1 mol/L 磷酸,取磷酸 6. 75 mL,去离子水定容到 1 000 mL;负电极母液为 0. 2 mol/L NaOH,取 NaOH 8 g,去离子水定容到 1 000 mL。

样品覆盖液:新鲜尿素 4. 8 g,pH 5～7 Ampholine 0. 1 mL,pH 6～8 Ampholine 0. 1 mL,pH 3. 5～10 Ampholine 0. 1 mL, 50 mmol/L K_2CO_3 1 mL,定容到 10 mL。分装,−20℃保存备用。

两性电解质载体：pH 5～7 Ampholine，pH 6～8 Ampholine，pH 3.5～10 Ampholine。

10%过硫酸铵（APS）：APS 0.1 g，超纯水 1 mL，溶解后置于棕色瓶 4℃避光保存（注意：现用现配）。

第一向等电聚焦凝胶柱制备液（10 mL）：尿素 5.5 g，第一向凝胶贮备液 1.33 mL，pH 5～7 Ampholine 0.2 mL，pH 6～8 Ampholine 0.2 mL，pH 3.5～10 Ampholine 0.1 mL，50 mmol/L K_2CO_3 0.5 mL，双蒸水 1.47 mL，10% NP-40 2.0 mL，TEMED 10 μL，10% Aps 12 μL。

②平衡液配制：取甘油 10 mL，β-巯基乙醇 5 mL，浓盐酸 0.5 mL，SDS 2.3 g，Tris 0.757 g，先用双蒸水溶解，然后加入 55 mL 甲醇，最后定容到 100 mL。置于棕色瓶 4℃避光保存备用。

③聚丙烯酰胺凝胶电泳所需液体

丙烯酰胺储存液（30% Acr/Bic）：称取丙烯酰胺（Acr）29 g，N,N-甲叉双丙烯酰胺（Bic）1g，超纯水至 100 mL，37℃溶解，置于棕色瓶 4℃避光保存备用。

分离胶缓冲液（4×）（1.5 mol/L Tris-HCl，pH 8.8）：Tris（分子量 121.14）18.15 g，超纯水 90 mL，调节 pH 至 8.8，超纯水定容至 100 mL，4℃保存。

浓缩胶缓冲液（4×）（1.0 mol/L Tris-HCl，pH 6.8）：Tris（分子量 121.14）12.1 g，超纯水 90 mL，调节 pH 至 6.8，超纯水定容至 100 mL，4℃保存。

1.0 mol/L Tris-HCl（pH 7.5）：Tris（分子量 121.14）30.29 g，超纯水 200 mL，调节 pH 至 8.8，超纯水定容至 250 mL，高温灭菌后 4℃保存。

1.74 mg/mL（10 mmol/L）PMSF：PMSF 0.174 g，异丙醇 100 mL，溶解后，分装于 1.5 mL 离心管中，-20℃保存。

10%十二烷基硫酸钠（SDS）：SDS 10 g，超纯水定容至 100 mL，于 50℃水浴锅中加热溶解，室温保存。

RIPA 裂解液：Tris-HCl 50 mmol/L，NaCl 150 mmol/L，脱氧胆酸钠 1%，Triton X-100 1%，和 pH7.5 SDS 0.1%。

5×SDS 上样缓冲液：0.5 mol/L Tris-HCl（pH 6.8）2.5 mL，SDS 0.5 g，溴酚蓝 0.025g，二硫苏糖醇（DTT，分子量 154.5）0.39g，甘油 2.5 mL，混合均匀后，分装到 1.5 mL EP 管中，4℃保存备用。

电泳缓冲液（pH 8.3）：Tris（分子量 121.14）3.03 g，甘氨酸（Gly）14.4 g，SDS 1 g 或 10% SDS 10 mL，超纯水至 1 L，调节 pH 至 8.3，室温保存，每次配制的溶液可重复使用 3～5 次。

转移缓冲液：Tris(分子量 121.14)3.03 g,甘氨酸(Gly)14.4 g,甲醇 200 mL,超纯水定容至 1 L。注意：先用溶解 Gly 和 Tris,然后再加入甲醇,最后补足液体。

10×丽春红染液：丽春红 S 2 g,磺基水杨酸 30 g,三氯乙酸 30 g,超纯水定容至 100 mL 制成母液保存,使用时再将其稀释 10 倍,作为工作液。

TBS 缓冲液：1.0 mol/L Tris-HCl(pH 7.5)10 mL,NaCl 8.8 g,超纯水至 1 000 mL。

TBST 缓冲液：20% Tween-20 1.65 mL,TBS 700 mL,混匀后即可使用。

封闭液：封闭蛋白干粉 5 g,TBST 100 mL,现配现用。

考马斯亮蓝：冰乙酸 10 mL、无水乙醇 45 mL、考马斯亮蓝 R-250 0.1 g、超纯水 45 mL。

考马斯洗脱液：甲醇:乙酸:蒸馏水＝5:1:4。

20%Tween-20：Tween-20 2 mL,加超纯水至 10 mL,混匀 4℃保存备用。

12%分离胶(15 mL)：超纯水 4.9 mL, 30% Acr/Bic 6 mL,分离胶缓冲液(pH 8.8 Tris-HCl)3.8 mL,10% SDS 0.15 mL,10% APS 0.15 mL,TEMED 0.006 mL,制胶过程中, TEMED 凝胶剂,应最后加,加完后迅速混匀后灌胶。

浓缩胶：超纯水 4.1 mL, 30% Acr/Bic 1 mL,分离胶缓冲液(pH 8.8 Tris-HCl)0.75 mL,10% SDS 0.06 mL,10% APS 0.06 mL,TEMED 0.006 mL。

9.2.3.2　试验材料

根据试验设计,采集对照组和试验组的组织或细胞。−80℃保存备用。

9.2.4　操作步骤

9.2.4.1　蛋白质样品的制备

(1)DE 组织样品的制备

从−80℃超低温冰箱中将动物组织取出迅速放入液氮预冷过的研钵中,快速研磨组织,期间不断向研钵中添加液氮,用力研磨直至组织被研磨成粉末,均匀而没有明显颗粒即可。在研钵中加入 800 μL(使用前加 1×PMSG),充分溶解粉末后迅速转移到 EP 管中,4℃,12 000g 离心 20 min,吸取上清液。然后用超声波处理,破碎核酸。每个 EP 管超声 3 次,每次 5~8 下,然后离心再次收集上清。将上清液分装成 3 管,每管约 250 μL,每管再加入 1 mL 丙酮-20℃沉淀过夜,再次离心倒去上清,平放于干净的吸水纸上干燥,即可得到蛋白质团块,−80℃保存备用。在干燥后的蛋白质团块中加入相应量的 RB,用枪头将蛋白质团块分离开并反复吹打至蛋白质完全溶解。离心吸出上清液,转移至新 EP 管中。建议使用的蛋白质溶解体系为 8 mol/L 尿素＋4％CHAPS＋40 mmol/L Tris(Base)＋65 mmol/L DTT;样品浓度大于 2 μg/ μL。

（2）DE 细胞样品的制备

细胞生长至对数生长期（2×10^7），胰酶消化，PBS 清洗，离心细胞，留沉淀;在振荡器上混匀后加裂解液（含蛋白酶抑制剂），150 μL/10^7细胞，液氮反复冷冻或超声破碎后加 DNA 酶和 RNA 酶。冰浴 30 min,4℃,12 000g 离心 20 min,吸取上清液,－80℃保存备用。

（3）iTRAQ 蛋白样品制备

从－80℃超低温冰箱中将动物组织取出迅速放入液氮预冷过的研钵中,用力研磨直至组织被研磨成粉末。用磷酸三(2-氯乙基)酯对样本蛋白质进行还原,并用半胱氨酸封闭剂封闭,加入胰蛋白酶消化后。备用。

9.2.4.2 蛋白质分离技术

（1）2-DE

①第一向等电聚焦（IEF）是将不同等电点的蛋白分离,首先准备干净玻管（18 cm×1.5 mm）用 Parafilm 封口膜封好底部,在 16 cm 处做好标记,垂直放在泡沫板上。用注射器吸好第一向等电聚焦凝胶柱制备液,装上 7 号针头,将 7 号针头插入玻管底部,边推注射器边提针头,直到标记处,用微量进样器小心加入 25 μL 水,可见明显的界面出现,让其聚合 1 h 以上,适当延长一点时间更好。待胶聚合好后,除去 Parafilm 并吸去顶部的覆盖液,在凝胶表面加 25 μL 的样品裂解液,再加 25 μL 水,放置 1 h,吸去水和裂解液,再加 25 μL 的样品裂解液,上面再小心加入 50 mmol/L NaOH 至管口,不要破坏样品与 NaOH 的界面。即可进行电泳。上槽（负极）电解液为 0.02 mol/L NaOH 液,下槽（正极）电解液为 10 mmol/L H_3PO_4。按 200 V×15 min,300 V×30 min,400 V×30 min 的程序进行预电泳。预电泳结束后,吸去上槽电泳液和凝胶表面的溶液,用微量注射器将样品加在胶面上,样品之上加 25 μL 的样品覆盖液,上槽换新电泳液,将电压恒定在 400 V×15 h,800 V×1 h 的程序进行电聚焦。然后剥胶。

②固定与平衡。将凝胶柱用双蒸水洗 2～3 次,放入平衡液中平衡 3～5 min,然后换用新鲜平衡液振荡平衡 1 h,最后用不含甲醇的新鲜平衡液洗 1～2 次,每次 2 min。

③第二向用聚丙烯酰胺凝胶电泳将不同分子量的蛋白质进行再次分离。

玻璃板对齐后放入制胶夹中卡紧,准备灌胶。

配制 12％分离胶,根据蛋白分子量选取合适的胶浓度。

灌分离胶:用 5 mL 移液枪吸取配制好的分离胶,沿玻璃板壁边缘,打入两块玻璃板夹层中,液面大约至玻璃板的 3/4 处(约 7 mL),两块胶高度要一致,再吸取超纯水加满至玻璃板上缘以压平胶。

凝胶 30～40 min,待出现明显的分界线时,表明分离胶已凝固好。将玻璃板中的超纯水倒出并用滤纸将水吸干,放平玻璃板。

灌浓缩胶:和灌分离胶一样,加满至玻璃板上缘,迅速将齿梳插入。

凝胶:凝胶 20～30 min,将其放入电泳槽,加入电泳缓冲液。拔出梳子,注意直上直下拔,以免气泡进入使孔道变形或损坏。

标准蛋白质标记胶制作:用未电泳过的等电聚焦胶条切成 8 mm 左右胶段,放入煮沸过的蛋白质 marker 溶液中浸泡 10 min 即可。

等电聚焦凝胶柱包埋。

电泳:先用 80 V 恒压电泳,待样品跑至分离胶,改换为 120 V 恒压电泳,待溴酚蓝电泳跑至胶底部时停止电泳。

凝胶染色:使用 R-250 考马斯亮蓝对提取蛋白的质量进行检测,染色 30 min 后脱水液脱色 2 h,观察蛋白的大小及分离结果。

(2)iTRAQ 样品蛋白标记

按照 iTRAQ 试剂盒说明书进行标记。备用。

9.2.4.3 蛋白质鉴定技术

蛋白质鉴定技术有质谱技术、蛋白芯片技术、色谱-质谱联用等技术。

(1)2-DE 凝胶切割

用切胶仪自动切割感兴趣的蛋白位点,放置到 96 孔板或 386 孔板中,用蛋白酶解。回收多肽。用于色谱液相分离样品。

(2)上机处理

将分离好的直接放入质谱仪的进样口,或者色谱与质谱连接,收集信号。

9.2.4.4 数据收集及生物信息学分析

(1)凝胶成像

成像设备可以摄入图像,对凝胶图像以数字形式保存,对每块凝胶图像进行平等的比较,在各研究组之间传递信息,并对大量的数据进行归类分析。目前应用较为广泛的图像分析软件有 PDQuest、ImageMaster 2D Elite、Melanie、BioImage Investigator 等,分辨率较高,功能齐全。

(2)质谱收集到数据的分析

首先采用 Mascott 2.2 软件进行数据库的检索及鉴定,以肽链误现率≤0.01

进行筛选和过滤。再用 Proteome Discoverer 1.3 软件对肽段离子峰强度值进行定量分析，比较差异蛋白的表达。用生物信息软件 DAVID 对蛋白质进行 GO 分类、KEGG 通路分析等。

9.2.5 注意事项

9.2.5.1 样品采集时注意事项

①采样量。组织样本每份 250～500 mg；细胞样品每份 10^6～10^7 细胞数（一块胶）；血液、血清等样品大于 5 mL，且不能溶血。

②样品保存。组织样本及细胞采样后应立即放入液氮中速冻或加入样品稳定剂，运输过程中血液、血清样品于 4℃保存，其他样品−20℃保存，不超过 48 h（若外地邮寄，除血液、血清及细胞外请用干冰）。

9.2.5.2 样品制备注意事项

①样品要求。样品中离子浓度不能过大，最好用新鲜的样品提取蛋白质，如果不确定蛋白提取情况，建议先进行 SDS-PAGE 检验。

②样品蛋白的总量不少于 1 mg，且均匀无沉淀，样品中无盐成分。

9.2.5.3 双向电泳注意事项。

①上样量的问题，胶条是 13 cm 的上样量为 50～80 ng，如上样量不合适，丰度低的将会被丰度高的所遮盖。

②胶条 pH 的选择，根据不同样品选择不同 pH。

③针对不同的蛋白质，分离胶的浓度需调整。

9.3 代谢组学技术

9.3.1 前言

代谢组学是继基因组学和蛋白质组学之后新近发展起来的一门学科，基因组学和蛋白质组学是说明什么可能会发生，而代谢组学则是说明什么确实发生了。代谢组学的概念来源于代谢组，代谢组是指某一生物或细胞在一特定生理时期内所有的低分子量代谢产物，代谢组学则是对某一生物或细胞在一特定生理时期内所有低分子量代谢产物（相对分子量小于 1 000）同时进行定性和定量分析的一门新学科（Goodacre，2004）。发生在代谢物层面的生命活动，如能量传递、细胞间通信、细胞信号释放等都是受代谢物调控的。其主要研究的是作为各种代谢路径的底物和产物的小分子代谢物。代谢组学也是以组群指标分析为基础,以高通量检测和数据处理为手段,以信息建模与系统整合为目标的系统生物学的一个分支。其主要技术手段是核磁共振(NMR),质谱(MS),色谱(HPLC,GC)及色谱-质谱联用技术。

9.3.1.1 NMR 技术

NMR 是唯一既能定性,同时又能在微摩尔范围定量大量有机化合物的技术。NMR 是非破坏性的,样本可以再用于进一步的分析。NMR 的样本制备简单且易自动化。NMR 最大的缺陷是灵敏度相对较低,对于复杂混合物 NMR 谱图的解析非常困难,因而它不适合分析大量的低浓度代谢物。通过检测一系列样品的 NMR 谱图,再结合模式识别方法,可以判断出生物体的营养状态、病理生理状态,并有可能找出与之相关的生物标志物,为相关预警信号提供一个预知平台。

9.3.1.2 质谱(MS)及其联用技术

由于具有高灵敏度、快速、选择性定性定量、可识别代谢物和可测量多种代谢物等特性,MS 已经在代谢组学研究中成为首选技术。

(1)气相色谱-质谱(GC-MS)

采用 GC-MS 可以同时测定几百个化学性质不同的化合物,包括有机酸、大多数氨基酸、糖、糖醇、芳胺和脂肪酸。GC-MS 最大的优势是有大量可检索的质谱库。尤其是二维 GC(GC×GC)-MS 技术,其具有分辨率高、峰容量大、灵敏度高及分析时间短等优势。

(2)液相色谱-质谱(LC-MS)

相对于 GC-MS,LC-MS 能分析更高极性和更高相对分子质量的化合物。LC-MS 的最大的优势是大多数情况下不需要对非挥发性代谢物进行化学衍生。LC- MS 技术中的软电离方式使得质谱仪更加完善和稳健。整体式毛细管柱和超高效液相色谱(UPLC)在分离科学中的应用为复杂的生物混合物提供了更好的分离能力;另外,现代离子阱多级质谱仪的发展使 LC-MS 可提供未知化合物的结构解析信息。

(3)毛细管电泳-质谱(CE-MS)

相对其他分离技术,CE-MS 具有高的分离效率、微量样本量(平均注射体积 1~20 nL)以及很短的分析时间的优势。CE 被用于代谢物的目标和非目标分析,包括分析无机离子、有机酸、氨基酸、核苷及核苷酸、维生素、硫醇、糖类和肽类等。

CE-MS 的最大优点是它可在单次分析实验中分离阴离子、阳离子和中性分子,因此 CE 可以同时获得不同类代谢物的谱图。

9.3.1.3 已被学术界广泛接受的代谢组学一些相关层次的定义

第一个层次为靶标分析,对某个或某几个特定靶蛋白组分分析,但样品需要一定的预处理技术除去干扰物。第二个层次为代谢轮廓分析,采用针对性的分析技术,对特定代谢过程中的结构或性质相关的预设代谢物系列进行定量测定。第三个层次为代谢组学,定量分析一个生物系统全部代谢物,或对所有内源性代谢组分进行定性、定量分析。要求高灵敏度、高选择性、高通量、干扰小。第四个层次为代谢指纹/足印,不具体鉴定单一组分,定性并半定量分析细胞外或细胞内全部代谢物。根据试验设计,定位代谢组学的层次。

9.3.2 代谢组学的分析流程(图 9-20)

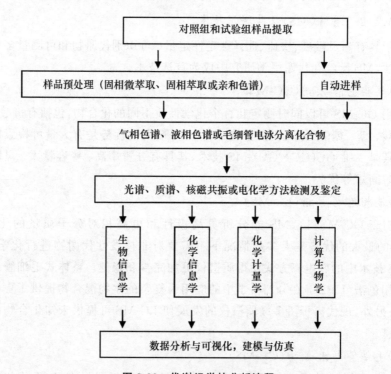

图 9-20 代谢组学的分析流程

9.3.3 材料

9.3.3.1 液体的配制

NMR 用液体配制时,有机溶剂有氘代氯仿、氘代苯、重水等。氘代 NMR 溶剂中不能含有水分。

9.3.3.2 不同样品的采集方法

(1)NMR 血样采集

①血浆样品。首先酒精消毒,待酒精完全挥发后再采样。用含有肝素钠的采血管采血,室温下 1 500 r/min 低速离心 10 min,除去血细胞等大分子物质;取上清液到另一个离心管中,4℃,20 000 r/min 离心 10 min,除去血浆中的杂质。吸取上清液到灭菌的 EP 管中,冷冻干燥后−20℃保存备用。②血清样品。血液采集到灭菌后的离心管中,静置 30 min 进行凝固。然后移取上清液到 EP 管中,8 000 r/min,离心 10 min,移取上清液到冻存管中,每管 0.5 mL,−80℃冻存。

(2)NMR 尿样的采集

对于不同试验组的动物最好同一时间段收集。也可以随机采集。收集后的尿样后,在管中加入 0.1%的 NaN₃ 水溶液作为防腐剂,以 8 000 r/min,离心 10 min,取上清液,样品保存在−80℃冰箱中。

(3)NMR 肝、肾样品的采集

处死动物后,立即取出完整的肝、肾,将肝实质和肾皮质切成质量为 18～23 mg 的小块,迅速投入液氮中,或者置于含 0.9%的氘代盐溶液中(放在冰块上),新鲜样本于取样 5 h 内测定,冻结样品存于−80℃冰箱中备用。

(4)GC-MS 血样采集

用含有肝素钠抗凝的采血管采血,室温下 1 500 r/min 低速离心 10 min,移取上清液到 EP 管内,样品存于−80℃冰箱中备用。

(5)GC-MS 尿样采集

收集尿样后,以 8 000 r/min,离心 10 min,取上清液,样品保存在−80℃冰箱中。

9.3.4 操作步骤

9.3.4.1 样品的预处理

(1)NMR 血样的预处理

①血浆样品。将血浆样品室温解冻,将 450 μL 解冻样品移入干净的核磁管

中，以 1∶10 的比例缓慢加入重水 500 μL，50 μL 1％TSP(3-三甲基硅基丙酸钠)水溶液(重水溶解)，混匀，静置 5 min。样品处理完后可直接在核磁共振仪上进行光谱采集。②血清样品。移取解冻血清 200 μL 于核磁管中，加入 0.05％ TSP 300 μL，待测。

（2）NMR 尿样预处理

取尿液样品，室温解冻，移取解冻样品 300 μL，加入 300 μL PB (pH 7.4)，12 000 r/min 离心 10 min，移取上清液 500 μL 到核磁管，加入 30 μL 0.1％ TSP 和90 μL 重水后待测。

（3）NMR 肝脏提取物处理方法

取约 250 mg 加入 2 mL 50％乙腈冰水上水浴，然后在 4℃，以 5 000g 离心 15 min，移取上清液冷冻干燥。取冻干物加入 1 mL 重水，2 mL 氯仿∶甲醇(75∶25)，在 4℃，以 5 000g 离心 15 min。移取上清液氮吹仪上吹干，再加入 500 μL 的含有0.1％ TSP 重水，待测。如果是肝脏脂质代谢物处理方法，在氮气吹干前一样。吹干后，加入 180 μL PB 和 0.1％ 20 μL 0.7 mmol TSP，置于外径为 2.5 mm 微型核磁管中测定。

（4）GC-MS 和 LC-MS 血浆样品预处理

取 100 μL 血浆，用 900 μL 甲醇水(体积比,甲醇:水=8∶1 V/V)溶液(包含全部内部物)萃取。4℃，8 000 r/min 离心 10 min。移取上清液 200 μL 蒸干。如做GC-MS,用 30 μL 甲氧胺(15 mg/L)吡啶溶液衍生 16 h，再用 MSTFA 衍生 1 h，待测。如物质浓度过高，可用乙腈稀释。如做 LC-MS，则根据不同的目的，用乙酸乙酯等溶液溶解，即可进行 LC-MS 检测。

（5）GC-MS 尿液样品预处理

将尿液样品室温溶解，3 000 r/min 离心 10 min。移取上清液 600 μL，加入内标物、400 μL 无水乙醇，100 μL 吡啶，50 μL ECF。40 kHz 超声 60 s。衍生，然后用 300 μL 氯仿抽提，用 NaOH(7 mol/L)调节水相 pH 到 9～10。再加入 50 μL ECF 再次衍生，漩涡混合 30 s，1 900g 离心 10 min，吹干水相，得到的氯仿相用无水硫酸钠干燥后，即可进行 GC-MS 检测。

（6）LC-MS 尿液样品预处理

将尿液样品室温溶解，3 000 r/min 离心 10 min。移取上清液，加入等体积的乙酸乙酯抽提，水层用等体积的己烷洗，用 1∶50 体积比盐酸酸化，再用等体积的乙酸乙酯抽提，有机相离心蒸发，残留物用流动相溶解备用。进行 LC-MS 检测。

9.3.4.2 代谢物分析和数据采集

最常用的分离分析手段是气相色谱与质谱联用(GC-MS)、液相色谱与质谱联用(LC-MS)、毛细管电泳与质谱联用(CE-MS)和NMR。

以NMR为例,常用一维NMR实验步骤包括:调谐、锁场匀场、选择序列、设置参数、采样。其中匀场是至关重要的一步。脉冲序列可以根据研究工作的需要设计和编写,设置不同的参数可以达到不同的效果。一维体液NMR研究中的脉冲选择及参数设置如下。①利用预饱和脉冲序列或WET(water suppression enhanced through T1)脉冲序列做水峰压制。②利用弛豫加权法和扩散加权法,分别选择性地检测血液中的小分子和大分子信号。③参数设置。采样参数主要包括5个独立的参数:观测核、中心频率、谱宽、采样点数和信号增益。中心频率与谱宽在实验中依靠调整共振偏置同时得到确定。信号增益以FID不出现饱和溢出为宜。脉冲参数也包括5个主要的独立的参数:脉冲宽度、射频场衰减因子、脉冲前等待时间、累加次数和采样时间。脉冲宽度与射频场强度的乘积决定脉冲的激发角度。处理参数中只有变换点数和窗函数是主要的。参数设置需要实验者的经验累积。

9.3.4.3 数据分析

用MestRe-Nova5.3.1软件包处理NMR数据。原始NMR谱图不能直接用来做多元数据统计分析,需要对NMR谱进行预处理:NMR谱去噪、溶剂峰消除、调相与基线校正;NMR谱分段积分:归一化和标准化。数据多元统计分析常用无监督式识别方法作为主成分分析法。

数据的生物信息学分析。蛋白质数据库可以分为序列数据库、结构数据库和功能数据库。目前应用于蛋白质组学研究的数据库主要有PIR、MIPS、PRINTS、Pfam、SMSS-PROT、SMART等,其中PIR主要包括Uni prot、iProClass、PIRSF、iProLINK。不同的数据库都有各自的功能特点,一般在使用时进行多个数据库之间联合使用。

9.3.5 注意事项

①采样注意事项。血样采集时间在第一次喂饲之前,早晨6:00～9:00。样品避免反复冻融。

②液体配制。PB配制时尽可能使用K_2HPO_4和$Na_2H_2PO_4$,以提高盐的溶解度。

③上样液体的要求。测试样品必须有足够的纯度,无悬浮颗粒,必须有足够的

量,存放样品的容器不能带有金属离子。

9.4　动物营养中组学研究展望

随着后基因组时代的到来,各种组学技术,例如基因组学、转录组学、蛋白组学以及代谢组学技术等应运而生。这些技术的单独使用或联合使用能更加宏观、全面、系统地、详尽地分析细胞或生物体的分子调控途径及其机制。应用在动物营养学领域内,可以用来分析营养干预、环境改变、肠道微生物改变或病理状态下,动物机体做出的基因水平上、转录水平上、蛋白质水平上、代谢水平上的一系列的变化情况,从而从一个机体或一个细胞内整体蛋白质的活动来揭示生命活动的规律。各种组学技术在动物营养学中的应用目前取得了一定的进展,但是仍处在起步阶段。动物营养学相关研究与各种组学技术相结合,从分子水平阐述各种营养素或环境的作用机制是现代动物营养今后发展的热点之一。另外,随着研究的不断深入,操作更加简便、重复性更好的蛋白质组学新技术和新方法也将在动物营养及相关动物性食品安全生产中发挥重要作用。

营养可以影响机体蛋白质组的变化。比如 Almeida 等(2014)为探讨饲养控制对羊毛纤维结构和蛋白的影响及这些蛋白在毛囊纤维形成中的作用,利用 12 只 6 个月龄的美利奴羊分组后进行为期 42 d 饲养调控试验。之后利用 iTRAQ 技术定量得到了 11 个丝胞角蛋白、11 个关联角蛋白(KAPS)、2 个上皮角蛋白和 2 个非角质蛋白的差异表达,检测到高硫蛋白 KAP13.1 和高甘氨酸-酪氨酸蛋白的 KAP6 蛋白家族表达水平都显著增加。研究结果显示体重变化对羊毛纤维直径及羊毛品质改变有显著影响,印证了已往体重周期性的下降对羊毛品质影响研究结果。

营养可以改变机体蛋白质组学。比如,氨是与高氨血症相关的代谢紊乱毒素。Zhang 等(2015)利用 iTRAQ 技术鉴定出不同浓度氨气条件下鸡肝脏组织中的 30 个差异蛋白,这些蛋白均与营养代谢、免疫应答、转录和翻译、应激反应及解毒作用相关,尤其是这些差异蛋白中的 β-半乳糖苷酶(GLB1)和 A 激酶锚定蛋白(AKAP8L)两种蛋白,已经在先前被提出作为慢性肝损伤的生物标志物。

基因组学和转录组学可以从整体上研究营养素或环境改变对机体 mRNA 水平上的影响,但其转录水平上的改变还是要通过其相应蛋白质水平的变化体现。因此,如果系统评价营养作用下体内和个体之间差异的原因,可以综合利用转录组学、蛋白质组学和代谢组学技术,从不同侧面研究,相互佐证。

★ 参考文献

[1] 任有蛇,郭丽娜,张国林,等. 山羊 Lcn5 的表达特点及其在繁殖器官中定位. 畜牧兽医学报,2015,46(5):711-718.

[2] 谢秀枝,王欣,刘丽华,等. iTRAQ 技术及其在蛋白质组学中的应用. 中国生物化学与分子生物学报,2011,27(7):616-621.

[3] 袁建丰,李林林,孙敏华,等. iTRAQ 标记技术及其在微生物比较蛋白质组学中的研究进展. 中国预防兽医学报,2013,35(10):859-862.

[4] 张春香,张国林,郭丽娜,等. 基于高通量转录组测序的山羊睾丸和附睾头差异表达基因分析. 畜牧兽医学报,2014,44(3):391-401.

[5] Almeida A M,Plowman J E,Harland D P,et al. Influence of feed restriction on the wool proteome:a combined iTRAQ and fiber structural study. J Proteomics,2014,103:170-177.

[6] Ye H,Sun L,Huang X,et al. A proteomic approach for plasma biomarker discovery with 8-plex iTRAQ labeling and SCX-LC-MS/MS. Mol Cell Biochem,2010,343(1/2):91-99(9).

[7] Yang Y,Bu D,Zhao X,et al. Proteomic analysis of cow,yak,buffalo,goat and camel milk whey proteins:quantitative differential expression patterns. J Proteome Res,2013,12(4):1660-1667.

[8] Rauniyar N,Yates Ⅲ J R. Isobaric labeling-based relative quantification in shotgun proteomics. J Proteome Res,2014,13(12):5293-5309

[9] Zhang J,Li C,Tang X,et al. High concentrations of atmos-pheric ammonia induce alterations in the hepatic proteome of broilers (*Gallus gallus*):an iTRAQ-based quantitative proteomic analysis. PLoS One,2015,10(4):e0123596.

(本章编写者:张春香、张建新;校对:刘强、裴彩霞)

第10章　生乳理化指标评价方法

生乳是指从健康奶畜乳房中挤出的。产犊后 7 d 内的乳,应用抗生素期间和休药期间的乳汁以及变质的乳不能作为生乳。通过检测生乳的物理、化学、生物学指标以及活性物质含量可以综合评定其质量的优劣。通常将生乳的酸度、相对密度、杂质度和冰点作为其主要物理指标进行评价。生乳的化学指标通常是指乳中蛋白质、脂肪、乳糖和非脂固形物含量。牛乳中所含的免疫球蛋白和乳铁蛋白等活性蛋白质具有抗菌、抗病毒、中和机体内毒素以及提高机体免疫力的功能。而其所含的不饱和脂肪酸,尤其是多不饱和脂肪酸,如亚油酸、亚麻酸以及共轭亚油酸等,具有降低心血管疾病、糖尿病、高血压和癌症发病率等保健作用。因此,牛乳中活性物质含量的检测越来越受到人们的重视。牛乳的安全指标是指乳中对人体健康有害的各项指标,主要包括污染物、真菌毒素和微生物等。

10.1　生乳酸度的测定技术

10.1.1　前言

生乳的酸度可分为自然酸度和发生酸度。自然酸度是指乳汁从乳房中刚挤出时所具有的酸度。发生酸度是指乳汁在贮藏和运输过程中因乳酸菌的发酵作用,导致牛乳酸度升高,或乳中人为掺入碱性物质(碳酸钠或碳酸氢钠)导致牛乳酸度降低。因此,酸度可以作为牛乳新鲜度的判定指标。GB 5413.34 中规定了用氢氧化钠滴定法测定牛乳的酸度。

10.1.2　原理

以酚酞为指示剂,用 0.100 0 mol/L 氢氧化钠标准溶液滴定 100 mL 乳样至终点所消耗的氢氧化钠溶液体积,经计算确定试样的酸度。

10.1.3　试剂和溶液

①酚酞指示剂:称取 0.1 g 酚酞,用乙醇溶解并定容至 100 mL。

②0.1 mol/L 氢氧化钠标准溶液:称取 40 g 氢氧化钠,溶于 100 mL 蒸馏水中,摇匀使之成为饱和溶液后储于聚乙烯容器中,密闭放置数日后至溶液清亮。吸取该溶液 10 mL 于 1 000 mL 容量瓶中,用无 CO_2 的水(蒸馏水煮沸后再冷却)定容,摇匀,用基准试剂进行标定。

③氢氧化钠标准溶液的标定:称取已在 105～110℃ 烘干至恒重的基准级邻苯二甲酸氢钾 0.600 0 g 于三角瓶中,加入 50 mL 无 CO_2 的水,溶解后加入 3 滴酚酞指示剂,用配好的氢氧化钠溶液滴定至溶液呈粉红色,0.5 min 内不褪色。同时做空白试验。

氢氧化钠标准溶液浓度按下式计算:

$$C = \frac{m}{(V - V_0) \times 0.204\,2}$$

式中,C 为氢氧化钠标准溶液的浓度,mol/L;m 为基准级邻苯二甲酸氢钾的质量,g;V 为消耗氢氧化钠标准溶液的体积,mL;V_0 为空白试验消耗的氢氧化钠标准溶液的体积,mL;0.204 2 为基准级邻苯二甲酸氢钾的毫摩尔质量,g/mmol。

10.1.4　仪器和设备

①天平:感量 1 mg。

②滴定管:分刻度为 0.1 mL。

③水浴锅。

10.1.5　操作步骤

准确移取 10.0 mL 乳样于 150 mL 的锥形瓶中,加 20 mL 新煮沸冷却至室温的水及 3 滴酚酞指示剂,混匀,用 0.1 mol/L 氢氧化钠标准溶液滴定至粉红色,并在 0.5 min 内不褪色,记录消耗的氢氧化钠标准溶液的体积,同时做空白试验。

10.1.6　结果计算

试样酸度按下式计算。

$$X = \frac{c}{0.100\,0} \times (V_1 - V_0) \times 10$$

式中，X 为牛乳酸度，°T；c 为氢氧化钠标准溶液浓度，mol/L；V_1 为试样消耗氢氧化钠标准溶液的体积，mL；V_0 为空白试验消耗氢氧化钠标准溶液的体积，mL。

10.1.7　注意事项

①在重复条件下获得的两次独立滴定结果的绝对差值应小于 0.5 °T。

②由于加水后乳中磷酸三钙的溶解度会增加，从而降低乳的酸度。加水 20 mL 稀释乳样会使牛乳的酸度降低约 2 °T，而一般测定的酸度都是指加水后的总酸度。因此，如果试验滴定时没有加水，所得结果应减去 2 °T。

③要严格按要求配制酚酞指示液。酚酞浓度不同，会导致终点稍有差异，如酚酞加入量偏少，测定结果会偏高。

④滴定终点为微红色，0.5～1 min 内不褪色，视力误差为 0.5～1 °T。

⑤滴定终点判定标准色可采用如下方法制备：取待测乳样 10 mL，置于 150 mL 锥形瓶中，加入 20 mL 蒸馏水，再滴入 3 滴 0.005% 碱性品红溶液，摇匀后作为该样品滴定终点的判定标准颜色。

10.2　生乳相对密度测定技术

10.2.1　前言

生乳的相对密度是指在 20℃时，一定体积乳的质量与 4℃同体积水的质量之比（ρ_4^{20}）。一般情况，生乳的相对密度应在 1.028～1.032 的范围内，过低不符合要求，可能掺水；过高则表明可能人为地掺入了某些增稠物质。因此，测定生乳相对密度是判定乳质量的重要指标。GB 5413.33 中规定了使用密度计测定生乳相对密度的方法。

10.2.2　原理

使用密度计检测试样，根据读数经查表可得相对密度的结果。

10.2.3　仪器和设备

①密度计：20℃/4℃。

②温度计：0～50℃或 0～100℃的水银或酒精温度计。

③玻璃圆筒（或 200～250 mL 量筒）：圆筒高应大于密度计的长度，其直径大小应使密度计沉入后，玻璃圆筒（或量筒）内壁与密度计的周边距离不小于 5 mm。

10.2.4　操作步骤

①将牛乳样品升温至 40℃,混合均匀后,降温至 20℃,小心地注入玻璃圆筒中,大约到玻璃圆筒容积的 3/4 处。注入牛乳时应防止牛乳产生泡沫。

②手持密度计上部,小心地沉入玻璃圆筒内的乳汁中,让其自由浮动,避免与玻璃圆筒壁接触。

③待密度计静止 2~3 min 后,眼睛平视生乳液面的高度,读取数值。

10.2.5　结果计算

相对密度(ρ_4^{20})与密度计读数的关系见下式。

$$\rho_4^{20} = \frac{X}{1\,000} + 1.000$$

式中,ρ_4^{20} 为样品的相对密度;X 为密度计读数。

10.2.6　注意事项

①当使用 20℃/4℃ 密度计且样品温度在 20℃ 时,读数代入上式,即可计算出乳样的相对密度。如果乳样温度不是 20℃,则需查表 10-1,换算成 20℃ 时的相对密度,再代入公式。

②密度计有 20℃/4℃ 和 15℃/15℃ 两种,二者之间的换算关系为:15℃/15℃ 测得的度数 = 20℃/4℃ 测得的度数+2℃。

表 10-1　密度计读数转换为温度 20℃ 时的度数换算表(GB 5413.33—2010)

密度计读数	鲜乳温度/℃															
	10	11	12	13	14	15	16	17	18	19	20	21	22	23	24	25
25	23.3	23.5	23.6	23.7	23.9	24.0	24.2	24.4	24.6	24.8	25.0	25.2	25.4	25.5	25.8	26.0
26	24.2	24.4	24.5	24.7	24.9	25.0	25.2	25.4	25.6	25.8	26.0	26.2	26.4	26.6	26.8	27.0
27	25.1	25.3	25.4	25.6	25.7	26.0	26.1	26.3	26.5	26.8	27.0	27.2	27.5	27.7	27.9	28.1
28	26.0	26.1	26.3	26.5	26.6	26.8	27.0	27.3	27.5	27.8	28.0	28.2	28.5	28.7	29.0	29.2
29	26.9	27.1	27.3	27.5	27.6	27.8	28.0	28.3	28.5	28.8	29.0	29.2	29.5	29.7	30.0	30.2
30	27.9	28.1	28.3	28.5	28.6	28.8	29.0	29.3	29.5	29.8	30.0	30.2	30.5	30.7	31.0	31.2
31	28.8	28.0	29.2	29.4	29.6	29.8	30.0	30.3	30.5	30.8	31.0	31.2	31.5	31.7	32.0	32.2
32	29.3	30.0	30.2	30.4	30.6	30.7	31.0	31.2	31.5	31.8	32.0	32.3	32.5	33.0	33.3
33	30.7	30.8	31.1	31.2	31.5	31.7	32.0	32.2	32.5	32.8	33.0	33.2	33.5	33.8	34.1	34.3
34	31.7	31.9	32.1	32.3	32.5	32.7	33.0	33.2	33.5	33.8	34.0	34.3	34.4	34.8	35.1	35.3
35	32.6	32.8	33.1	33.2	33.5	33.7	34.0	34.7	35.0	35.3	35.5	35.8	36.1	96.3
36	33.5	33.8	34.0	34.3	34.5	34.7	34.9	35.2	35.6	35.7	36.0	36.2	36.5	36.7	37.0	37.2

10.3 生乳杂质度测定技术

10.3.1 前言

牛乳中的杂质主要来源于挤奶、运输、生产及奶罐的消毒清洗等过程。根据 GB 19301 的要求,合格牛乳的杂质度应小于 4 mg/L。GB 5413.30 中规定了用杂质过滤法测定牛乳中的杂质度。

10.3.2 原理

生鲜乳经杂质度过滤板过滤,根据残留于杂质度过滤板上直观可见非白色杂质与杂质度参考标准板比对,确定样品杂质度。

10.3.3 试验材料

①杂质度过滤板:直径 32 mm,质量(135±15) mg,厚度 0.8～1.0 mm 的白色棉质板。过滤牛乳时通过的滤板截面直径为 28.6 mm。

②杂质度参考标准板。

③过滤设备:杂质度过滤机或抽滤瓶,可采用正压或负压的方式实现快速过滤。

10.3.4 操作步骤

①用量筒量取乳样 500 mL,倒于杂质度过滤器的棉质过滤板上过滤,用水冲洗干净附着在过滤板上的牛乳。

②将棉质过滤板置于烘箱中烘干后,在非直射但均匀的光亮处与杂质标准板比较。

10.3.5 结果分析

从杂质标准板中选出与棉质过滤板杂质度最接近的标准板,其对应的牛乳杂质含量即为乳样的杂质度,单位为 mg/L。

10.3.6 注意事项

①当杂质过滤板上的杂质量介于两个级别之间时,应判定为杂质量较多的级别。

②如出现纤维等外来物,判定杂质度超过最大值。

③同一样品所做的 2 次重复测定,结果应一致,否则要重复再测定 2 次。

10.4　生乳冰点的测定技术

10.4.1　前言

液态物质凝固时的温度称为凝固点,但习惯上将生乳的凝固点称为冰点。乳的冰点随乳中水分或其他成分含量的变化而变化,以牛乳为例,正常情况下,生鲜牛乳的冰点仅在一个狭小的范围内变化,国际公认牛乳冰点平均值为$-0.525℃$,变动范围为$-0.533\sim-0.516℃$,NY 5045 规定为$-0.550\sim-0.510℃$。当牛乳中掺水时,则冰点上升,超出正常范围。因此,将生乳冰点作为乳品质量评价体系的重要指标,许多国家已将生乳冰点列入按质论价体系。GB 5413.88 中规定了热敏电阻仪测定牛乳冰点的方法。

10.4.2　原理

生乳样品过冷至适当温度,即当被测乳样冷却到$-3℃$时,通过瞬时释放热量使样品产生结晶,待样品温度达到平衡状态,并在 20 s 内温度回升不超过 0.5 m℃,此时的温度即为样品的冰点。

10.4.3　试剂与溶液

所有试剂均为分析纯或以上等级,水符合 GB/T 6682 中二级水的规格。

①乙二醇。

②氯化钠。

③冷却液:量取 330 mL 乙二醇于 1 000 mL 容量瓶中,用水定容至刻度并摇匀,其体积分数为 33%。

④氯化钠标准溶液。

氯化钠:磨细后于干燥箱中$(130\pm2)℃$干燥 24 h 以上,于干燥器中冷却至室温。

标准溶液 A:称取 6.731 g 氯化钠,溶于$(1\,000\pm0.1)$ g 水中。将标准溶液分装贮存于容量不超过 250 mL 的聚乙烯塑料瓶中,置于 5℃左右冰箱冷藏,保存期限为 2 个月。其冰点值为-400 m℃。

标准溶液 B:称取 9.422 g 氯化钠,溶于$(1\,000\pm0.1)$ g 水中。将标准溶液分装贮存于容量不超过 250 mL 的聚乙烯塑料瓶中,置于 5℃左右冰箱冷藏,保存期限为 2 个月。其冰点值为-557 m℃。

标准溶液 C:称取 10.161 g 氯化钠,溶于$(1\,000\pm0.1)$ g 水中。将标准溶液分装贮存于容量不超过 250 mL 的聚乙烯塑料瓶中,置于 5℃左右冰箱冷藏,保存期限为 2 个月。其冰点值为 －600 m℃。

10.4.4 仪器和设备

热敏电阻冰点仪:检测装置、冷却装置、搅拌金属棒、结晶装置及温度显示仪。

10.4.5 操作步骤

10.4.5.1 试样制备

测试样品要保存在 0～6℃的冰箱中,于 48 h 内完成测定。测试前样品应放至室温,且测试样品和氯化钠标准溶液测试时的温度应保持一致。

10.4.5.2 仪器预冷

开启热敏电阻冰点仪,等待热敏电阻冰点仪传感探头升起后,打开冷阱盖,按生产商规定加入相应体积冷却液,盖上盖子,冰点仪进行预冷。预冷 30 min 后,开始测量。

10.4.5.3 校准

(1)原则

校准前应按表 10-2 配制不同冰点值的氯化钠标准溶液。可选择表中 2 个不同冰点值的氯化钠标准溶液进行仪器校准,2 个氯化钠标准溶液冰点差值不应少于 100 m℃,且覆盖到被测样品相近冰点值范围。

表 10-2 氯化钠标准溶液的冰点

氯化钠溶液 /(g/kg)	氯化钠溶液*(20℃) /(g/L)	冰点 /m℃
6.763	6.731	－400.0
6.901	6.868	－408.0
7.625	7.587	－450.0
8.489	8.444	－500.0
8.662	8.615	－510.0
8.697	8.650	－512.0
8.835	8.787	－520.0
9.008	8.959	－530.0
9.181	9.130	－540.0
9.354	9.302	－550.0
9.475	9.422	－557.0
10.220	10.161	－600.0

当称取此列中氯化钠的量配制标准溶液时,应将水煮沸,冷却并保持在(20±2)℃,并定容至 1 000 mL。

(2)仪器校准

A 校准：分别取 2.5 mL 标准溶液 A，依次放入 3 个样品管中，在启动后的冷阱中插入装有标准液 A 的样品管。当重复测量值在(−400±2) m℃校准值时，完成校准。

B 校准：分别取 2.5 mL 标准溶液 B，依次放入 3 个样品管中，在启动后的冷阱中插入装有标准液 B 的样品管。当重复测量值在(−557±2) m℃校准值时，完成校准。

C 校准：测定生羊乳时，还应使用 C 校准。分别取 2.5 mL 标准溶液 C，依次放入 3 个样品管中，在启动后的冷阱中插入装有标准液 C 的样品管。当重复测量值在(−600±2) m℃校准值时，完成校准。

(3)质控校准

在每次开始测试前应使用质控校准。连续测定乳样时，冰点仪每小时至少进行一次质控校准。如两次测量的算术平均值与氯化钠标准溶液(−512 m℃)差值大于 2 m℃时，应重新进行仪器校准。

10.4.5.4　校准样品测定

①轻轻摇匀待测试样，应避免混入空气产生气泡。移取 2.5 mL 试样至一个干燥清洁的样品管，将样品管放到已校准过的热敏电阻冰点仪的测量孔中。开启冰点仪冷却试样，当温度达到(−3.0±0.1)℃时，试样开始冻结，当温度达到平衡(在 20 s 内温度回升不超过 0.5 m℃)时，冰点仪停止测量，传感头升起，显示温度即为样品冰点值。测试结束后，应保证探头和搅拌金属棒清洁、干燥。

②如果试样在温度达到(−3.0±0.1)℃前已开始冻结，需重新取样测试。如果第二次测试的冻结仍然太早发生，那么将剩余的样品于(40±2)℃加热 5 min，以熔化结晶脂肪，再重复样品测定步骤。

③测定结束后，移走样品管，并用水冲洗温度传感器和搅拌金属棒并擦拭干净。

④记录试样的冰点测定值。

10.4.6　结果表述

生乳样品的冰点测定值取 2 次测定结果的平均值，单位以 m℃计，保留 3 位有效数字。

10.4.7　注意事项

①两次重复测量结果的绝对差值不超过 4 m℃。

②该方法检出限为 2 m℃。

③在测定牛乳冰点时,往往同时检测其可滴定酸度。酸败乳的冰点比常乳低,故在测定牛乳冰点时,规定其滴定酸度要在 20 °T 以下。

④作为冰点检测的乳样品,不能添加任何防腐剂,也不能有细菌生长繁殖。因此,生鲜乳采集后要在 -5℃储存, -18℃可储存 12 周。

⑤测试前需从试样中除掉所有可视外来物,必要时可进行过滤。

10.5 乳中蛋白质含量的测定方法

10.5.1 前言

乳中蛋白质含量一般为 2.8%～3.8%,主要由酪蛋白和乳清蛋白组成,含有人体所需的 8 种必需氨基酸。因此,蛋白质含量是衡量乳品质的重要指标。NY/T 1678 中规定了用双缩脲比色法测定乳中蛋白质含量。

10.5.2 原理

利用三氯乙酸沉淀样品中的蛋白质,将沉淀物与双缩脲进行反应,用分光光度计测定显色液的吸光度,以酪蛋白为标准,计算样品中蛋白质的含量。

10.5.3 试剂和溶液

①四氯化碳。

②酪蛋白标准品:纯度≥99.0%。

③10 mol/L 氢氧化钾溶液:称取 56 g 氢氧化钾,加水溶解并定容至 100 mL。

④250 g/L 酒石酸钾钠溶液:称取 25 g 酒石酸钾钠,加水溶解并定容至 100 mL。

⑤40 g/L 硫酸铜溶液:称取 4 g 硫酸铜,加水溶解并定容至 100 mL。

⑥150 g/L 三氯乙酸溶液:称取 15 g 三氯乙酸,加水溶解并定容至 100 mL。

⑦双缩脲试剂:将 10 mL 10 mol/L 氢氧化钾和 20 mL 250 g/L 酒石酸钾钠溶液加到约 800 mL 水中,剧烈搅拌,同时慢慢加入 30 mL 40 g/L 硫酸铜溶液,用水定容至 1 000 mL。

10.5.4 仪器和设备

①高速冷冻离心机。

②分光光度计。

③超声波清洗器。

10.5.5 操作步骤

①取 6 支试管，按表 10-3 加入酪蛋白标准品和双缩脲试剂，充分混匀，在室温下放置 30 min。以 0 号管调零，于波长 540 nm 处测定标准溶液的吸光度。以吸光度为纵坐标，蛋白质浓度为横坐标，绘制标准工作曲线。

表 10-3 标准工作曲线的制作

管号	0	1	2	3	4	5
酪蛋白标准品/mg	0	10	20	30	40	50
双缩脲试剂/mL	20.0	20.0	20.0	20.0	20.0	20.0
蛋白质浓度/(mg/mL)	0	0.5	1.0	1.5	2.0	2.5

②称取 1.5 g 试样（精确至 0.1 mg），置于 50 mL 离心管中，加入 5 mL 150 g/L 三氯乙酸溶液，静置 10 min，使蛋白质充分沉淀，在 10 000g 下离心 10 min，倾去上清液，用 10 mL 95％乙醇洗涤。

③向沉淀中加入四氯化碳 2 mL，双缩脲试剂 20 mL，置于超声波清洗器中振荡均匀，使蛋白质溶解，静置显色 30 min，在 10 000g 下离心 20 min，取上清液，于波长 540 nm 处测定待测溶液的吸光度，根据标准曲线计算蛋白质浓度。

10.5.6 结果计算

生乳中蛋白质含量按下式计算。

$$m = \frac{2c}{m_0}$$

式中，m 为生乳中蛋白质含量，g/100 g；c 为从标准工作曲线上查得的待测溶液中蛋白质的浓度，mg/mL；m 为生乳样品的质量，g。

10.5.7 注意事项

①测定结果保留 3 位有效数字。

②在重复条件下获得的两次独立测定结果的绝对差值不得超过算术平均值的 10％。

10.6　毛氏抽脂瓶法测定乳中脂肪含量

　　乳脂是生乳的主要营养成分之一,含量一般为 3%～5%。乳脂肪呈球状,是含有 4～8 个碳原子的饱和脂肪酸和以油酸为主的不饱和脂肪酸构成的甘油三酯的混合物,其中甘油三酯占 99%,其余的 1% 大部分是磷脂和微量的胆固醇及其他脂类。GB 19301 中规定牛奶中脂肪含量应大于或等于 3.1%。GB 5413.3 中规定了毛氏抽脂瓶法和盖勃法两种乳中脂肪测定方法。

10.6.1　原理

　　用乙醚和石油醚抽提样品的碱水解液,通过蒸馏或蒸发去除溶剂,测定溶于溶剂中的抽提物的质量,即为样品脂肪含量。

10.6.2　试剂和溶液

　　①氨水:质量分数约为 25%。
　　②乙醇:体积分数至少为 95%。
　　③乙醚:不含过氧化物与抗氧化剂。
　　④石油醚:沸程 30～60℃。
　　⑤混合溶剂:将乙醚和石油醚等体积混合。
　　⑥刚果红溶液(可选择性地使用):将 1 g 刚果红溶于水中,稀释至 100 mL。该溶液可以使溶剂和水相界面清晰,也可使用其他能使水相染色而不影响测定结果的溶液。

10.6.3　仪器和设备

　　①毛氏抽脂瓶:应带有软木塞或其他不影响溶剂使用的瓶塞(如硅胶或聚四氟乙烯)。软木塞应先浸于乙醚中,然后放入 60℃ 或 60℃ 以上的水中保持至少 15 min,冷却后使用。不用时需浸泡在水中,浸泡用水每天更换一次。
　　②与毛氏抽脂瓶配套的离心机:可在抽脂瓶外端产生 80～90g 的离心力。
　　③脂肪收集瓶。

10.6.4　操作步骤

　　①在脂肪收集瓶中加入几粒沸石,放入烘箱中干燥 1 h,冷却至室温后称量,精确至 0.1 mg。称取 10 g(精确至 0.1 mg)生乳样品于毛氏抽脂瓶中,加入

2.0 mL 氨水,充分混合后立即将抽脂瓶放入(65±5)℃的水浴中,加热 15～20 min,不时取出振荡。取出后冷却至室温。

②加入 10 mL 乙醇,缓和但彻底地进行混合,避免液体太接近瓶颈。如果需要可加入 2 滴刚果红溶液。加入 25 mL 乙醚,塞上瓶塞,将抽脂瓶保持在水平位置,小球的延伸部分朝上夹到摇混器上,按约 100 次/min 振荡 1 min,也可采用手动振摇方式。但均应避免形成持久乳化液。抽脂瓶冷却后小心地打开塞子,用少量混合溶剂冲洗塞子和瓶颈,使洗液流入抽脂瓶。

③加入 25 mL 石油醚,塞上重新润湿的塞子,轻轻振荡 30 s。将加塞的抽脂瓶放入离心机中,在 80～90g 下离心 5 min。或者将抽脂瓶静置至少 30 min,直到上层液澄清,并明显与水相分离。

④小心地打开瓶塞,用少量混合溶剂冲洗塞子和瓶颈内壁,使洗液流入抽脂瓶。如果两相界面低于小球与瓶身连接处,则沿瓶壁边缘慢慢地加入水,使液面高于小球和瓶身相接处,以便于倾倒。将上层液尽可能地倒入已准备好的加入沸石的脂肪收集瓶中,避免倒入水层。

⑤用少量混合溶剂冲洗瓶颈外部,冲洗液收集在脂肪收集瓶中。要防止溶剂溅到抽脂瓶的外面。向抽脂瓶中加入 5 mL 乙醇,用乙醇冲洗瓶颈内壁,缓和但彻底地进行混合。重复以上步骤,进行第二次抽提,但只用 15 mL 乙醚和 15 mL 石油醚。

⑥再进行第三次抽提,同样只用 15 mL 乙醚和 15 mL 石油醚。

⑦合并所有提取液,既可采用蒸馏的方法除去脂肪收集瓶中的溶剂,也可在沸水浴上蒸发至干来除掉溶剂。蒸馏前用少量混合溶剂冲洗瓶颈内部。

⑧将脂肪收集瓶放入(102±2)℃的烘箱中,烘 1 h,取出脂肪收集瓶,冷却至室温,称量,精确至 0.1 mg。

⑨重复以上操作,直到脂肪收集瓶两次连续称量差值不超过 0.5 mg,记录脂肪抽提瓶和抽提物的最低质量。

10.6.5　结果计算

乳样中脂肪的含量按下式计算。

$$X=[(m_1-m_2)-(m_3-m_4)]\times100/m$$

式中,X 为生乳样品中脂肪的含量,g/100g;m 为样品的质量,g;m_1 为脂肪收集瓶和抽提物的质量,g;m_2 为脂肪收集瓶的质量,g;m_3 为空白试验中,脂肪收集瓶和抽提物的质量,g;m_4 为空白试验中,脂肪收集瓶的质量,g。

10.6.6 注意事项

①要进行空白试验,以消除环境及温度对检验结果的影响。

②进行空白试验时在脂肪收集瓶中放入 1 g 新鲜的无水奶油。必要时,在每100 mL 溶剂中加入 1 g 无水奶油后重新蒸馏,重新蒸馏后必须尽快使用。

③空白试验与样品测定要同时进行。

④对于存在非挥发性物质的试剂可用与样品测定同时进行的空白试验值进行校正。抽脂瓶与天平室之间的温差可对抽提物的质量产生影响。在理想的条件下(试剂空白值低,天平室温度相同,脂肪收集瓶充分冷却),该值通常小于 0.5 mg,在常规测定中,可忽略不计。

⑤如果全部试剂空白残余物大于 0.5 mg,则分别蒸馏 100 mL 乙醚和石油醚,测定溶剂残余物的含量。用空的脂肪收集瓶测得的质量和每种溶剂的残余物的含量都不应超过 0.5 mg,否则应更换不合格的试剂或对试剂进行提纯。

⑥为验证抽提物是否全部溶解,向脂肪收集瓶中加入 25 mL 石油醚,在水浴上微热,振摇,直到脂肪全部溶解。如果抽提物全部溶于石油醚中,则含抽提物的脂肪收集瓶的最终质量和最初质量之差,即为脂肪含量。如果抽提物未全部溶于石油醚中,或怀疑抽提物是否全部为脂肪,则用石油醚洗提,小心地倒出石油醚,不要倒出任何不溶物,重复此操作 3 次以上。将全部石油醚收集于另一脂肪收集瓶中。蒸发去除石油醚后,将脂肪收集瓶放于(102±2)℃的烘箱中加热 1 h,冷却,称重,作为脂肪的质量。

⑦试验中使用的有机溶剂,如乙醚、乙醇和石油醚等,都是易燃易爆的物品,操作时必须在通风橱内进行,而且实验操作台附近不能有明火。另外,乙醚和石油醚的沸点较低,萃取振荡时要少摇多放气,避免试剂喷出。

10.7 盖勃法测定新鲜生乳中脂肪含量

10.7.1 原理

在乳中加入硫酸,破坏乳的胶质性和覆盖在脂肪球上的蛋白质外膜,离心分离脂肪后测量其体积。

10.7.2 试剂和溶液

①硫酸:相对密度为 1.820～1.825 g/L。

②异戊醇。

10.7.3　仪器和设备

①盖勃氏乳脂计:最小刻度为 0.1%。
②盖勃氏离心机。

10.7.4　操作步骤

①在盖勃氏乳脂计中先加入 10 mL 硫酸,再沿着管壁小心准确加入 10.75 mL 乳样,使样品与硫酸不要混合,再加入 1 mL 异戊醇,塞上橡皮塞,使瓶口向下,同时用布包裹以防冲出,用力振摇使成均匀棕色液体,静置数分钟(瓶口向下),置 65~70℃水浴中 5 min。

②取出后置于乳脂离心机中,以 1 100g 离心 5 min,再置于 65~70℃水浴中保温 5 min(水浴水面应高于乳脂计脂肪层)。

③取出,立即读数,即为脂肪的百分数。

10.7.5　注意事项

①在重复条件下获得的 2 次独立测定结果的绝对差值不得超过算术平均值的 5%。

②硫酸的浓度要严格遵守规定的要求。如果浓度过大,会使生乳样品碳化呈黑色溶液而影响读数;浓度过小,不能使酪蛋白完全溶解,会使测定值偏低或使脂肪层浑浊。

③硫酸除了可以破坏脂肪球膜,使脂肪游离出外,还可以增加液体的相对密度,使脂肪容易浮出。

④异戊醇能促使脂肪析出,并降低脂肪球的表面张力,以利于形成连续的脂肪层。

10.8　高效液相色谱法测定鲜乳中乳糖含量

乳糖是乳腺合成的特有化合物,能全部溶解在乳清中,是大多数哺乳动物乳中的主要碳水化合物,是维持渗透压的主要成分。牛乳中乳糖含量一般在 4.7%左右,GB 5413.5 中规定了乳糖的两种测定方法。其中高效液相色谱法样品前处理简单,准确性好,但是需要使用高效液相色谱仪,且必须配备对糖类物质有吸收的示差折光检测器或蒸发光散射检测器。

10.8.1　原理

试样中的乳糖经提取后,利用高效液相色谱柱分离,示差折光检测器检测,外标法进行定量。

10.8.2　试剂和溶液

①乙腈:色谱纯。

②20 mg/mL乳糖标准储备溶液:先将乳糖在(94 ± 2)℃的烘箱中干燥2 h,称取2 g,溶于适量水中,定容至100 mL。4℃冰箱内保存,有效期1个月。

③乳糖标准工作溶液:分别吸取乳糖标准储备溶液0、1.00、2.00、3.00、4.00和5.00 mL于10 mL容量瓶中,用乙腈定容至刻度,配制成乳糖标准工作溶液,浓度分别为0、2.00、4.00、6.00、8.00和10.00 mg/mL。现配现用。

10.8.3　仪器和设备

①高效液相色谱仪:带示差折光检测器。
②超声波清洗器。

10.8.4　操作步骤

(1)试样的制备

称取2.5 g生乳样品于50 mL容量瓶中,加入15 mL 50~60℃的水,于超声波清洗仪中振荡10 min,用乙腈定容至刻度,静置10 min,过滤,取5.0 mL滤液于10 mL容量瓶中,用乙腈定容,再用0.45 μm滤膜过滤,收集滤液供色谱分析。

(2)色谱测定参考条件

色谱柱:氨基柱(4.6 mm×250 mm,5 μm粒径)或等效产品。

流动相:乙腈-水$(V:V=7:3)$。

检测器温度:33~37℃。

柱温:35℃。

流速:1.0 mL/min。

进样量:10 μL。

(3)标准曲线的制作

将标准系列工作液分别注入高效液相色谱仪中,测定相应的峰面积或峰高,以峰面积或峰高为纵坐标,以标准工作液的浓度为横坐标绘制标准曲线。

(4)试样溶液的测定

将试样溶液注入高效液相色谱仪中,测定相应的峰面积或峰高,从标准曲线中查得试样溶液中乳糖的浓度。

10.8.5　结果计算

新鲜生乳中乳糖的含量按下式计算。

$$X = (c \times V \times 100 \times n)/(m \times 1\,000)$$

式中,X 为试样中乳糖的含量,g/100 g;c 为样液中乳糖的浓度,mg/mL;V 为试样定容体积,mL;n 为样液稀释倍数;m 为试样的质量,g。

以重复条件下获得的 2 次独立测定结果的算术平均值表示,结果保留 3 位有效数字。

10.8.6　注意事项

在重复条件下获得的 2 次独立测定结果的绝对差值不得超过算术平均值的 5%。

10.9　氧化还原滴定法测定鲜乳中乳糖含量

氧化还原滴定法操作步骤烦琐,并且需要查表计算乳糖数,但不需要大型分析仪器,适合小规模实验室检测使用。

10.9.1　原理

生乳试样除去蛋白质后,在加热条件下,以次甲基蓝为指示剂,直接滴定已标定过的斐林试剂,根据样液消耗的体积,计算乳糖含量。

10.9.2　试剂和溶液

①200 g/L 乙酸铅溶液:称取 200 g 乙酸铅,溶于水并稀释至 1 000 mL。

②草酸钾-磷酸氢二钠溶液:称取草酸钾 30 g,磷酸氢二钠 70 g,溶于水并稀释至 1 000 mL。

③300 g/L 氢氧化钠溶液:称取 300 g 氢氧化钠,溶于水并稀释至 1 000 mL。

④斐林试剂液(甲液和乙液)

甲液:称取 34.639 g 硫酸铜,溶于水中,加入 0.5 mL 浓硫酸,加水至 500 mL。

乙液:称取 173 g 酒石酸钾钠及 50 g 氢氧化钠溶于水中,稀释至 500 mL,静置 2 d 后过滤。

⑤5 g/L 酚酞溶液:称取 0.5 g 酚酞,溶于 100 mL 95％的乙醇中。

⑥10 g/L 亚甲基蓝溶液:称取 1 g 亚甲基蓝,溶于 100 mL 水中。

10.9.3 仪器和设备

①分析天平。
②恒温水浴锅。

10.9.4 操作步骤

10.9.4.1 斐林试剂的标定(用乳糖标定)

①称取预先在(94±2)℃烘箱中干燥 2 h 的乳糖标样 0.75 g(精确到 0.1mg),用水溶解并定容至 250 mL。将此乳糖溶液注入 50 mL 滴定管中,待滴定。

②预滴定:取斐林试剂甲、乙液各 5.00 mL 于 250 mL 三角瓶中。加入 20 mL 蒸馏水,放入几粒玻璃珠,从滴定管中放出 15 mL 样液于三角瓶中,置于电炉上加热,使其在 2 min 内沸腾,保持沸腾状态 15 s,加入 3 滴亚甲基蓝溶液,继续滴入乳糖标准溶液,至溶液蓝色完全褪尽,即为终点,记录消耗的乳糖标准溶液的准确体积。

③精确滴定:另取斐林试剂甲、乙液各 5.00 mL 于 250 mL 三角瓶中,再加入 20 mL 蒸馏水,放入几粒玻璃珠,加入比预滴定量少 0.5～1.0 mL 的样液,置于电炉上加热,使其在 2 min 内沸腾,保持沸腾状态 2 min,加入 3 滴亚甲基蓝溶液,以每 2 s 一滴的速度慢慢滴入乳糖标准溶液,至溶液蓝色完全褪尽,即为终点,记录消耗的乳糖标准溶液的准确体积。

④按下式计算费林氏液的乳糖校正值。

$$A_1 = 4 \times V_1 \times m_1$$
$$f_1 = A_1/(AL_1)$$

式中,A_1 为实测乳糖数,mg;V_1 为滴定时消耗乳糖溶液的体积,mL;m_1 为称取乳糖的质量,g;f_1 为费林氏液的乳糖校正值;AL_1 为由乳糖滴定体积数查表 10-4 所得的乳糖数,mg。

表 10-4　乳糖及转化糖因素表(10 mL 费林氏液)(GB 5413.5—2010)

滴定量/mL	乳糖/mg	转化糖/mg	滴定量/mL	乳糖/mg	转化糖 mg
15	68.3	50.5	33	67.8	51.7
16	68.2	50.6	34	67.9	51.7
17	68.2	50.7	35	67.9	51.8
18	68.1	50.8	36	67.9	51.8
19	68.1	50.8	37	67.9	51.9
20	68.0	50.9	38	67.9	51.9
21	68.0	51.0	39	67.9	52.0
22	68.0	51.0	40	67.9	52.0
23	67.9	51.1	41	68.0	52.1
24	67.9	51.2	42	68.0	52.1
25	67.9	51.2	43	68.0	52.2
26	67.9	51.3	44	68.0	52.2
27	67.8	51.4	45	68.1	52.3
28	67.8	51.4	46	68.1	52.3
29	67.8	51.5	47	68.2	52.4
30	67.8	51.5	48	68.2	52.4
31	67.8	51.6	49	68.2	52.5
32	67.8	51.6	50	68.3	52.5

注:"因数"系指与滴定量相对应的数目。

若蔗糖含量与乳糖含量的比值超过 3:1 时,则在滴定量中加表 10-5 的校正值后计算。

表 10-5　乳糖滴定量校正值数(GB 5413.5—2010)

滴定终点时所用的糖液量 /mL	用 10 mL 斐林试剂、蔗糖及乳糖量的比	
	3:1	6:1
15	0.15	0.30
20	0.25	0.50
25	0.30	0.60
30	0.35	0.70
35	0.40	0.80
40	0.45	0.90
45	0.50	0.95
50	0.55	1.05

10.9.4.2　乳糖的测定

①称取 2.5～3 g(精确至 0.1 mg)生乳样品,用 100 mL 水分数次洗入 250 mL 容量瓶中。

②徐徐加入 4 mL 乙酸铅溶液,4 mL 草酸钾-磷酸氢二钠溶液,每次加入试剂时都要振荡容量瓶,用水稀释至刻度。静置数分钟,用干燥滤纸过滤,弃去最初 25 mL 滤液后,所得滤液作滴定用。

③预滴定:将此滤液注入一支 50 mL 的滴定管中,待测定。具体操作同斐林试剂的标定中的预滴定。

④精确滴定:具体操作同斐林试剂的标定中的精确滴定。

10.9.5　结果计算

①试样中乳糖含量按下式计算。

$$X=(F_1 \times f_1 \times 0.25 \times 100)/(V_1 \times m)$$

式中,X 为试样中乳糖含量,g/100 g;F_1 由消耗样液的毫升数差表所得的乳糖数,mg;f_1 为费林氏液乳糖校正值;V_1 为滴定消耗滤液量,mL;m 为试样的质量,g。

②以重复性条件下获得的 2 次独立测定结果的算术平均值表示,结果保留 3 位有效数字,2 次测定结果的绝对差值不得超过算术平均值的 1.5%。

10.10　生乳中全脂乳固体和非脂乳固体的测定

10.10.1　前言

生乳除去水分后,剩下的组分就是全脂乳固体(又称干物质或总固体),主要由蛋白质、脂肪、矿物质和维生素组成,含量一般为 11.3%～11.5%。非脂乳固体或非脂干物质为全脂乳固体扣除脂肪后剩下的组分,含量一般为 8.1%～10.0%。生乳中全脂乳固体或非脂乳固体的含量越高,牛奶的品质越好。GB 5413.39 中规定了用干燥法测定生乳中非脂乳固体含量的方法。

10.10.2　原理

生乳样品直接干燥至恒重,即为全脂乳固体含量,减去脂肪即得到非脂乳固体含量。

10.10.3　试验材料

①石英砂。

②带盖称量皿:直径 5～7 cm。

③短玻璃棒。

④干燥箱。

⑤水浴锅。

10.10.4　操作步骤

①取洁净的称量皿,内加 20 g 精制石英砂及一根短玻璃棒,置于(100±2)℃的干燥箱中,开盖加热 2 h,取出后,盖上盖子,放于干燥器内冷却 30 min,称量。并反复干燥至恒重。

②准确称取 5.0 g(精确至 0.1 mg)生乳样品于恒重的称量皿内,用短玻璃棒搅匀,置沸水浴上蒸干,擦去皿外的水渍。于(100±2)℃的干燥箱中干燥 3 h,取出放于干燥器内冷却 30 min,称量,再于(100±2)℃的干燥箱中干燥 1 h,取出冷却后称量,直至前、后两次质量相差不超过 1.0 mg,即为恒重。

10.10.5　结果计算

①生乳样品中全脂乳固体含量按下式计算。

$$W_1 = \frac{m_1 - m_2}{m} \times 100$$

式中,W_1 为生乳中全脂乳固体含量,g/100 g;m_1 为干燥后皿、石英砂和生乳样品的质量,g;m_2 为皿和石英砂的质量,g;m 为生乳样品的质量,g。

②生乳样品中非脂乳固体含量按下式计算。

$$W = W_1 - W_2$$

式中,W 为生乳中非脂乳固体含量,g/100g;W_1 为生乳中全脂乳固体含量,g/100 g;W_2 为生乳中脂肪的含量,g/100 g。

③以重复条件下获得的 2 次独立测定结果的算术平均值表示,结果保留 3 位有效数字。

10.11　乳中共轭亚油酸含量的测定

10.11.1　前言

共轭亚油酸(CLA)是一类具有独特生理活性的十八碳二烯酸,具有抗癌、降低动脉粥样硬化和预防糖尿病发生等多种生物学功能。共轭亚油酸主要来源于牛奶及其制品,普通牛奶中 CLA 含量平均为 $30\sim100\ \mu g/mL$,其中具有保健功能的主要是 *cis*-9 和 *trans*-11 异构体。因此,CLA 的含量可作为乳品质的衡量标准之一。NY/T 1671 中规定了用气相色谱法测定牛乳中 CLA 含量的方法。

10.11.2　原理

样品经有机溶剂提取粗脂肪后,先后经碱皂化和酸酯化处理生成脂肪酸甲酯,用正己烷萃取,气相色谱柱分离,氢火焰离子化检测器检测,外标法定量。

10.11.3　试剂和溶液

①无水硫酸钠。

②正己烷。

③异丙醇。

④脂肪酸甲酯标准品:*cis*-9,*trans*-11,*cis*-10 和 *trans*-12。

⑤20 g/L 氢氧化钠甲醇溶液:称取 2.0 g 氢氧化钠溶于 100 mL 无水甲醇中,混合均匀,现配现用。

⑥100 mL/L 盐酸甲醇溶液:取 10 mL 氯乙酰缓慢注入盛有 100 mL 无水甲醇的 250 mL 三角瓶中,混合均匀,现配现用。

注意:氯乙酰注入甲醇时,应在通风橱中进行,以防外溅。

⑦66.7 g/L 硫酸钠溶液:称取 6.67 g 无水硫酸钠溶于 100 mL 水中。

⑧正己烷异丙醇混合溶液:将 3 体积正己烷和 2 体积异丙醇混合均匀。

⑨1 mg/mL 脂肪酸标准储备溶液:称取各脂肪酸甲酯标准品 10.0 mg 分别于 10 mL 棕色容量瓶中,用正己烷溶解定容,混匀。-20℃保存,有效期 6 个月。

⑩10 μg/mL 脂肪酸混合标准工作溶液:准确吸取各脂肪酸标准储备溶液 1 mL 于 100 mL 棕色容量瓶中,用正己烷溶解定容,混匀。-20℃保存,有效期 3 个月。

10.11.4　仪器和设备

①冷冻离心机:工作温度可在 0～8℃调节,离心力大于 2 500g。

②气相色谱仪:带 FID 检测器。

③色谱柱:100% 聚甲基硅氧烷涂层毛细管柱,100 m×0.25 mm,膜厚 0.25 μm。

④带盖离心管:10 mL。

⑤恒温水浴锅:40～90℃,精度±0.5℃。

⑥带盖耐高温试管。

⑦旋涡振荡器。

10.11.5　操作步骤

①试样的制备:准确称取 2 g 充分混匀的牛奶样品(含脂肪 50～100 mg,精确到 0.1 mg)于 10 mL 带盖离心管中。

②粗脂肪的提取:在试样中加入 4 mL 正己烷异丙醇混合液,旋涡振荡 2 min。加入 2 mL 硫酸钠溶液,旋涡振荡 2 min 后,于 4℃,2 500g 离心 10 min。

③皂化与酯化:将上层正己烷相移至带盖耐高温试管中,加入 2 mL 氢氧化钾甲醇溶液,拧紧试管盖,摇匀,于 50℃水浴皂化 30 min。冷却至室温后,加入 2 mL 盐酸甲醇溶液,拧紧试管盖,90℃水浴酯化 2.5 h。

④试液的制备:冷却至室温后,在酯化后的溶液中加入 2 mL 水,分别用 2 mL 正己烷浸提 3 次,合并正己烷层,转移至 10 mL 棕色容量瓶中,用正己烷定容。加入约 0.5 g 无水硫酸钠,旋涡振荡 20～30 s,静置 10～20 min,取上清液作为待测试液。

⑤气相色谱参考条件

色谱柱:HP-88(100 m×0.25 mm×0.25 μm)或相当的色谱柱。

柱温:120℃维持 10 min,然后以 3.2℃/min 升温至 230℃,维持 35 min。

进样口温度:250℃。

检测器温度:300℃。

载气:氮气。

恒压:190 kPa。

分流比:1:50。

进样量:2 μL。

⑥测定：先进标准工作溶液，待仪器稳定后，再进行样品测定，以色谱峰面积定量。

10.11.6　结果计算

乳中 CLA 等脂肪酸含量可按下式计算。

$$X_i = \frac{A_i \times C_i \times V}{A_s \times m}$$

式中，X_i 为乳中第 i 种脂肪酸含量，mg/kg；A_i 为试样中第 i 种脂肪酸甲酯峰面积；A_s 为混合 CLA 甲酯标准工作液中第 i 种脂肪酸甲酯峰面积；C_i 为混合 CLA 甲酯标准工作液中第 i 种脂肪酸甲酯浓度，μg/mL；V 为试液体积，mL；m 为所取待测样品质量，g。

10.11.7　注意事项

①测定结果用平行测定的算术平均值表示，保留 3 位有效数字。
②重复条件下获得的 2 次测定结果的绝对差值不得超过算术平均数的 10%。
③在水浴过程中，要确保试管不漏气，以保证酯化完全。
④有机层的转移须尽量完全。

10.12　牛初乳中免疫球蛋白 IgG 含量的测定

10.12.1　前言

牛初乳通常是指奶牛分娩后 3～7 d 的乳汁。新鲜牛初乳色泽黄而浓稠、酸度高、具有特殊的乳腥味和苦味，其中免疫球蛋白的含量达 30～200 mg/mL，具有抗菌、抗病毒等功能。初乳中的免疫球蛋白能以未消化的状态直接通过肠壁吸收进入血液，使犊牛产生被动的免疫力。NY/T 2070 中规定了用分光光度法测定牛初乳中免疫球蛋白 IgG 的含量。

10.12.2　原理

乳样中可溶性抗原 IgG 与抗体形成可溶性免疫复合物，复合物在聚乙二醇作用下自液相析出，形成微粒，使试液浊度发生变化，试液浊度与所含 IgG 抗原量成正比，在 340 nm 测定免疫球蛋白 IgG 含量。

10.12.3　试剂和溶液

①0.01 mol/L 磷酸盐缓冲液(pH 7.4)：称取 0.27 g 磷酸二氢钾(KH_2PO_4)，2.86 g 磷酸氢二钠($Na_2HPO_4 \cdot H_2O$)，0.20 g 氯化钾(KCl)，8.80 g 氯化钠(NaCl)，用水溶解后调 pH 至 7.4，用蒸馏水定容至 1 000 mL，置 4℃保存。

②4%聚乙二醇缓冲液：称取 40 g 聚乙二醇，加 0.01 mol/L 磷酸盐缓冲液定容至 1 000 mL，置 4℃保存。

③IgG 标准储备液：称取 0.010 g IgG 标准品（精确至 0.0001 g），用 0.01 mol/L 磷酸盐缓冲液溶解并定容至 10.0 mL，摇匀。此标准储备液质量浓度为 1.0 mg/mL，置 -18℃保存备用。

④IgG 标准系列溶液：取 IgG 标准储备液，用 4%聚乙二醇缓冲液稀释，配制浓度为 0.20、0.30、0.40、0.50、0.60、0.70 和 0.80 mg/mL 的 IgG 标准系列溶液，临用时配制。

⑤抗 IgG 抗体贮备液：取 10 mL 兔抗牛 IgG 抗体粉剂（效价≥10 000）溶于 2 mL 0.01 mol/L 磷酸盐缓冲溶液中，置 -18℃保存备用。

⑥抗 IgG 抗体稀释液：取 100 μL 抗体贮备液，加入 4.9 mL 聚乙二醇缓冲液，将抗体稀释 50 倍，临用时配制。

10.12.4　仪器与设备

①紫外分光光度计：配有微量比色皿。
②微量移液器。
③反应管：0.5 mL。
④冷冻离心机。
⑤水浴锅。

10.12.5　操作步骤

①试样的制备：取 2.0 mL 液态牛初乳试样于离心管中，在 1~5℃，5 000 r/min 条件下离心 30 min，去除上层脂肪。移取 1.0 mL 脱脂牛初乳试样，用 4%聚乙二醇缓冲液稀释至 100~200 mL，混匀，备用。

②标准曲线的绘制：向各个反应管中加入 250 μL 抗 IgG 抗体稀释液，再分别取 10 μL 浓度为 0.20、0.30、0.40、0.50、0.60、0.70 和 0.80 mg/mL 的 IgG 标准系列溶液依次加入各反应管中，混匀后，置 37℃水浴中反应 40 min。以 4%聚乙二醇

缓冲液作为参比,在 340 nm 波长下测定吸光度,以标准溶液浓度为横坐标,吸光度为纵坐标,绘制标准曲线。

③试样的测定:向各个反应管中加入 250 μL 抗 IgG 抗体稀释液,再取 10 μL 待测试样加入各反应管中,混匀后,以 4% 聚乙二醇缓冲液作为参比,在 340 nm 波长下测定吸光度。根据标准曲线,计算待测试样中 IgG 含量。

④空白试验:用脱脂乳为空白样品,按以上步骤进行操作。

10.12.6　结果计算

①试样中 IgG 的含量按下式计算。

$$W = \frac{\rho \times V_2 \times 2 \times 100}{V_1 \times 1\,000}$$

式中,W 为试样中 IgG 的含量,g/mL;V_1 为试样的体积,mL;ρ 为被测液中 IgG 的质量浓度,mg/mL;V_2 为试样稀释后的体积,mL。

②计算结果保留两位有效数字。

10.12.7　注意事项

在重复性条件下获得的 2 次独立测定结果的绝对差值不得超过算术平均值的10%。

10.13　显微镜法测定牛乳中体细胞数

体细胞是指生乳中混杂的上皮细胞和白细胞。牛乳中体细胞数通常以每毫升牛奶中的细胞个数来表示,是评价牛奶质量的重要指标,也是奶牛群体改良中的一个重要测定项目。测定牛奶中体细胞数的变化可以及早发现乳房损伤或感染,预防治疗乳腺炎。一般高质量牛乳中所含体细胞数不超过 50 万/mL,一旦超过这个值就会导致产奶量和奶质量下降。NY/T 800 中规定了显微镜测定法、电子粒计数体细胞仪法和荧光光电计数体细胞仪法 3 种体细胞测定方法。

10.13.1　原理

将测试的生鲜牛乳涂抹在载玻片上成样膜,干燥、染色,显微镜下观察被亚甲基蓝清晰染色的体细胞数。

10.13.2 试剂和溶液

①95％乙醇。

②四氯乙烷或三氯乙烷。

③亚甲基蓝。

④冰乙酸。

⑤硼酸。

⑥染色溶液:在 250 mL 三角瓶中加入 54.0 mL 乙醇和 40.0 mL 四氯乙烷,摇匀。在 65℃水浴锅中加热 3 min,取出后加入 0.6 g 亚甲基蓝,仔细混匀。降温后,置于冰箱中冷却至 4℃。从冰箱中取出,加入 6.0 mL 冰醋酸,摇匀后用砂芯漏斗过滤,装入试剂瓶,常温贮存。

10.13.3 仪器与设备

①显微镜:放大倍数 500× 或 1 000× ,带刻度目镜、测微尺和机械台。

②微量注射器:容量 0.01 mL。

③载玻片:具有外槽圈定的范围,可使用血球计数板计数。

④水浴锅。

⑤砂芯漏斗:孔径≤10 μm。

⑥吹风机。

⑦恒温箱。

10.13.4 操作步骤

10.13.4.1 乳样的制备

①采集的生鲜牛乳应保存在 2～6℃条件下,若 6 h 内未测定,应加硼酸防腐,硼酸在样品中的浓度不大于 0.6 g/100 mL,贮存温度 2～6℃,贮存时间不超过 24 h。

②将生鲜牛乳样品在 35℃水浴中加热 5 min,摇匀后冷却至室温。

③用 95％乙醇将载玻片清洗干净,用无尘镜头纸擦干,火焰烤干,冷却。

④用无尘镜头纸擦净微量注射器针头,抽取 0.01 mL 试样,用无尘镜头纸擦干针头外残样,将试样平整地注射在有外围的载玻片上,立刻置于恒温箱中,40～45℃水平放置 5 min,形成均匀厚度的样膜。在电炉上烤干,将载玻片上干燥样膜浸入染色溶液中,计时 10 min,取出后晾干,若室内湿度大,则可用吹风机吹干,然后,将染色的样膜浸入水中吸取剩余的染色溶液,干燥后防尘保存。

10.13.4.2　测定

①将载玻片固定在显微镜的载物台上,用自然光或电光源增大透射光强度,聚光镜头、油浸高倍镜。

②单向移动机械台对逐个视野中载玻片上染色体细胞计数,将明显落在视野内或在视野内显示 1/2 以上形体的体细胞计数,计数的体细胞不得少于 400 个。

10.13.5　结果计算

样品中体细胞数按下式计算。

$$X = (N \times S)/(a \times d \times 0.01)$$

式中,X 为样品中体细胞数,个/mL;N 为显微镜体细胞计数,个;S 为样膜覆盖面积,mm²;a 为单向移动机械台进行镜下计数的长度,mm;d 为显微镜视野直径,mm;0.01 指取样体积,mL。

10.13.6　注意事项

要求测定结果相对偏差≤5%。

10.14　电子粒计数法测定牛乳中体细胞数

10.14.1　原理

样品中加入甲醛溶液固定体细胞,加入乳化剂电解质混合液,将包含体细胞的脂肪球加热破碎,体细胞经过电子粒计数体细胞仪的狭缝时,由阻抗增值产生的电压脉冲数记录,读出体细胞数。

10.14.2　试剂与溶液

①所有试剂均为分析纯,水符合 GB 6682 中一级水的规格。

②伊红 Y。

③35%～40%甲醛溶液。

④95%乙醇。

⑤曲拉通 X-100。

⑥0.09 g/L NaCl 溶液:在 1L 水中溶入 0.09 g NaCl。

⑦冰乙酸。

⑧固定液:在 100 mL 容量瓶中加入 0.02 g 伊红 Y 和 9.40 mL 甲醛,用水溶解后定容,混匀后用砂芯漏斗过滤,滤液装入试剂瓶,常温保存。或者使用电子粒计数体细胞仪生产厂提供的固定液。

⑨乳化剂电解质混合液:在 1 L 烧杯中加入 125 mL 95％乙醇和 20.0 mL 曲拉通 X-100,完全混匀,再加入 885 mL NaCl 溶液,混匀后用砂芯漏斗过滤,滤液装入试剂瓶,常温保存。或者使用电子粒计数体细胞仪专用的乳化剂电解质混合液。

10.14.3　仪器与设备

①电子粒计数体细胞仪。
②水浴锅。
③砂芯漏斗:孔径≤0.5 μm。

10.14.4　操作步骤

①乳样的制备:采集的生鲜牛乳应保存在 2～6℃条件下,若 6 h 内未测定,应加硼酸防腐,硼酸在样品中的浓度不大于 0.6 g/100 mL,贮存温度 2～6℃,贮存时间不超过 24 h。

②体细胞的固定:采样后应立即固定体细胞,即在混匀的乳样中吸取 10 mL,加入 0.2 mL 固定液,也可在采样前在采样管内预先加入以上比例的固定液,但要密封采样管,以防止甲醛挥发。

③测定:将试样置于 40℃水浴锅中加热 5 min,取出后颠倒 9 次,再水平振摇 5～8 次,然后在试样温度不低于 30℃的条件下测定。

10.14.5　结果计算

直接读数,单位为 10^3个/mL。

10.15　荧光光电计数法测定牛乳中体细胞数

10.15.1　原理

样品在荧光光电计数体细胞仪中与染色-缓冲液混合后,通过感应细胞核内脱氧核糖核酸染色后产生的荧光,将其转化为电脉冲,经放大记录,直接显示读数。

10.15.2　试剂与溶液

①所有试剂均为分析纯,水符合 GB 6682 中一级水的规格。

②溴化乙啶。

③柠檬酸。

④柠檬酸三钾。

⑤曲拉通 X-100。

⑥25％ 氢氧化铵溶液。

⑦硼酸。

⑧重铬酸钾。

⑨叠氮化钠。

⑩染色-缓冲贮备液:在 5 L 试剂瓶中加入 1 L 水,在其中溶解 2.5 g 溴化乙啶,搅拌,可加热到 40～60℃,以促进溶解。待完全溶解后,加入 400 g 柠檬酸三钾和 14.5 g 柠檬酸,再加入 4 L 水,搅拌,使其完全溶解。然后,边搅拌边加入 50 g 曲拉通 X-100,混匀,避光、阴凉环境中密封贮存,90 d 内有效。

⑪染色-缓冲工作液:将 1 份体积染色-缓冲贮备液与 9 份体积水混合,7 d 内有效。或使用荧光光电计数体细胞仪专用的染色-缓冲工作液。

⑫清洗液:将 10 g 曲拉通 X-100 和 25 mL 25％ 氢氧化铵溶液溶于 10 L 水中,仔细搅拌,完全溶解后,密封贮存于阴凉环境中,25 d 内有效。或使用荧光光电计数体细胞仪专用的清洗液。

10.15.3　仪器与设备

①荧光光电计数体细胞仪。

②水浴锅。

10.15.4　操作步骤

①乳样的制备:采样管内生鲜牛乳中加入荧光光电计数体细胞仪专用防腐剂,溶解后充分摇匀;也可加入硼酸,硼酸在样品中的浓度不超过 0.6 g/100 mL,在 6～12℃条件下可保存 24 h;也可加入重铬酸钾,重铬酸钾在样品中的浓度不超过 0.2 g/100 mL,在 6～12℃条件下可保存 72 h。

②测定:将试样置于水浴锅中 40℃加热 5 min,取出后颠倒 9 次,再水平振摇 5～8 次,然后在试样温度不低于 30℃的条件下测定。

10.15.5 结果计算

仪器可直接给出体细胞数的测定结果,单位为个/mL。

10.15.6 注意事项

①相对偏差≤15%。

②体细胞仪在下列情况下应进行校正:连续运行 2 个月;长期停用,再次开始使用时;维修后开始使用时。

③校正使用专用标样,连续测定 5 次,得出平均值。

④标样中体细胞含量为 40 万~50 万个/mL,测定平均值与标样指标值的相对误差应≤10%。

⑤在一个工作日内每测定 50 个样品做一次标准样品的计数。

⑥当一个工作日结束时,按 $CV=(S/n)\times100$ 计算数次测定标样的变异系数。式中,CV 为变异系数,%;S 为数次测定的标准差,个/mL;n 为数次测定的平均值($n>5$),个/mL。

10.16 生乳中黄曲霉毒素 M_1 测定技术

10.16.1 前言

黄曲霉毒素是由黄曲霉和寄生曲霉产生的一组化学结构类似的化合物,主要由 B_1、B_2、G_1 和 G_2 组成,毒性极强,对人及动物的肝脏组织有破坏作用,严重时可导致肝癌甚至死亡。奶牛采食被黄曲霉毒素污染的饲料后,在肝脏中将毒性强的黄曲霉毒素 B_1 和 B_2 转化为毒性较低的黄曲霉毒素 M_1 和 M_2,并通过乳汁排出体外。黄曲霉毒素 M_1 非常稳定,在加工及贮藏过程中,其毒性不变,巴氏杀菌、高温高压等均不能降低其毒性。因此,牛乳中黄曲霉毒素 M_1 成为必检项目。GB 5413.37 中规定了牛乳中黄曲霉毒素 M_1 的 4 种测定方法,这 4 种方法对牛乳中黄曲霉毒素 M_1 的最低检测限分别为:液相色谱-串联质谱法为 $0.01\ \mu g/L$;高效液相色谱法为 $0.008\ \mu g/L$;免疫层析净化荧光光度法为 $0.1\ \mu g/L$;双流向酶联免疫法为 $0.5\ \mu g/L$。据此,下面介绍免疫亲和层析净化高效液相色谱法测定牛乳中黄曲霉毒素 M_1 的含量。

10.16.2 原理

免疫亲和柱内含有黄曲霉毒素 M_1 特异性单克隆抗体交联在固体支持物上,

当试样通过免疫亲和柱时,抗体选择性地与黄曲霉毒素 M_1(抗原)结合,形成抗原-抗体复合体。用水洗除去柱内杂质,然后用乙腈洗脱吸附在柱上的黄曲霉毒素 M_1,收集洗脱液。用带有荧光检测器的高效液相色谱仪测定洗脱液中黄曲霉毒素 M_1 的含量,外标法定量。

10.16.3 试剂与材料

10.16.3.1 免疫亲和柱

免疫亲和柱的最大容量不小于 100 ng 黄曲霉毒素 M_1(相当于 50 mL 浓度为 2 μg/L 的试样),当标准溶液含有 4 ng 黄曲霉毒素 M_1(相当于 50 mL 浓度为 80 ng/L 的试样)时,回收率不低于 80%。应该定期检查免疫亲和柱的柱效和回收率,每个批次的柱子应至少检查一次。

(1)柱效检查

移取 1.0 mL 黄曲霉毒素 M_1 标准储备液到 20 mL 锥形试管中。用恒流的氮气将液体慢慢吹干,然后用 10% 乙腈水溶液溶解残渣,用力振摇。将该溶液加入 40 mL 的水中,充分混匀,全部通过免疫亲和柱。按说明书要求使用免疫亲和柱。淋洗免疫亲和柱后,洗脱黄曲霉毒素 M_1。将洗脱液进行适当稀释后,用高效液相色谱仪测定免疫亲和柱键合的黄曲霉毒素 M_1 含量。计算黄曲霉毒素 M_1 的回收率。

(2)回收率检查

移取 0.8 mL 0.005 μg/mL 黄曲霉毒素 M_1 标准工作液到 10 mL 的水中,充分混匀,全部通过免疫亲和柱。按说明书要求使用免疫亲和柱。淋洗免疫亲和柱后,洗脱黄曲霉毒素 M_1。将洗脱液进行适当稀释后,用高效液相色谱仪测定免疫亲和柱键合的黄曲霉毒素 M_1 含量。计算黄曲霉毒素 M_1 的回收率。

10.16.3.2 其他试剂

①乙腈:色谱纯。
②10% 乙腈水溶液:将 100 mL 乙腈与 900 mL 水混合,使用前脱气。
③氮气。
④三氯甲烷:加入 0.5%~1.0% 质量比(与三氯甲烷质量比)的乙醇进行稳定。

10.16.3.3 黄曲霉毒素 M_1 标准溶液

可以直接购买黄曲霉毒素 M_1 认证国家标准物质,或按下面方法配制。
①称取标准品黄曲霉毒素 M_1 0.10 mg(精确至 0.01 mg),用三氯甲烷溶解并

定容至 10 mL。将溶液转移至棕色玻璃瓶中，—20℃冰箱保存备用。此溶液浓度为 10 μg/mL，但需要根据下面的方法确定黄曲霉毒素 M_1 的实际浓度。

②用紫外分光光度计，在波长 340～370 nm 处测定，扣除三氯甲烷空白本底的吸光度，读取标准溶液的吸光度。在接近 360 nm 的最大吸收波长处，测得吸光度为 A，根据下式计算浓度值。

$$C = \frac{A \times M \times 100}{\varepsilon}$$

式中，C 为黄曲霉毒素 M_1 的实际浓度，μg/mL。A 为在最大吸收波长处测得的吸光度；M 为黄曲霉毒素 M_1 的摩尔质量，328 g/mol；ε 为溶于三氯甲烷中的黄曲霉毒素 M_1 的吸光系数，19 950 m^2/mol。

10.16.3.4　黄曲霉毒素 M_1 标准储备溶液

确定黄曲霉毒素 M_1 标准溶液的实际浓度后，继续用三氯甲烷稀释为浓度为 0.1 μg/mL 的储备溶液。密封后于 4℃冰箱中避光保存，2 个月内有效。

10.16.3.5　黄曲霉毒素 M_1 标准中间溶液

准确移取 1.00 mL 储备溶液到 20 mL 锥形试管中，氮气吹干，加入 20.0 mL 10％乙腈水溶液重新溶解残渣，振摇 30 min，混匀，得到浓度为 0.005 μg/mL 的黄曲霉毒素 M_1 标准工作液，现配现用。在用氮气对储备液吹干的过程中，一定要仔细操作，避免因温度降低太多而出现结露。

10.16.3.6　黄曲霉毒素 M_1 标准工作溶液

根据标准中间溶液的浓度和仪器自身的条件，用 10％乙腈水溶液稀释，配成黄曲霉毒素 M_1 标准工作溶液，使溶液中黄曲霉毒素 M_1 的浓度分别为 0、0.50、1.00、2.00、3.00 和 4.00 ng/mL。

10.16.4　仪器和设备

①一次性注射器：10 mL 和 50 mL。

②离心机：7 000g。

③滤纸：中速定性。

④高效液相色谱仪：带荧光检测器。

⑤紫外分光光度计。

⑥真空系统。

10.16.5　操作步骤

①将生乳试样在水浴中加热到 35～37℃,用滤纸过滤,或在 7 000g 离心 15 min。收集至少 15 mL 的生乳试样。

②将 50 mL 一次性注射器筒与免疫亲和柱的顶部相连,再将免疫亲和柱与真空系统连接起来。用移液管移取 50 mL 生乳试样至 50 mL 注射器中,调节真空系统,控制试样以 2～3 mL/min 的稳定流速过柱。取下 50 mL 的注射器,换上 10 mL 注射器。向注射器内加入 10 mL 水,以稳定的流速洗柱,然后抽干免疫亲和柱。脱开真空系统,换上另一个 10 mL 注射器,加入 4 mL 乙腈。缓缓推动注射器柱塞,洗脱黄曲霉毒素 M_1,洗脱液收集在锥形管中,洗脱时间不少于 60 s。然后用和缓的氮气在 30℃下将洗脱液蒸发至体积为 50～500 μL(如果蒸发至干,会损失黄曲霉毒素 M_1)。再用水稀释 10 倍至最终体积为 V_1,即 500～5 000 μL,作为待测溶液。

③高效液相色谱仪测定参考条件

色谱柱:C_{18}柱(4.6 mm × 250 mm,5 μm 粒径)。

流动相:25%乙腈水溶液。

激发波长:365 nm。

发射波长:435 nm。

柱温:35℃。

流速:1.0 mL/min。

进样量:100 μL。

④向高效液相色谱仪中分别注入含有 0 ng/mL、0.50 ng/mL、1.00 ng/mL、2.00 ng/mL、3.00 ng/mL 和 4.00 ng/mL 的黄曲霉毒素 M_1标准工作溶液,绘制峰面积对黄曲霉毒素 M_1浓度的标准工作曲线。根据待测溶液色谱柱图中黄曲霉毒素 M_1的峰面积,从标准工作曲线上查得待测溶液中黄曲霉毒素 M_1的浓度。如果待测溶液中黄曲霉毒素 M_1的峰面积高于标准工作曲线的上限,用水稀释待测溶液后,重新进样测定。

10.16.6　结果计算

①生乳中黄曲霉毒素 M_1的含量按下式计算。

$$\rho = \frac{c \times D}{V}$$

式中,ρ 为生乳中黄曲霉毒素 M_1的含量,μg/L;c 为从标准工作曲线上查得的待测

溶液中黄曲霉毒素 M_1 的浓度，ng/mL；D 为稀释倍数；V 为通过免疫亲和柱的生乳样品的体积，mL。

②结果以重复条件下获得的 2 次独立测定结果的算术平均值表示，保留 3 位有效数字。

10.16.7　注意事项

①所有操作均在避光条件下进行。

②每分析 5 个样品，应插入 1 个黄曲霉毒素 M_1 标准工作溶液，判定仪器是否稳定。

③每个容器使用后都必须用 5% 次氯酸钠溶液浸泡 24 h 以上。

④注入高效液相色谱仪的待测溶液中，如果乙腈含量超过 10%，色谱峰会变宽，如果乙腈含量小于 10%，则对色谱峰的形状没有影响。

10.17　生乳中菌落总数测定技术

10.17.1　前言

菌落总数是反映奶牛健康状况、牧场卫生状况和冷链质量控制的卫生标准。GB 19301 中设置菌落总数的指标为 2×10^6 CFU/mL。乳中菌落总数测定主要参考 GB 4789.2 中的方法。

10.17.2　原理

菌落总数是指样品经过处理，在一定条件下（如培养基、培养温度和培养时间）培养后，所得每克或每毫升样品中形成的微生物菌落总数。

10.17.3　试剂和溶液

①琼脂培养基：分别称取 5.0 g 胰蛋白胨、2.5 g 酵母浸膏、1.0 g 葡萄糖和 15.0 g 琼脂，溶于 1 000 mL 蒸馏水中，调节 pH 至 7.0 ± 0.2，煮沸溶解，分装于试管或锥形瓶中，121℃ 高压灭菌 15 min。

②无菌生理盐水：称取 8.5 g 氯化钠溶于 1 000 mL 蒸馏水中，121℃ 高压灭菌 15 min。

③磷酸盐缓冲液贮存液：称取 34.0 g 的磷酸二氢钾溶于 500 mL 蒸馏水中，用大约 175 mL 的 1 mol/L 氢氧化钠溶液调节 pH 至 7.2，用蒸馏水稀释至 1 000 mL

后贮存于冰箱中。

④磷酸盐缓冲液稀释液:取贮存液 1.25 mL,用蒸馏水稀释至 1 000 mL,分装于适宜容器中,121℃高压灭菌 15 min。

10.17.4 仪器和设备

除微生物实验室常规灭菌及培养设备外,其他设备和材料如下:

①恒温培养箱:(36±1)℃,(30±1)℃。

②冰箱:2~5℃。

③恒温水浴箱:(46±1)℃。

④天平:感量为 0.01g。

⑤无菌吸管:1 mL(具 0.01 mL 刻度)、10 mL(具 0.1 mL 刻度)或微量移液器及吸头。

⑥无菌锥形瓶:容量 250 mL、500 mL。

⑦无菌培养皿:直径 90 mm。

⑧pH 计或 pH 比色管或精密 pH 试纸。

⑨放大镜或菌落计数器。

10.17.5 操作步骤

10.17.5.1 样品的制备

①用无菌吸管吸取 25 mL 生乳样品置盛有 225 mL 磷酸盐缓冲液或生理盐水的无菌锥形瓶(瓶内预置适当数量的无菌玻璃珠)中,充分混匀,制成 1:10 的样品匀液。

②用 1.0 mL 无菌吸管或微量移液器吸取 1:10 的样品匀液 1 mL,沿管壁缓慢注于盛有 9 mL 稀释液的无菌试管中(注意吸管或吸头尖端不要触及稀释液面),振摇试管或换用 1 支无菌吸管反复吹打使其混合均匀,制成 1:100 的样品匀液。

③按上一步操作程序制备 10 倍系列稀释样品匀液。每递增稀释一次,换用 1 次 1 mL 无菌吸管或吸头。

④根据对样品污染状况的估计,选择 2~3 个适宜稀释度的样品匀液(液体样品可包括原液),在进行 10 倍递增稀释时,吸取 1 mL 样品匀液于无菌平皿内,每个稀释度做 2 个平皿。同时,分别吸取 1 mL 空白稀释液加入 2 个无菌平皿内作空白对照。

⑤及时将 15~20 mL 冷却至 46℃的平板计数琼脂培养基[可放置于(46±1)℃恒温水浴箱中保温]倾注平皿,并转动平皿使其混合均匀。

10.17.5.2　培养

①待琼脂凝固后,将平板翻转,于(36±1)℃培养(48±2) h。

②如果样品中可能含有在琼脂培养基表面弥漫生长的菌落时,可在凝固后的琼脂表面覆盖一薄层琼脂培养基(约 4 mL),凝固后翻转平板,按以上条件进行培养。

10.17.5.3　菌落计数

①可用肉眼观察,必要时用放大镜或菌落计数器,记录稀释倍数和相应的菌落数量。菌落计数以菌落形成单位(CFU)表示。

②选取菌落数为 30~300 CFU、无蔓延菌落生长的平板计数菌落总数。低于 30 CFU 的平板记录具体菌落数,大于 300 CFU 的可记录为多不可计。每个稀释度的菌落数应采用 2 个平板的平均数。

③其中一个平板有较大片状菌落生长时,则不宜采用,应以无片状菌落生长的平板作为该稀释度的菌落数;若片状菌落不到平板的 1/2,而其余 1/2 中菌落分布又很均匀,即可计算半个平板后乘以 2,代表一个平板菌落数。

④当平板上出现菌落间无明显界线的链状生长时,则将每条单链作为一个菌落计数。

10.17.6　结果计算

菌落总数的计算方法

①若只有一个稀释度平板上的菌落数在适宜计数范围内,计算 2 个平板菌落数的平均值,再将平均值乘以相应稀释倍数,作为每毫升样品中菌落总数结果。

②若有两个连续稀释度的平板菌落数在适宜计数范围内时,按下式计算。

$$N = \sum C/[(n_1 + 0.1n_2)d]$$

式中,N 为样品中菌落数;$\sum C$ 为平板(含适宜范围菌落数的平板)菌落数之和;n_1 为第一稀释度(低稀释倍数)平板个数;n_2 为第二稀释度(高稀释倍数)平板个数;d 为稀释因子(第一稀释度)。

示例见表 10-6。

表 10-6　菌落总数的计算

稀释度	1:100(第一稀释度)	1:1 000(第二稀释度)
菌落数(CFU)	232,244	33,35

$N=(232+244+33+35)/[(2+0.1\times2)\times10^{-2}]=544/0.022=24727$

上述数据修约后,表示为 25 000 或 2.5×10^4。

③若所有稀释度的平板上菌落数均大于 300 CFU,则对稀释度最高的平板进行计数,其他平板可记录为多不可计,结果按平均菌落数乘以最高稀释倍数计算。

④若所有稀释度的平板菌落数均小于 30 CFU,则应按稀释度最低的平均菌落数乘以稀释倍数计算。

⑤若所有稀释度(包括液体样品原液)平板均无菌落生长,则以小于 1 乘以最低稀释倍数计算。

⑥若所有稀释度的平板菌落数均不在 30～300 CFU,其中一小部分小于 30 CFU 或大于 300 CFU 时,则以最接近 30 CFU 或 300 CFU 的平均菌落数乘以稀释倍数计算。

10.17.7   菌落总数的报告

①菌落数小于 100 CFU 时,按"四舍五入"原则修约,以整数报告。

②菌落数大于或等于 100 CFU 时,第 3 位数字采用"四舍五入"原则修约后,取前 2 位数字,后面用 0 代替位数;也可用 10 的指数形式来表示,按"四舍五入"原则修约后,采用 2 位有效数字。

③若所有平板上为蔓延菌落而无法计数,则报告菌落蔓延。

④若空白对照上有菌落生长,则此次检测结果无效。

10.17.8   注意事项

未经杀菌的生鲜乳含有较多的细菌,且生乳本身就是天然的培养基,所以采集到的生乳样品,应立即冷却至 4℃,并维持整个检测体系处于较低的温度,避免样品中的细菌过量增长,造成菌落总数结果偏高。

10.18   生乳中碱性磷酸酶的测定技术

10.18.1   前言

碱性磷酸酶(ALP)是泌乳牛的细胞代谢产物,结合在牛乳的乳脂球膜上,其生化作用是将具有磷酸丝氨酰基的酪蛋白和磷脂等有机磷酸化合物,酶解成磷酸和与磷酸相结合的有机单体。该酶的最适 pH 为 9.65～10.10,在 62.8℃,3 min 或 71.7℃,5 s 的条件下失活。在此条件下,非芽孢致病微生物可全部杀死。一般生乳中 ALP 活性约为 1.2 mg/mL(按苯酚计),经巴氏杀菌热处理后,其活性可降低 100～1 000 倍,因此,通过 ALP 活性可判断生鲜牛乳的受热程度。NY/T 801 中规定了生鲜牛乳及其制品中碱性磷酸酶活度的测定方法。

10.18.2　原理

生乳及其制品中 ALP 在 40℃条件下可催化磷酸酚二钠生成的苯酚与 2,6-二氯醌氯亚胺反应生成蓝色靛酚,通过测定靛酚在 655 nm 处的吸光度,计算 ALP 活性。乳中 ALP 的活性单位定义为在一定条件下 1 mL 液态乳中 ALP 催化磷酸酚二钠生成苯酚的微克数。

10.18.3　试剂和溶液

①碳酸钠、碳酸氢钠、磷酸酚二钠、硫酸铜,所有试剂均为分析纯,水符合 GB 6682 中一级水的规格。

②碳酸盐缓冲液(pH 9.6):称取 4.689 g 碳酸钠和 3.717 g 碳酸氢钠,溶于水,定容至 100 mL。

③3 g/L 2,6-二氯醌氯亚胺溶液:称取 0.030 g 2,6-二氯醌氯亚胺溶于 10 mL 甲醇中,保存于棕色试剂瓶,4℃冰箱中冷藏,现配现用。

④2 g/L 硫酸铜溶液:称取 0.2000 g 硫酸铜,用水溶解并定容至 100 mL。

⑤正丁醇:沸点 116～118℃。

⑥7.5％正丁醇溶液:将 75 mL 正丁醇和 925 mL 水混合,存于棕色试剂瓶,4℃冰箱中冷藏。

⑦8.3％正丁醇溶液:将 83 mL 正丁醇和 917 mL 水混合,存于棕色试剂瓶,4℃冰箱中冷藏。

⑧底物显色缓冲液(pH9.5):取 10 mL 水置于 100 mL 分液漏斗中,称取 0.500 g 磷酸酚二钠溶于其中。加入 25 mL 磷酸盐缓冲溶液、2～3 滴 2,6-二氯醌氯亚胺溶液和 1 滴硫酸铜溶液。混匀,静置 5 min;再加入 3 mL 正丁醇,混匀,静置分层后,放出水相溶液到容量瓶中,用水定容至 500 mL,混匀,4℃冰箱中冷藏,现配现用。

⑨8.82％乙酸镁溶液:准确称取 8.82 g 乙酸镁,溶于水中,用水定容至 100 mL,该溶液含镁 10 mg/mL。

⑩0.1 mol/L 盐酸溶液:量取 8.3 mL 盐酸于容量瓶中,用水定容至 1L。

⑪1 mg/mL 苯酚标准储备溶液:称取 1.000 g 无水苯酚于 1 L 容量瓶中,用碳酸盐缓冲液定容至刻度,保存于棕色试剂瓶,4℃冰箱中冷藏,该溶液稳定性可达 3

个月。

⑫10 μg/mL 苯酚标准溶液:将 1 mg/mL 苯酚标准储备溶液用水稀释 100 倍,保存于棕色试剂瓶,4℃冰箱中冷藏,现配现用。

10.18.4 仪器与设备

水浴锅、可见光分光光度计、离心机。

10.18.5 操作步骤

10.18.5.1 试样的制备

生鲜乳样品应保存在 0～4℃冰箱中,36 h 内测定。混匀后取 1.0 mL,用水稀释至 250 mL。

10.18.5.2 标准曲线的绘制

①用微量移液器吸取 0 mL、0.10 mL、0.20 mL、0.50 mL 和 1.00 mL 10 μg/mL 苯酚标准溶液,分别置于 25 mL 比色管中。

②各管加入 0.5 mL 碳酸盐缓冲溶液,混匀;再各加入 0.1 mL 2,6-二氯醌氯亚胺溶液和 2 滴硫酸铜溶液,混匀,在(40±1)℃的水浴中加热 5 min。

③取出后,在冰浴中冷却 5 min,加入 20 mL 正丁醇,缓慢颠摇 6 次,混匀。

④3 000g 离心 5 min。用吸管吸取正丁醇相,过滤。滤液中苯酚标准溶液系列分别含 0、1.0、2.0、5.0 和 10 μg 苯酚。

⑤用 0 μg 苯酚标准溶液调整分光光度计零点,在波长 655 nm 处测定各标准溶液的吸光度。

⑥以苯酚含量为横坐标,吸光度为纵坐标,绘制标准工作曲线。

10.18.5.3 试样测定

①用微量移液器分别吸取 1.00 mL 试样于 3 支具塞试管中,其中 2 个做平行样品试验,另一个做空白试验。

②将空白试验的试管在沸水中加热 2 min,然后冷却至室温。

③向各试管中分别加入 10 mL 底物显色剂缓冲溶液,缓慢颠倒摇匀,(40±1)℃的水浴中加热 15 min,加热期间至少混匀一次。

④从水浴锅中取出后各加入 0.1 mL 2,6-二氯醌氯亚胺溶液和 2 滴硫酸铜溶液,混匀,立即在(40±1)℃的水浴中加热 5 min,取出后在冰浴容器中冷却 5 min,加入 20 mL 正丁醇,缓慢颠摇 6 次,混匀,静置分层。

⑤若正丁醇相乳化,可在冰浴中冷却 5 min,于 3 000g 离心分离 5 min。吸取

正丁醇相,过滤。滤液作为待测溶液,以空白试样调整分光光度计的零点,在波长655 nm 处测定吸光度,根据标准曲线计算苯酚含量。

10.18.6　结果计算

乳中 ALP 活性依据下式计算。

ALP 活性(μg/mL)＝(依据标准曲线计算出的苯酚含量×稀释倍数)/样品体积

10.18.7　注意事项

①两个平行样品之间的相对偏差≤10％。

②牛乳中残留的某些抗生素(如青霉素或土霉素)会与酚试剂形成蓝色化合物,可能干扰 ALP 结果的准确性。

★ 参考文献

[1] GB 19301,食品安全国家标准　生乳.

[2] GB 5413.34.食品安全国家标准　乳和乳制品酸度的测定.

[3] GB 5413.33.食品安全国家标准　生乳相对密度的测定.

[4] GB 5413.30.食品安全国家标准　乳和乳制品杂质度的测定.

[5] GB 5413.38.食品安全国家标准　生乳冰点的测定.

[6] NY/T 1678.乳与乳制品中蛋白质的测定　双缩脲比色法.

[7] GB 5413.38.食品安全国家标准　婴幼儿食品和乳品中脂肪的测定.

[8] GB 5413.5.食品安全国家标准　婴幼儿食品和乳品中乳糖、蔗糖的测定.

[9] GB 5413.39.食品安全国家标准　乳和乳制品中非脂乳固体的测定.

[10] NY/T 801.生鲜牛乳及其制品中碱性磷酸酶活度的测定.

[11] NY/T 800.生鲜牛乳中体细胞测定方法.

[12] GB 4789.2.食品安全国家标准　食品微生物学检验　菌落总数测定.

[13] GB 5413.37.食品安全国家标准　乳和乳制品中黄曲霉毒素 M1 的测定.

[14] NY/T 2070.牛初乳及其制品中免疫球蛋白 IgG 的测定　分光光度法.

[15] NY/T 1671.乳及乳制品中共轭亚油酸(CLA)含量测定　气相色谱法.

[16] 王加启.反刍动物营养学研究方法.北京:现代教育出版社,2011.

(本章编写者:王聪、郭刚、张拴林、赵燕;校对:刘强、陈红梅、杨致玲)

第11章 肉品质和蛋品质鉴定技术

11.1 肉 pH 的测定

11.1.1 前言

肉的 pH 会影响到肉的颜色、嫩度、风味、持水性和货架期。宰后肉 pH 的下降速度和程度取决于肌肉中乳酸的生成量,对肉的加工质量会产生很大的影响。如果 pH 下降很快,肉会变得多汁、苍白,风味和持水性差。如果 pH 下降很慢并且不完全,肉会变得色暗、硬且易于腐败,正常的肉在家畜屠宰后其 pH 会逐渐地下降,并且很彻底。因此,测定肉的 pH 可为原料肉的质量鉴定及肉制品加工原料的选择上提供重要依据。

11.1.2 原理

利用能指示溶液 pH 的玻璃电极作为指示电极,甘汞电极或银-氯化银电极作为参比电极,当试样或试样溶液中氢离子浓度发生变化时,指示电极和参比电极之间的电动势也随着发生变化而产生直流电势(即电位差),通过前置放大器输入 A/D 转换器,以达到 pH 测量的目的。

11.1.3 材料与设备

11.1.3.1 试剂及溶液

本方法所用试剂均为分析纯,水为 GB/T 6682 规定的三级水。用于配制缓冲溶液的水应新煮沸,或用不含二氧化碳的氮气排除二氧化碳。

（1）试剂

邻苯二甲酸氢钾［$KHC_6H_4(COO)_2$］、磷酸二氢钾（KH_2PO_4）、磷酸氢二钠（Na_2HPO_4）、酒石酸氢钾（$KHC_4H_4O_6$）、一水柠檬酸（$C_5H_8O_7 \cdot H_2O$）、氢氧化钠（$NaOH$）、氯化钾（KCl）、碘乙酸（$C_2H_3IO_2$）、乙醚（$C_4H_{10}O$）、乙醇（C_2H_6O）。

（2）溶液的配制

①pH＝3.57 的缓冲溶液（20℃）：酒石酸氢钾在 25℃配制的饱和水溶液，此溶液的 pH 在 25℃时为 3.56，在 30℃时为 3.55。或使用经国家认证并授予标准物质证书的标准溶液。

②pH＝4.00 的缓冲溶液（20℃）：于 110～130℃将邻苯二甲酸氢钾干燥至恒重，并于干燥器内冷却至室温。称取邻苯二甲酸氢钾 10.211 g（精确到 0.001 g），加入 800 mL 水溶解，用水定容至 1 000 mL。此溶液的 pH 在 0～10℃时为 4.00，在 30℃时为 4.01。或使用经国家认证并授予标准物质证书的标准溶液。

③ pH＝5.00 的缓冲溶液（20℃）：将柠檬酸氢二钠配制成 0.1 mol/L。

④ pH＝5.45 的缓冲溶液（20℃）：称取 7.010 g（精确到 0.001 g）一水柠檬酸，加入 500 mL 水溶解，加入 375 mL 1.0 mol/L 氢氧化钠溶液，用水定容至 1 000 mL。此溶液的 pH 在 0℃时为 6.98，在 10℃时为 6.92，在 30℃时为 6.85。

⑤1.0 mol/L 氢氧化钠溶液：称取 40 g 氢氧化钠，溶于水中，用水稀释至 1 000 mL。

⑥0.1 mol/L 氯化钾溶液：称取 7.5 g 氯化钾，溶于水中，用水稀释至 1 000 mL。

11.1.3.2　仪器和设备

①机械设备：用于试样的均质化，包括高速旋转的切割机，或多孔板孔径不超过 4 mm 的绞肉机。

②pH 计：准确度为 0.01。应有温度补偿系统，若无温度补偿系统，应在 20℃以下使用，并能防止外界感应电流的影响。

③复合电极：由玻璃指示电极和 Ag/AgCl 或 Hg/Hg_2Cl_2参比电极组装而成。

④均质器：转速可达 20 000 r/min。

⑤磁力搅拌器。

11.1.4　操作步骤

11.1.4.1　均质化试样的测定

①用机械设备将试样均质。注意避免试样的温度超过 25℃；若使用绞肉机，试样至少通过该仪器 2 次；将均质好的试样装入密封的容器内，防止变质和成分变

化;试样要尽快分析测定,最迟不超过 24 h。

②pH 计的校正。用两个已知精确 pH 的缓冲溶液(尽可能接近待测溶液的 pH),在测定温度下用磁力搅拌器搅拌的同时校正 pH 计。若 pH 计不带温度补偿系统,应保证缓冲溶液的温度在(20±2)℃范围内。

③样品的测定。取一定量能够浸没或埋置电极的试样,将电极插入试样中,将 pH 计的温度补偿系统调至试样温度。若 pH 计不带温度补偿系统,应保证待测试样的温度在(20±2)℃范围内。读数显示稳定后,直接读数,准确至 0.01。同一个试样至少要测定 2 次。

11.1.4.2 非均质化试样的测定

①用小刀或大头针在试样上打一个小洞,以免复合电极破损。

②将 pH 计的温度补偿系统调至试样温度。若 pH 计不带温度补偿系统,应保证待测试样的温度在(20 ± 2)℃范围内。读数显示稳定后,直接读数,准确至 0.01。

③鲜肉通常保存在 0~5℃,测定时需要用带温度补偿系统的 pH 计。在同一点重复测定。必要时可在试样的不同点重复测定,测定点的数目随试样的性质和大小而定。同一个试样至少要测定 2 次。

11.1.4.3 电极的清洗

用脱脂棉先后蘸乙醚和乙醇擦拭电极,最后用水冲洗并按生产商的要求保存电极。

11.1.5 结果分析

①在同一试样同一点的测定,取两次测定的算术平均值作为结果。在同一试样不同点的测定,描述所有测定点及各自的 pH。

②结果精确至 0.05。

③在重复条件下获得的两次独立测定结果的绝对差值不得超过 0.1 pH。

11.1.6 注意事项

①缓冲溶液保质期为 2~3 个月,但发现有浑浊、发霉或沉淀现象时,不能继续使用。

②若待测试样处在僵硬前的状态,需加入已用氢氧化钠溶液调节 pH 至 7.0 的 925 mg/L 碘乙酸溶液,以阻止糖酵解。

③生鲜猪肉 pH 的正常范围:宰杀 24 h 时为 5.45~5.80。

④生鲜牛肉和羊肉 pH 的正常范围:宰杀 24 h 时为 5.50～5.90。

⑤生鲜鸡肉 pH 的正常范围:宰杀 24 h 时为 5.70～6.10。

11.2　肉颜色的测定

11.2.1　前言

肉的颜色主要取决于血红色素、肌红蛋白和血红蛋白的状态。肉色的评定主要有 3 种方法。一种是采用标准比色板,评定员客观地进行感官评定。按照肉色由浅至深分别评为不同的等级,这种方法快速简便,比较直观,适合简单的评定。一种则是采用色差仪,其测定结果有 3 个值,a 表示红色度,b 表示黄色度,L 表示亮度。肉的有色度值(色泽)由 b/a 表示,越低说明肉越鲜红,越高则表示肉越黄。肉色饱和度由 $(a^2+b^2)^{1/2}$ 表示,用来说明肉色的深浅。此方法已经被广泛使用,方便、客观。还有一种为计算机数值图像处理技术,可以综合评定肉色和大理石花纹状况,测定过程中可以排除脂肪对肉色的干扰。计算机数值图像处理技术是近年来研究的热点,主要用于在线分级。

11.2.2　原理

肉的颜色是指肉中肌红蛋白的含量和氧化/氧合状态及其分布的一种综合光学特征。肌红蛋白在缺乏空气的条件下呈紫色还原形态,暴露在氧气中时肌红蛋白就会被氧合成红色的氧合肌红蛋白。在有氧环境下保存一段时间后,形成了棕色的正铁肌红蛋白。当肉中的酶减少,并随着时间逐渐耗尽后,氧化过程达到了平衡,棕色正铁肌红蛋白的含量便可保持不变。

11.2.3　仪器与设备

便携式或台式色差仪。

11.2.4　操作步骤

11.2.4.1　样品制备

①选择表面平整的样品。测量时,应避开结缔组织、血淤和可见脂肪。

②猪牛羊肉样品,沿肌纤维垂直的方向切取厚度不低于 2.0 cm 的肉块。将肉样平放在红色塑料板或托盘上,新切面朝上。之后,置于－1.5～7.0℃环境中避光静置 25～30 min。

③鸡胸肉靠近肋骨一侧表面的中间 1/3 面积内取肉样,平放在白色塑料校正板上(消除背景)。采用真空包装的样品取出后,需在 25℃ 环境下避光静置 30 min。

11.2.4.2　仪器校正

①打开电源和纯白色校正板,将色差仪垂直放于校正板上。选择"CAL"按钮,按一下测量按钮,听见三声响后对比色差仪上的值和标准色板上的值。

②当测定值与标准值差异不超过 0.1% 时,完成校正。

③当测定值与标准值差异超过 0.1% 时,检查校正板和色差计的测量面是否有污物。如有污物,用显微镜擦镜纸擦干净后,重复上述步骤,直至测定值与标准值差异不超过 0.1%。

11.2.4.3　样品测定

①将色差计的镜头垂直置于肉面上,镜口紧扣肉面(不能漏光),应避开肌内脂肪和肌内结缔组织。

②测定并分别记录肉样的亮度值(L^*)、红度值(a^*)、黄度值(b^*)。

③每个样品至少测 3 个点,取平均值。

11.2.5　注意事项

①生鲜猪肉颜色的正常范围:L^* 值为 35～53,a^* 值不超过 15,b^* 值不超过 10。

②生鲜牛、羊肉颜色的正常范围:L^* 值为 30～45,a^* 值为 10～25,b^* 值为 5～15。

③生鲜鸡肉颜色的正常范围:L^* 值为 44～53,a^* 值为 2.5～6.0,b^* 值为 7～14。

11.3　肉嫩度的测定

11.3.1　前言

嫩度是指肉在切割时所需的剪切力,而剪切力是指测试仪器的刀具切断被测肉样时所用的力。嫩度是肉质性状的主要感官指标。影响肉嫩度的因素可分为宰前和宰后因素。屠宰前嫩度主要由肌肉组织成分及肌肉纤维结构特点决定。宰后的尸僵和熟化过程改变肌肉物质组成,从而影响肉嫩度。

11.3.2　原理

通过测定仪器的传感器记录刀具切割肉样时的用力情况,并把测定的剪切力峰值(力的最大值)作为肉样嫩度值。

11.3.3 仪器与设备

①肉类剪切仪或物性测试仪:配备 WBS(Warner-Bratzler Shear)刀具。

②圆形钻孔取样器:直径 1.27 cm。

③恒温水浴锅:温度精确±0.1℃。

④热电偶测温仪:探头直径不超过 3 mm。

11.3.4 操作步骤

11.3.4.1 样品制备

①猪牛羊肉,沿与肌肉自然走向(及肌肉的长轴)垂直的方向切取 2.54 cm 厚的肉块。去除样品表面结缔组织、脂肪和肌膜,使其表面平整。

②以鸡胸肉(胸大肌)作为取样原料,固定取样部位。形状不规则、肌纤维走向不一致或肌肉厚度小于 2.5 cm 的鸡胸肉不适合用于剪切力的测定。去除鸡胸肉表面的结缔组织、脂肪和肌膜,使其表面平整。用锋利的刀具顺着鸡胸肉肌纤维的方向在取样部位将其切成厚×长×宽约为 3.0 cm×5.0 cm×5.0 cm 的肉块。

11.3.4.2 样品煮制

①将肉块从−1.5~7.0℃的冷库或冰箱中取出,放在室温(22.0±2.0)℃下平衡 0.5 h。

②将热电偶测温仪探头由上而下插入肉块中心,记录肉块的初始温度。

③将肉块放入塑料蒸煮袋(一般由 3 层结构组成:外层为聚酯膜,中层为铝箔膜,内层为聚丙烯膜)中,将蒸煮袋口用夹子夹住。

④将包装的肉块放入 72.0℃水浴中,水浴高度应以完全浸没肉块为宜,袋口不得浸入水中(通常用 U 形的金属框架放入水浴中,再将肉样袋放入金属框内)。

⑤当肉块中心温度达到 70℃时,记录加热时间,并立即取出肉样。

⑥将肉样(袋)放入流水中冷却 30 min,水不得浸入包装袋内。

⑦将肉样(袋)放在−1.5~7.0℃冷库或冰箱中过夜(约 12 h)。

11.3.4.3 肉柱的制备

①将冷却的熟肉块放在室温下平衡 0.5 h,用普通吸水纸或定性滤纸吸干表面的汁液。

②用双刀片(间距 1.0 cm)沿肌纤维方向分切成多个 1.0 cm 厚的小块。

③用陶瓷刀从 1.0 cm 厚的小块中分切 1.0 cm 宽的肉柱,肉柱的宽度用直尺

测量。

④肉块分切过程中,应避免肉眼可见的结缔组织、血管及其他缺陷。

⑤每个肉样分切得到的肉柱个数应不少于 5 个。

11.3.4.4　肉样测定

①用肉类剪切仪测定剪切力时,沿肌纤维垂直方向剪切肉柱,记录剪切力值,计算平均值。

②用植物性测试仪测定剪切力时,选择楔形探头和 Warner bratzler shear force blade 模式。样品剪切时的速度设为 0.83 mm/s,沿肌纤维垂直方向剪切肉柱,记录剪切力值,计算平均值。

11.3.5　注意事项

①生鲜猪肉剪切力的正常范围:宰杀 48 h 后不超过 45 N。

②生鲜牛肉和羊肉剪切力的正常范围:宰杀 72 h 后不超过 60 N。

③生鲜鸡肉剪切力的正常范围:宰杀 24 h 后不超过 40 N。

11.4　肉保水性的测定

11.4.1　前言

鲜肉的保水性,也叫持水性,是指鲜肉在加压、加热、重力等作用下保持其原有水分的能力。衡量肌肉保水性的指标主要有贮藏损失、汁液流失、蒸煮损失、加压失水率和离心损失。贮藏损失是指一定大小的肉块真空包装后,在 $-1.5 \sim 7.0$℃ 下放置 48 h 发生的质量损失;汁液流失是指一定大小的肉条在 $-1.5 \sim 7.0$℃ 下吊挂 24 h 所发生的质量损失;蒸煮损失是指一定大小的肉块在 72℃ 水浴中加热至肉块中心温度 70℃ 时发生的质量损失;加压失水率是指一定大小的肉样在 35 kg 压力下保持特定时间所发生的质量损失;离心损失是指一定大小的肉样在 4.0℃ 下,转速 9 000 r/min 下离心 10 min 所发生的质量损失。

11.4.2　原理

通过计算肉样在贮藏、吊挂、蒸煮、加压或离心处理前后的质量差,即可分别得到鲜肉的贮藏损失率、汁液流失率、蒸煮损失率、加压失水率和离心损失率。

11.4.3 仪器与设备

①电子天平:精度± 0.001 g。

②热电偶测温仪:温度精确±0.1℃。

③恒温水浴锅:温度精确±0.1℃。

④圆形钻孔取样器:直径 2.5 cm。

⑤无限压缩仪。

⑥高速冷冻离心机。

11.4.4 测定步骤

11.4.4.1 样品制备

①去除样品表面的结缔组织、脂肪和肌膜,使其表面平整。

②用于汁液流失测定的肉块厚度不应低于 2.0 cm。

③用于贮藏损失和蒸煮损失测定的肉块厚度不应低于 2.5 cm。

④用于加压失水率测定的肉块厚度不应低于 1.0 cm。

⑤用于离心损失测定的肉块厚度不应低于 2.0 cm。

11.4.4.2 汁液流失测定

①沿肌纤维方向将肉样切成 2.0 cm×3.0 cm×5.0 cm 肉条,称重。

②用铁钩钩住肉条一端,悬挂于聚乙烯塑料袋中,充气,扎紧袋口。肉条不应该接触到包装袋。

③将包装袋悬挂于－1.5～7.0℃冷库中,吊挂 24 h。

④取出肉条,用普通吸水纸或定性滤纸吸干肉条表面水分,再次称重。

⑤吊挂前后肉条的质量损失占其原质量的百分比即为汁液流失。

11.4.4.3 贮藏损失测定

①将 2.5 cm 厚的肉块称重,然后放入真空包装袋内,抽真空。

②在－1.5～7.0℃下避光放置 48 h。

③打开包装取出肉块,用普通吸水纸或定性滤纸吸干肉块表面水分,再次称重。

④贮藏前后肉条的质量损失占其原质量的百分比即为贮藏损失。

11.4.4.4 蒸煮损失测定

①将肉块从－1.5～7.0℃的冷库或冰箱中取出,放在室温(22.0±2.0)℃下平

衡 0.5 h。

②将 2.5 cm 厚的肉块称重后，放入塑料蒸煮袋中，将蒸煮袋口用夹子夹住。

③将包装的肉块放入 72.0℃ 水浴中，水浴高度应以完全浸没肉块为宜，袋口不得浸入水中（通常用 U 形的金属框架放入水浴中，再将肉样袋放入金属框内）。

④当肉块中心温度达到 70℃ 时，立即取出肉样。

⑤打开蒸煮袋，用普通吸水纸或定性滤纸吸干肉块表面水分，再次称重。

⑥肉块蒸煮前后质量的损失占其原质量的百分比即为蒸煮损失。

11.4.4.5　加压失水率测定

①沿肌纤维垂直方向取 1.0 cm 厚、直径 2.5 cm 的圆柱形肉柱，称重。

②用双层纱布包裹，再用上、下各 16 层普通吸水纸或定性滤纸包裹。

③在无限压缩仪上加压 35.0 kg，并保持 5 min。

④去除纱布、吸水纸或滤纸后，再次称重。

⑤加压前后肉样质量的损失占其原质量的百分比即为加压失水率。

11.4.4.6　离心损失率测定

①切取 2.0 cm 厚的肉块，在肉块的几何中心部位称取 10.0 g 肉样。

②用滤纸把肉样包裹好，放入 50 mL 的离心管中（内放脱脂棉，脱脂棉高度 5.5～6.0 cm）。

③用高速冷冻离心机在 4℃，9 000 r/min，离心 10 min。

④取出肉样，剥去滤纸，再次称重。

⑤离心前后肉样质量的损失占其原质量的百分比即为离心损失率。

11.4.5　注意事项

①生鲜猪肉保水性的正常范围：汁液流失不超过 2.5%；贮藏损失不超过 3.0%；蒸煮损失不超过 30.0%；加压损失不超过 35.0%；离心损失不超过 30.0%。

②生鲜牛羊肉保水性的正常范围：汁液流失不超过 2.5%；贮藏损失不超过 3.0%；蒸煮损失不超过 35.0%；加压损失不超过 35.0%；离心损失不超过 30.0%。

③生鲜鸡肉保水性的正常范围：汁液流失不超过 2.5%；蒸煮损失不超过 20.0%；加压损失不超过 40.0%；离心损失不超过 15.0%。

11.5　蛋品质的测定

11.5.1　前言

蛋品质的测定指标主要有蛋重、蛋形指数、蛋壳颜色、蛋壳强度、蛋的相对密度、哈氏单位、蛋白高度、蛋黄颜色、鸡蛋等级、蛋黄重量、血肉斑、蛋壳厚度和蛋壳重等。其中,蛋壳颜色、蛋壳强度和蛋壳厚度都与蛋壳品质有关,会影响鸡蛋的运输,禽蛋生产者可据此改进运输方式。哈氏单位与浓蛋白有关,可以表示鸡蛋的新鲜度。哈氏单位越高,鸡蛋越新鲜。鸡蛋等级在一定程度上也可以表示鸡蛋的新鲜度。蛋黄颜色可以作为判断鸡蛋是否散养及饲料大致成分的一个依据。

11.5.2　原理

蛋形指数是利用数显游标卡尺分别测出鸡蛋的长短径,然后长径/短径即为蛋形指数。正常鸡蛋的蛋形指数为 $1.32\sim1.39$,标准为 1.35。蛋的相对密度通常使用盐水漂浮法。在每 $3\,000$ mL 水中加入不同质量的 NaCl,配制成不同浓度的溶液,例如 1.070、1.080、1.090、$1.100\,0$ 四个浓度。测定时,将鸡蛋先浸入清水中,然后依次从低相对密度向高相对密度溶液中通过,当蛋悬于液体中即表明其相对密度与该溶液相对密度相等。鸡蛋适宜的相对密度为 1.080 以上。蛋壳颜色用蛋壳颜色测定仪测定。蛋壳颜色测定仪是通过仪器中特定的光对鸡蛋表面色反射得到黑色和白色的数据,然后黑色与白色的百分比读数即为所测的蛋壳颜色值。颜色越深,反射测定值越小,反之则越大。一般要测定鸡蛋的钝端、锐端和中部三个部位取平均值。一般情况下,白壳蛋蛋壳颜色测定值为 $20\sim30$,褐壳蛋为 $60\sim80$,浅褐壳蛋为 $40\sim50$,绿壳蛋为 $50\sim60$。蛋壳强度利用蛋壳强度测定仪测定,单位是 Pa。蛋壳强度测定仪是通过外部对鸡蛋施加一定压力,在其表面出现裂缝但有不会完全破裂时进行读数,即为该鸡蛋蛋壳表面单位面积上能承受的压力。国际要求蛋在竖放时能承受 $(2.65\sim3.5)\times10^5$ Pa 的压力。蛋黄质量利用分析天平测定,单位是 g,精确到 0.0001。鸡蛋质量一般为 $40\sim70$ g。蛋壳厚度(去壳内外膜)利用蛋壳厚度测定仪测定,单位是 mm。一般取钝端、锐端和中部三个部位,然后取平均值。良好的蛋壳厚度一般在 $0.33\sim0.35$ mm。蛋壳越薄,蛋壳越易碎。蛋壳用普通天平称重,单位是 g。血肉斑是由于排卵时,卵巢小血管破裂的血滴或输卵管上皮脱落物形成的,与种质特性有一定关系。一般是统计所有鸡蛋中含有血、肉斑蛋的个数,计算其百分比。哈氏单位利用蛋品质测定仪测定,该仪器利用激光进行测定,测定的结果包括蛋重,哈氏单位,蛋白高度,蛋黄颜色,鸡蛋等级等。测定蛋白高度时,将蛋打在平皿中,测定蛋黄边缘与浓蛋白边缘的中点的浓蛋白高度(避开系带),一般测定呈正三角形的 3 个点,取平均值。蛋黄颜色则用罗氏比色扇取相应值,一般为 7～9。哈氏单位 = $100 \cdot \log(H - 1.7W^{0.37} + 7.57)$。新鲜蛋的哈氏单位一般在 80 以上。

11.5.3　材料与设备

①新鲜鸡蛋。
② 英国 TSS 蛋壳颜色反射计。
③数显游标卡尺。
④蛋壳强度测定仪(以色列 ORKA,型号为 ECR-1)。
⑤蛋品质分析仪(以色列 ORKA,型号为 EA-01)。
⑥蛋黄分离器。
⑦分析天平,普通天平。
⑧蛋壳厚度测定仪。
⑨ 足量清水及 NaCl。
⑩适量纱布,若干烧杯,镊子等。

11.5.4　操作步骤

11.5.4.1　蛋形指数
取一枚蛋放在手心,用数显游标卡尺准确卡住其长径,读数并记录。然后用同样方法测定其短径并记录。

11.5.4.2　蛋的相对密度
利用清水和 NaCl 配制成 1.070、1.080、1.090、1.100 0 四种不同相对密度的盐水。先将鸡蛋浸入清水中,然后依次从低浓度到高浓度通过,测定鸡蛋的相对密度。

11.5.4.3　蛋壳颜色
按照蛋壳颜色测定仪的说明书安装好仪器,用其测定端在鸡蛋的钝端、锐端和中部各测定一次并记录数据,然后取平均值。

11.5.4.4　蛋壳强度
将鸡蛋钝端朝上垂直置于蛋壳强度测定仪的弹簧上,测定其蛋壳强度并记录数据。

11.5.4.5　哈氏单位

实验前要先将仪器接通电源，预热 10 min 左右。然后按 start 键，将鸡蛋放在称重盘上，测定完蛋重后仪器会自动弹出滑盘。将蛋壳从中部轻轻磕开一条缝，将内容物倒在蛋品质测定仪托盘的上，保证蛋黄和蛋白的完整性，使蛋黄刚好在托盘中间的凹槽内，旋转托盘，使蛋白的纵轴和浓蛋白多的一侧顺着托盘进入的方向，按 O/C 键进行测定。测定完毕后，滑盘会自动弹出，取下托盘，按 O/C 键关闭滑盘。按 start 键进行下一个测定。测定的结果中包括蛋重，哈氏单位，蛋黄颜色，蛋白高度以及鸡蛋等级等，分别记录数据。托盘用后要用清水冲干净，用纱布擦干备用。蛋壳保存好，以便进行蛋壳厚度的测定。

11.5.4.6　血、肉斑

在测定哈氏单位的过程中，统计含有血、肉斑蛋的个数，最后计算其百分比。

11.5.4.7　蛋黄重量

将一个小平皿放在普通天平上，归零。取测定完哈氏单位的蛋黄蛋清，用蛋黄分离器把蛋黄从中分离出来，置于天平上的平皿内，记录蛋黄重量。

11.5.4.8　蛋壳厚度

将哈氏单位测定中保存的蛋壳去壳膜，然后取钝端、锐端、中部的蛋壳各一小块，分别用蛋壳厚度测定仪测定其厚度并记录数据，取其平均值即为该鸡蛋的蛋壳厚度。蛋壳测定完厚度后仍将其保存好，以便进行蛋壳重量的测定。

11.5.4.9　蛋壳重

将以上保存的蛋壳用清水冲洗干净后用烘箱烘干，室温冷却后用普通天平测定蛋壳重量并记录数据。

11.5.5　结果计算

将记录的数据录入 Excel 表中，利用函数进行各平均值的计算。如需要，可以利用 SPSS 软件进行分析。

11.5.6　注意事项

①使用蛋壳颜色测定仪时要注意避开由于外部原因造成颜色加深的部位。

②使用蛋壳强度测定仪时要注意将鸡蛋的钝端朝上，并且要垂直放置。

③如需连续测定蛋黄重量，则小平皿需要经常擦净或者每次测定前把天平归零。

④测定蛋壳厚度时取样不需要太大,约 1 cm² 即可,但要把蛋壳的壳内外膜都去除干净。

⑤测定蛋壳重时,要先将蛋壳冲洗干净,除去表面粪污及内部蛋清,壳膜等。烘干 2～3 h 即可,以蛋壳表面没有水为准。

⭐ 参考文献

[1] Ledward DA. 肉的颜色变化. 当代畜禽养殖业,2006,(Z1):95-96.

[2] GB 5009.237—2016 食品安全国家标准 食品 pH 的测定.

[3] NY/T 2793—2015 肉的食用品质客观评价方法

[4] 薄叶峰. 枣粉日粮对肉牛瘤胃发酵及生产性能的影响. 晋中:中山西农业大学,2015.

[5] 董利芳. pH 鉴定肉及肉制品质量的标准. 肉类工业,2000(6):30.

[6] 李兰会,孙丰梅,黄娟,等. 宰后肉品 pH 与嫩度. 肉类工业,2006(12):28-30.

[7] 罗才文. 影响肉 pH 的因素和肉 pH 的意义. 动物检疫,1990(2):47,40.

[8] 潘晓建,文利,彭增起,等. 宰前热应激对肉鸡胸肉 pH、氧化和嫩度、肉色及其关系的影响. 江西农业学报,2007(5):91-95.

[9] 吴桂苹. 肉的颜色变化机理及肉色稳定性因素研究进展. 肉类工业,2006(6):32-34.

[10] 谢华,张春晖,王永林. 猪 PSE 肉的 pH 判定及其与汁液流失关系的研究. 肉类工业,2006(10):45-46.

[11] 徐秋良,吴运香,张长兴,等. 畜禽肉嫩度及其影响因素. 家畜生态学报,2010,31(6):100-103.

[12] 许益民. 肉和肉制品 pH 测定的国际标准方法. 中国动物保健,2000(5):29.

[13] 张亚芬,张晓辉. 肉品检验中 pH 测定的意义. 吉林农业,2014(3):47.

[14] 周玉春,张丽,孙宝忠,等. 牦牛肉在发酵过程中 pH 及微生物的变化. 食品与发酵工业,2014,40(8):246-251.

(本章编写者:王聪、李建慧、张延利;校对:杨玉、杨致玲、陈红梅、李红玉)